U0236197

"十三五"国家重点出版物出版规划项目

中国东北药用植物资源图志 3

周 繇 编著 肖培根 主审

Atlas of Medicinal Plant Resource in the Northeast of China

黑龙江科学技术出版社
HEILONGJIANG SCIENCE AND TECHNOLOGY PRESS

图书在版编目（CIP）数据

中国东北药用植物资源图志 / 周繇编著. -- 哈尔滨:
黑龙江科学技术出版社, 2021. 12
ISBN 978-7-5719-0825-6

Ⅰ. ①中… Ⅱ. ①周… Ⅲ. ①药用植物－植物资源－东北地区－图集 Ⅳ. ①S567.019.23-64

中国版本图书馆 CIP 数据核字(2020)第 262753 号

中国东北药用植物资源图志

ZHONGGUO DONGBEI YAOYONG ZHIWU ZIYUAN TUZHI

周繇 编著　肖培根 主审

出品人　侯　擘　薛方闻
项目总监　朱佳新
策划编辑　薛方闻　项力福　梁祥崇　闫海波
责任编辑　侯　擘　朱佳新　回　博　宋秋颖　刘　杨　孔　璐　许俊鹏　王　研　王　姝　罗　琳　王化丽　张云艳　马远洋　刘松岩　周静梅　张东君　赵雪莹　沈福威　陈裕衡　徐　洋　孙　雯　赵　萍　刘　路　梁祥崇　闫海波　焦　琰　项力福
封面设计　孔　璐
版式设计　关　虹
出　　版　黑龙江科学技术出版社
　　　　　地址：哈尔滨市南岗区公安街 70-2 号　邮编：150007
　　　　　电话：（0451）53642106　传真：（0451）53642143
　　　　　网址：www.lkcbs.cn
发　　行　全国新华书店
印　　刷　哈尔滨市石桥印务有限公司
开　　本　889 mm×1 194 mm　1/16
印　　张　350
字　　数　5 500 千字
版　　次　2021 年 12 月第 1 版
印　　次　2021 年 12 月第 1 次印刷
书　　号　ISBN 978-7-5719-0825-6
定　　价　4 800.00 元（全 9 册）

▲刺藜果实

▼刺藜花序

藜属 *Chenopodium* L.

刺藜 *Chenopodium aristatum* L.

别　　名　刺穗藜　针尖藜

俗　　名　铁扫帚苗　野鸡冠子花

药用部位　藜科刺藜的全草。

原 植 物　一年生草本。植物体通常呈圆锥形，高 10 ~ 40 cm，无粉，秋后常带紫红色。茎直立，圆柱形或有棱，具色条，无毛或稍有毛，有多数分枝。叶条形至狭披针形，长达 7 cm，宽约 1 cm，全缘，先端渐尖，基部收缩成短柄，中脉黄白色。复二歧式聚伞花序生于枝端及叶腋，最末端的分枝针刺状；花两性，几无柄；花被裂片 5，狭椭圆形，先端钝或骤尖，背面稍肥厚，边缘膜质，果时开展。胞果顶基扁（底面稍凸），圆形；果皮透明，与种子贴生。种子横生，顶基扁，周边截平或具棱。花期 8—9 月，果期 9—10 月。

生　　境　生于田间、荒地、路旁及村屯附近。

▲刺藜植株

▲刺藜胞果

分　　布　黑龙江各地。吉林各地。辽宁丹东、本溪、抚顺、沈阳等地。内蒙古额尔古纳、根河、陈巴尔虎旗、牙克石、鄂伦春旗、新巴尔虎左旗、新巴尔虎右旗、科尔沁右翼前旗、科尔沁左翼后旗、西乌珠穆沁旗、阿巴嘎旗、正蓝旗、镶黄旗、多伦等地。河北、山东、山西、河南、陕西、宁夏、甘肃、四川、青海、新疆。亚洲、欧洲、北美洲。

采　　制　夏、秋季采收全草，洗净，切段，晒干。

性味功效　味淡，性平。有祛风止痒的功效。

主治用法　用于过敏性皮炎、瘾疹、风疹疙瘩、荨麻疹等。煎汤洗患处。

用　　量　60 g。

◎参考文献◎

[1] 江苏新医学院．中药大辞典（上册）[M]．上海：上海科学技术出版社，1977: 1265.

[2] 中国药材公司．中国中药资源志要 [M]．北京：科学出版社，1994: 254.

[3] 江纪武．药用植物辞典 [M]．天津：天津科学技术出版社，2005: 168.

▲菊叶香藜果穗

菊叶香藜 *Chenopodium foetidum* Schrad.

别　　名　总状花藜　菊叶刺藜

药用部位　藜科菊叶香藜的全草。

原 植 物　一年生草本。高 20 ~ 60 cm，有强烈气味，全体有具节的疏生短柔毛。茎直立，通常有分枝。叶片矩圆形，长 2 ~ 6 cm，宽 1.5 ~ 3.5 cm，边缘羽状浅裂至羽状深裂，先端钝或渐尖，有时具短尖头，基部渐狭，叶柄长 2 ~ 10 mm。复二歧聚伞花序腋生；花两性；花被直径 1.0 ~ 1.5 mm，5 深裂；裂片卵形至狭卵形，有狭膜质边缘，背面通常有具刺状突起的纵隆脊，并有短柔毛和颗粒状腺体，果时开展；雄蕊 5，花丝扁平，花药近球形。胞果扁球形，果皮膜质。种子横生，周边钝，直径 0.5 ~ 0.8 mm，红褐色或黑色，有光泽，具细网纹；胚半环形，围绕胚乳。花期 7—9 月，果期 9—10 月。

生　　境　生于林缘草地、沟岸、河沿及人家附近等处。

分　　布　吉林延吉、珲春、图们等地。辽宁北镇、义县等地。内蒙古阿鲁科尔沁旗、克什克腾旗、喀喇沁旗、苏尼特右旗、太仆寺旗等地。山西、陕西、甘肃、青海、四川、云南、西藏。亚洲、欧洲、非洲。

采　　制　夏、秋季采收全草，洗净，切段，晒干。

性味功效　味淡，性平。有祛风止痒、清热利湿、杀虫、驱虫的功效。

主治用法　用于哮喘、蛔虫病、钩虫病、炎症、痉挛、偏头痛等。水煎服。

用　　量　适量。

◎参考文献◎

[1] 中国药材公司．中国中药资源志要 [M]．北京：科学出版社，1994: 254.

[2] 江纪武．药用植物辞典 [M]．天津：天津科学技术出版社，2005: 168.

▼菊叶香藜植株

▲灰绿藜植株

▲灰绿藜胞果

▲灰绿藜幼苗

灰绿藜 *Chenopodium glaucum* L.

俗　　名　小灰菜　白灰菜　碱灰菜　灰菜

药用部位　藜科灰绿藜的干燥全草。

原 植 物　一年生草本。高 20 ~ 40 cm。茎平卧或外倾，具条棱及绿色或紫红色色条。叶片矩圆状卵形至披针形，长 2 ~ 4 cm，宽 6 ~ 20 mm，肥厚，先端急尖或钝，基部渐狭，边缘具缺刻状牙齿，上面无粉，平滑，下面有粉而呈灰白色，有稍带紫红色；中脉明显，黄绿色；叶柄长 5 ~ 10 mm。花两性兼有雌性，通常数花聚成团伞花序，花被裂片 3 ~ 4，浅绿色，先端通常钝；雄蕊 1 ~ 2，花丝不伸出花被，花药球形；柱头 2，极短。胞果顶端露出于花被外，果皮膜质，黄白色。种子扁球形，暗褐色或红褐色，边缘钝，表面有细点纹。花期 7—8 月，果期 9—10 月。

生　　境　生于林缘、荒地、山坡及村屯附近。

分　　布　东北地区。全国绝大部分地区。朝鲜、日本、蒙古、俄罗斯、印度、伊朗。欧洲（西部）。

▲灰绿藜花序

采　　制　夏末秋初采收全草，切段，洗净，晒干。

性味功效　味甘，性平。有清热、利湿、杀虫的功效。

主治用法　用于痢疾、泄泻、湿疮、毒蛇咬伤等。水煎服。外用鲜品，捣烂敷患处。

用　　量　15 ~ 30 g。外用适量。

◎参考文献◎

[1] 钱信忠 . 中国本草彩色图鉴（第二卷）[M]. 北京：人民卫生出版社，2003: 331-332.

[2] 中国药材公司 . 中国中药资源志要 [M]. 北京：科学出版社，1994: 254.

▼灰绿藜幼株

▲尖头叶藜群落

▲尖头叶藜花

▲尖头叶藜花序

尖头叶藜 *Chenopodium acuminatum* Willd.

别　名　绿珠藜　渐尖藜

俗　名　油杓杓

药用部位　藜科尖头叶藜的干燥全草。

原 植 物　一年生草本。高 20 ~ 80 cm。茎直立，具条棱及绿色色条，多分枝；枝斜升，较细瘦。叶片宽卵形至卵形，茎上部的叶片有时呈卵状披针形，长 2 ~ 4 cm，宽 1 ~ 3 cm，先端急尖或短渐尖，有一短尖头，基部宽楔形，浅绿色，下面灰白色，全缘并具半透明的环边；叶柄长 1.5 ~ 2.5 cm。花两性，团伞花序于枝上部排列成紧密的或有间断的穗状或圆锥状花序，花被扁球形，5 深裂，裂片宽卵形，边缘膜质，并有红色或黄色粉粒，果时背面大多增厚并彼此合成五角星形；雄蕊 5。胞果顶基扁，圆形或卵形。种子横生，黑色，表面略具点纹。花期 6—7 月，果期 8—9 月。

生　境　生于路旁湿地、住宅附近、河岸沙地、杂草地及沙碱地等处。

分　　布　黑龙江哈尔滨、齐齐哈尔、肇东、肇源、伊春、牡丹江等地。吉林通榆、镇赉、洮南、长岭、前郭、安图等地。辽宁沈阳、铁岭、彰武等地。内蒙古新巴尔虎左旗、新巴尔虎右旗、扎赉特旗、科尔沁左翼后旗、科尔沁左翼中旗、奈曼旗、克什克腾旗、翁牛特旗、东乌珠穆沁旗、西乌珠穆沁旗、苏尼特左旗、苏尼特右旗、镶黄旗等地。河北、山东、浙江、河南、山西、陕西、宁夏、甘肃、青海、新疆。朝鲜、俄罗斯（西伯利亚）、蒙古、日本。亚洲（中部）。

采　　制　夏末秋初采收全草，切段，洗净，晒干。

主治用法　用于风寒头痛、四肢胀痛等。水煎服。

用　　量　外用适量。

◎参考文献◎

[1] 中国药材公司. 中国中药资源志要[M]. 北京：科学出版社，1994: 253-254.

[2] 江纪武. 药用植物辞典[M]. 天津：天津科学技术出版社，2005: 167.

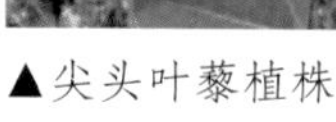

▲尖头叶藜植株

▼尖头叶藜幼株

▼尖头叶藜果穗

▲杂配藜幼苗

▲杂配藜胞果

杂配藜 *Chenopodium hybridum* L.

别　　名　大叶藜　血见愁

俗　　名　杂灰菜　大叶灰菜　大叶菜　灰菜　八角灰菜

药用部位　藜科杂配藜的全草。

原 植 物　一年生草本。高 40 ～ 120 cm。茎直立，粗壮，具淡黄色或紫色条棱，上部有疏分枝，叶片宽卵形至卵状三角形，长 6 ～ 15 cm，宽 5 ～ 13 cm，先端急尖或渐尖，基部圆形，边缘掌状浅裂；裂片 2 ～ 3 对，不等大，轮廓略呈五角形，先端通常锐；上部叶较小，叶片多呈三角状戟形，边缘具较少数的裂片状锯齿，有时几全缘；叶柄长 2 ～ 7 cm。花两性兼有雌性，通常数个团集，在分枝上排列成开散的圆锥状花序；花被片裂片 5，狭卵形，先端钝；雄蕊 5。胞果双凸镜状，与种子贴生。种子横生，与胞果同形，表面具明显的圆形深洼或呈凹凸不平。花期 7—8 月，果期 8—9 月。

▼杂配藜花

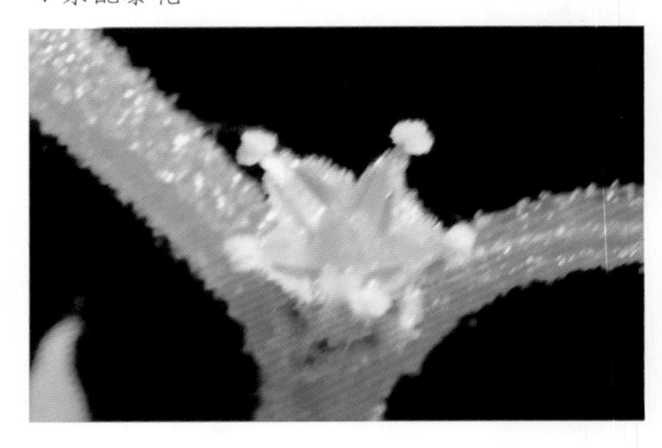

生　　境　生于荒地、河岸、耕地、杂草地及林缘等处。

分　　布　黑龙江伊春、密山、肇东、大庆、阿城、尚志、五常等地。吉林省各地。辽宁丹东、沈阳、鞍山、大连、锦州市区、北镇、义县、凌源等地。内蒙古根河、牙克石、鄂伦春旗、科尔沁右翼前旗、科尔沁左翼后旗、科尔沁左翼中旗、西乌珠穆沁旗、阿巴嘎旗、正镶白旗等地。河北、浙江、山西、陕西、宁夏、甘肃、四川、云南、青海、西藏、新疆。朝鲜、俄罗斯

▲杂配藜果穗

▲杂配藜植株

（西伯利亚）、蒙古、日本、印度。亚洲（中部）、北美洲、欧洲。

采　　制　夏、秋季采收全草，除去杂质，切段，洗净，鲜用或晒干。

性味功效　味甘，性平。有解毒、活血、通经、止血的功效。

主治用法　用于月经不调、崩漏、肺结核、咯血、衄血、尿血、血崩、血淋、子宫出血、外伤出血、腹泻、痢疾、疮痈肿毒、蛇虫咬伤等。水煎服或熬膏。外用鲜品捣烂敷患处。

用　　量　5 ~ 15 g。外用适量。

附　　方

（1）治月经不调：鲜杂配藜 100 g，水煎服。或用大叶藜全草，熬膏，每次服 5 ~ 10 g，早晚服。

（2）治功能性子宫出血：杂配藜、蒲黄炭各 15 g，藕节炭 25 g，水煎服。

（3）治吐血、衄血：杂配藜、白茅根各 50 g，水煎服。

（4）治血淋：鲜杂配藜 50 g，蒲黄炭、小蓟、木通各 15 g，水煎服。

（5）治疮痈肿毒、蛇虫咬伤：鲜杂配藜适量，捣烂外敷。

◎参考文献◎

[1] 江苏新医学院. 中药大辞典(上册) [M]. 上海: 上海科学技术出版社, 1977: 929.

[2] 朱有昌. 东北药用植物 [M]. 哈尔滨: 黑龙江科学技术出版社, 1989: 303-304.

[3] 《全国中草药汇编》编写组. 全国中草药汇编（上册）[M]. 北京: 人民卫生出版社, 1975: 52-53.

▼杂配藜花序

▲小藜幼株

▼小藜居群

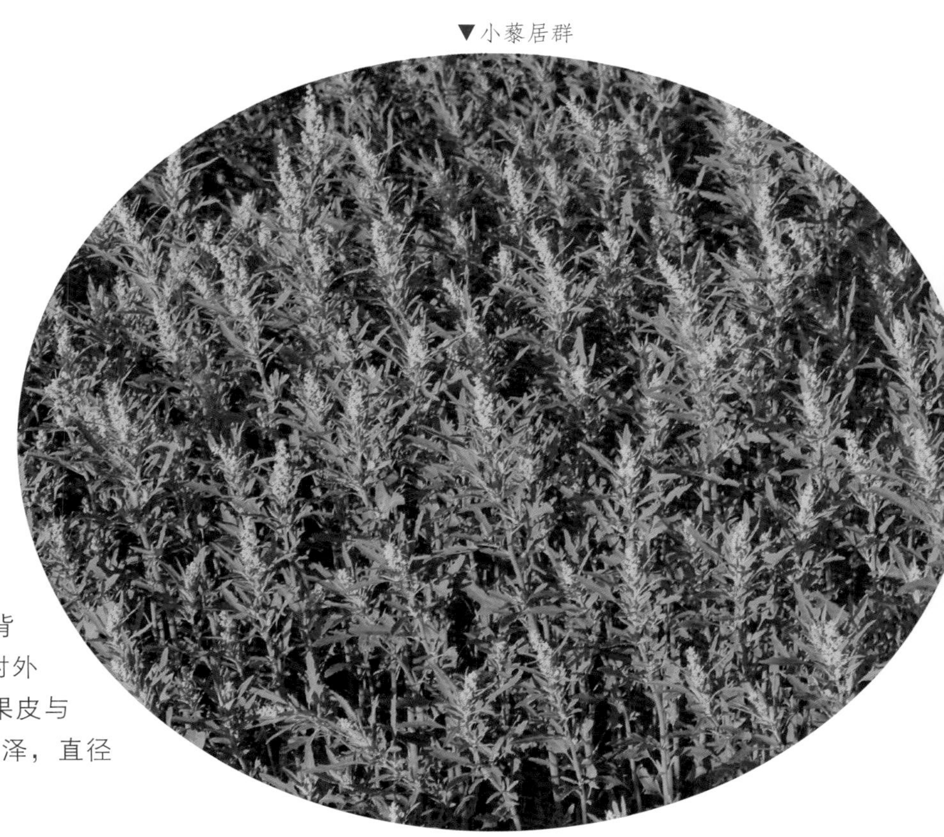

小藜 *Chenopodium ficifolium* Sm.

俗　　名　小灰菜

药用部位　藜科小藜的干燥全草。

原 植 物　一年生草本。高 20 ~ 50 cm。茎直立，具条棱及绿色色条。叶片卵状矩圆形，长 2.5 ~ 5.0 cm，宽 1.0 ~ 3.5 cm，通常 3 浅裂；中裂片两边近平行，先端钝或急尖并具短尖头，边缘具深波状锯齿；侧裂片位于中部以下，通常各具 2 浅裂齿。花两性，数个团集，排列于上部的枝上形成较开展的顶生圆锥状花序；花被近球形，5 深裂，裂片宽卵形，不开展，背面具微纵隆脊并有密粉；雄蕊 5，开花时外伸；柱头 2，丝形。胞果包在花被内，果皮与种子贴生。种子双凸镜状，黑色，有光泽，直径约1 mm，边缘微钝，表面具六角形细洼；胚环形。花期8—9月，果期9—10月。

生　　境　生于林缘、荒地、山坡及村屯附近。

分　　布　黑龙江各地。吉林长白山及西部草原各地。辽宁本溪、桓仁、沈阳、大连、营口、北镇等地。内蒙古翁牛特旗、喀喇沁旗等地。河北、山西、江苏、浙江、湖南、湖北、台湾、陕西、宁夏、甘肃、广东、广西、云南。朝鲜、俄罗斯、蒙古。欧洲。

采　　制　夏末秋初采收全草，切段，洗净，晒干。

性味功效　味甘、苦，性凉。有祛湿、清热解毒的功效。

主治用法　用于疮疡肿毒、疥癣、风痒等。水煎服。外用鲜品，捣烂敷患处。

用　　量　30 ~ 60 g。外用适量。

▲小藜植株

◎参考文献◎

[1] 江苏新医学院．中药大辞典（上册）[M]．上海：上海科学技术出版社，1977: 855.

[2] 钱信忠．中国本草彩色图鉴（第二卷）[M]．北京：人民卫生出版社，2003: 333-334.

[3] 中国药材公司．中国中药资源志要 [M]．北京：科学出版社，1994: 255.

▲藜幼株（前期）

▲藜幼苗

▲藜胞果

藜 *Chenopodium album* L.

别　　名　白藜

俗　　名　灰菜 灰灰菜

药用部位　藜科藜的干燥全草（入药称“灰菜”）。

原 植 物　一年生草本。高 30 ~ 150 cm。茎直立，粗壮，具条棱及绿色或紫红色色条，多分枝。叶片菱状卵形至宽披针形，长 3 ~ 6 cm，宽 2.5 ~ 5.0 cm，先端急尖或微钝，基部楔形至宽楔形，上面通常无粉，有时嫩叶的上面有紫红色粉，下面多少有粉，边缘具不整齐锯齿；叶柄与叶片近等长，或为叶片长度的 1/2。花两性，花簇于枝上部排列成或大或小的穗状或圆锥状花序；花被裂片 5，宽卵形至椭圆形，背面具纵隆脊，有粉，先端或微凹，边缘膜质；雄蕊 5，花药伸出花被，柱头 2。果皮与

▲藜植株

种子贴生。种子横生，双凸镜状，边缘钝，黑色，表面具浅沟纹。花期8—9月，果期9—10月。

生　　境　生于林缘、荒地、山坡及灌丛等处，常聚集成片生长。

分　　布　东北地区。全国绝大部分地区。全球温带及热带。

采　　制　夏末秋初采收全草，切段，洗净，晒干。

性味功效　味甘，性平。有小毒。有清热解毒、退热、收敛、止痢、利湿、透疹止痒、杀虫的功效。

主治用法　用于感冒、痢疾、泄泻、龋齿痛、疥癣、湿疮痒疹、息肉、白癜风、子宫颈癌、麻疹不透、毒蛇咬伤等。水煎服。外用煎水漱口、熏洗或捣敷。

用　　量　25 ~ 50 g。外用适量。

附　　方

（1）治痢疾、腹泻：藜全草 50 ~ 100 g，水煎服。

（2）治皮肤湿毒、周身发痒：藜全草、野菊花各等量，煎汤熏洗。

（3）治疥癣湿疮：藜颈叶适量，煮汤外洗。

（4）治白癜风：红藜 2.5 kg，茄子根状茎 1.5 kg，苍耳根状茎 2.5 kg。上药晒干，一处烧灰，以水 6 L，煎汤淋取汁，于铛内煎成膏，以瓷盒盛，另用好通明乳香 25 g，生研，又入铅霜 0.5 g，腻粉 0.5 g 相和，入于膏内，另用炼成黄牛脂 200 g，入膏内调搅均匀，每取涂抹患处，日用 3 次。

▲藜花

▼藜果实

▼藜花序

▲藜群落

▼藜幼株（后期）

▲市场上的藜幼株

附　　注　该种为中国植物图谱数据库收录的有毒植物，幼苗可作为野菜食用，有人食后在日照下裸露皮肤部分即发生水肿及出血等炎症，局部有刺痒、肿胀及麻木感，少数重者可产生水疱，甚至并发感染和溃烂，患者有低热、头痛、疲乏无力、胸闷及食欲不振等轻微症状。

◎参考文献◎

[1] 江苏新医学院．中药大辞典（下册）[M]．上海：上海科学技术出版社，1977：2691-2692.

[2] 钱信忠．中国本草彩色图鉴（第二卷）[M]．北京：人民卫生出版社，2003：329-330.

[3] 中国药材公司．中国中药资源志要 [M]．北京：科学出版社，1994：254.

▲兴安虫实植株

▼兴安虫实花序

虫实属 *Corispermum* L.

兴安虫实 *Corispermum chinganicum* Iljin

药用部位 藜科兴安虫实的全草。

原植物 植株高 10 ~ 50 cm，茎直立，圆柱形，由基部分枝，斜展。叶条形，长 2 ~ 5 cm，宽约 2 mm，先端渐尖具小尖头，基部渐狭，1 脉。穗状花序顶生和侧生，苞片由披针形至卵形和卵圆形，先端渐尖或骤尖，脉 1 ~ 3，具较宽的膜质边缘。花被片 3，近轴花被片 1，宽椭圆形，顶端具不规则细齿，远轴 2，小，近三角形，稀不存在；雄蕊 5，稍超过花被片。果实矩圆状倒卵形或宽椭圆形，长 2 ~ 4 mm，宽 1.5 ~ 2.0 mm，顶端圆形，基部心形，背面突起，中央稍微压扁，腹面扁平，无毛；果核椭圆形，黄绿色或米黄色，光亮，有时具少数深褐色斑点；喙尖粗短，有果翅。花期 6—7 月，果期 7—8 月。

生　境　生于湖边沙丘、半固定沙丘及草原等处。

分　布　黑龙江齐齐哈尔市区、泰来、肇源、哈尔滨。吉林通榆、镇赉等地。内蒙古陈巴尔虎旗、科尔沁右翼中旗、阿鲁科尔沁旗、巴林右旗、克什克腾旗、翁牛特旗、喀喇沁旗、敖汉旗、西乌珠穆沁旗、苏尼特左旗、镶黄旗等地。河北、宁夏、甘肃。俄罗斯（西伯利亚）、蒙古。

采　制　夏末秋初采收全草，切段，洗净，晒干。

性味功效　有降血压的功效。

主治用法　用于高血压。水煎服。

用　量　适量。

◎参考文献◎

[1] 中国药材公司．中国中药资源志要 [M]. 北京：科学出版社，1994: 255.

[2] 江纪武．药用植物辞典 [M]. 天津：天津科学技术出版社，2005: 208.

▼兴安虫实植株（侧）

▲地肤果实

▲地肤胞果

地肤属 *Kochia* All.

地肤 *Kochia scoparia*（L.）Schrad.

别　　名　扫帚菜　地肤子　扫帚

俗　　名　家扫帚　野扫帚　扫帚苗

药用部位　藜科地肤的干燥种子（称“地肤子”）及嫩枝叶。

原 植 物　一年生草本。高 50 ~ 100 cm。茎直立，圆柱状，淡绿色或带紫红色，有条棱，叶披针形或条状披针形，长 2 ~ 5 cm，宽 3 ~ 7 mm，先端短渐尖，基部渐狭成短柄，茎上部叶较小，无柄，1 脉。花两性或雌性，花下有时有锈色长柔毛；花被近球形，淡绿色，花被片裂片近三角形，无毛或先端稍有毛；翅端附属物三角形至倒卵形，有时近扇形，膜质，脉不很明显，边缘微波状或具缺刻；花丝丝状，花药淡黄色；柱头 2，丝状，紫褐色，花柱极短。胞果扁球形，果皮膜质，与种子离生。种子卵形，黑褐色，长 1.5 ~ 2.0 mm，稍有光泽；胚环形，胚乳块状。花期 7—9 月，果期 8—10 月。

生　　境　生于路旁、荒地、山坡及住宅附近，常聚集成片生长。

分　　布　东北地区。全国绝大部分地区。朝鲜、俄罗斯（西伯利亚）、蒙古、日本。欧洲、亚洲（中部）、北非等。

采　　制　秋季采收果穗，晒干，打下果实，除去杂质，生用。春、夏季采收嫩枝叶，除去杂质，洗净，晒干。

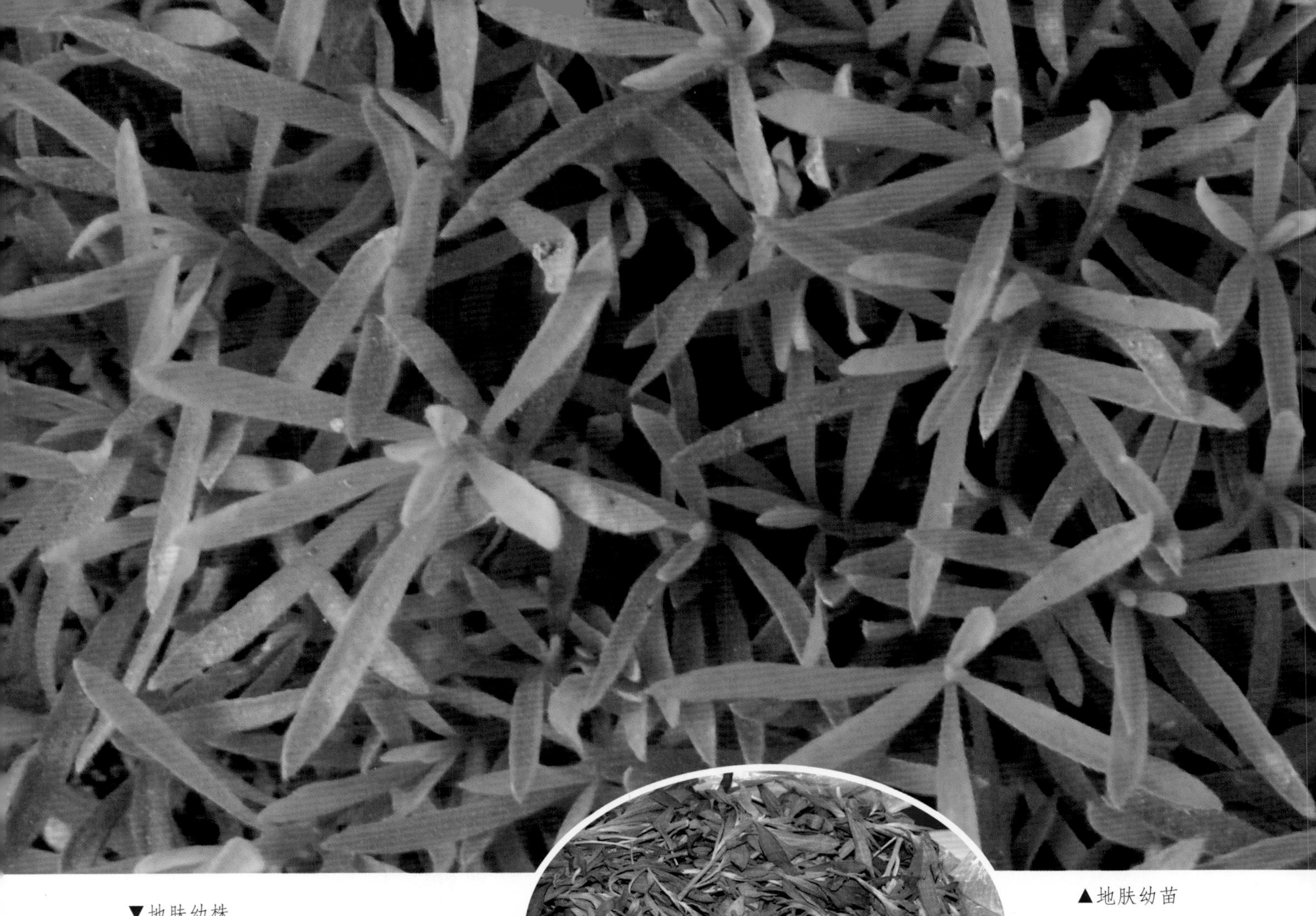

▲地肤幼苗

▼地肤幼株

▲市场上的地肤幼株

性味功效　种子：味甘、苦，性寒。有清热利湿、祛风止痒的功效。嫩枝叶：味苦，性寒。有清热解毒、利尿通淋的功效。

主治用法　种子：用于小便涩痛、膀胱炎、淋病、疝气、阴痒症、带下、风疹、湿疹、皮肤瘙痒、荨麻疹等。水煎服。外用捣烂敷患处。嫩枝叶：用于痢疾、泄泻、热淋、雀盲、皮肤风热赤肿等。水煎服或捣汁。外用适量捣汁涂或煎水洗。

用　　量　种子：10 ~ 25 g。外用适量。嫩枝叶：50 ~ 100 g。外用适量。

附　　方

（1）治皮肤湿疹：地肤子、白鲜皮各 25 g，白矾 5 g，水煎，熏洗。

（2）治阴虚血亏、小便不利：怀熟地 50 g，生龟板（捣碎）、生杭芍各 25 g，地肤子 5 g，水煎服。

（3）治久血痢、日夜不止：地肤子 50 g，地榆（锉碎）、黄芩各

▲地肤植株

1.5 g。上药捣细罗为散。每服 10 g，不拘时候，以粥饮调下。
（4）治雀盲眼：地肤子 150 g，决明子 600 g。上两味捣筛，米汤饮和丸。每食后，以饮服 20 ~ 30 丸。
（5）治皮肤瘙痒：地肤子、苦参各 15 g，防风、蝉蜕各 10 g，水煎服。
（6）治痔疾：地肤子不拘多少，新瓦上焙干，捣罗为散。每服 15 g，用陈粟米汤调下，每日 3 次。
（7）治腰痛、小便少而黄：地肤子 200 g，研末。每服 10 g，黄酒冲服，每日 2 次。
（8）治风湿性关节炎、手足关节疼痛、小便少：地肤苗 20 g，水煎服。

附　注

（1）本品为《中华人民共和国药典》（2020 年版）收录的药材。
（2）在东北尚有 1 变种：
碱地肤 var. *sieversiana*（Pall.）Ulbr. ex Aschers. et Graebn.，花下有较密的束生锈色柔毛。生于山沟湿地、河滩、路边、海滨等处。其他与原种同。

▲地肤花

▼碱地肤植株

▲碱地肤群落

◎参考文献◎

[1] 江苏新医学院．中药大辞典（上册）[M]．上海：上海科学技术出版社，1977: 816-818.

[2] 朱有昌．东北药用植物 [M]．哈尔滨：黑龙江科学技术出版社，1989: 301-302.

[3]《全国中草药汇编》编写组．全国中草药汇编（上册）[M]．北京：人民卫生出版社，1975: 337-338.

▼地肤花序

▼碱地肤花

▲木地肤植株

木地肤 *Kochia prostrata*（L.）Schrad.

别　　名　伏地肤

药用部位　藜科木地肤的全草。

原 植 物　半灌木。高 20 ~ 80 cm。木质茎通常低矮，有分枝，黄褐色或带黑褐色；当年枝淡黄褐色或

▲木地肤枝条

淡红色。叶互生，稍扁平，条形，常数片集聚于腋生短枝而呈簇生状，长 8 ~ 20 mm，宽 1.0 ~ 1.5 mm，先端钝或急尖。花两性兼有雌性，通常 2 ~ 3 个团集叶腋，于当年枝的上部或分枝上集成穗状花序；花被球形，有密绢状毛，花被片裂片卵形或矩圆形，先端钝，内弯；翅状附属物扇形或倒卵形，膜质，具紫红色或黑褐色脉，边缘有不整齐的圆锯齿或为啮蚀状；花丝丝状，稍伸出花被外；柱头 2，丝状，紫褐色。胞果扁球形，果皮厚膜质，灰褐色。种子近圆形，黑褐色，直径 1 ~ 5 mm。花期 7—8 月，果期 8—9 月。

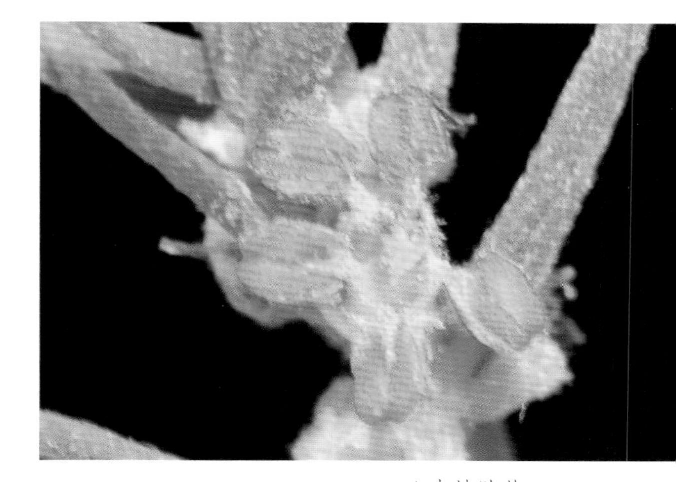

▲木地肤花

生　　境　生于山坡、沙地及荒漠等处。

分　　布　吉林通榆、镇赉、洮南、长岭、前郭、大安等地。辽宁彰武。内蒙古牙克石、鄂伦春旗、满洲里、西乌珠穆沁旗、阿巴嘎旗、正蓝旗等地。河北、山西、陕西、宁夏、甘肃、新疆、西藏。亚洲（中部）、欧洲。

采　　制　夏末秋初采收全草，切段，洗净，晒干。

性味功效　有解热的功效。

用　　量　适量。

◎参考文献◎

[1] 中国药材公司. 中国中药资源志要 [M]. 北京：科学出版社，1994: 255.

[2] 江纪武. 药用植物辞典 [M]. 天津：天津科学技术出版社，2005: 435.

盐角草属 *Salicornia* L.

盐角草 *Salicornia europaea* L.

别　　名 海蓬子 草盐角

药用部位 藜科盐角草的全草。

原 植 物 一年生草本。高 10 ~ 35 cm。茎直立，多分枝；枝肉质，苍绿色。叶不发育，鳞片状，长约 1.5 mm，顶端锐尖，基部连合成鞘状，边缘膜质。花序穗状，长 1 ~ 5 cm，有短柄；花腋生，每一苞片内有花 3，集成一簇，陷入花序轴内，中间的花较大，位于上部，两侧的花较小，位于下部；花被片肉质，倒圆锥状，上部扁平成菱形；雄蕊伸出花被片之外；花药矩圆形；子房卵形；柱头 2，钻状，有乳头状小突起。果皮膜质；种子矩圆状卵形，种皮近革质，有钩状刺毛，直径约 1.5 mm。花期 6—7 月，果期 7—8 月。

生　　境 生于盐碱地、盐湖旁及海边等处。

分　　布 辽宁庄河、长海、瓦房店、大连市区、营口等地。内蒙古新巴尔虎左旗、东乌珠穆沁旗等地。河北、山东、江苏、山西、陕西、宁夏、甘肃、青海、新疆。朝鲜、俄罗斯、日本、印度。欧洲、非洲、北美洲。

▲盐角草花序

▲盐角草幼株

▲盐角草植株

采　　制 夏末秋初采收全草，切段，洗净，晒干。

性味功效 有止血、利尿、降血压的功效。

主治用法 用于高血压、头痛、维生素 C 缺乏症、小便不利。水煎服。

用　　量 适量。

◎参考文献◎

[1] 中国药材公司. 中国中药资源志要 [M]. 北京：科学出版社，1994: 256.

[2] 江纪武. 药用植物辞典 [M]. 天津：天津科学技术出版社，2005: 708.

▲猪毛菜群落

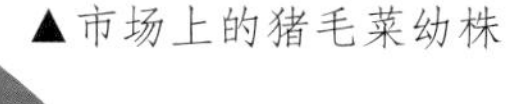

▲市场上的猪毛菜幼株

猪毛菜属 *Kali* Mill.

猪毛菜 *Kali collinum*（Pall.）Akhani & Roalson.

别　　名　扎蓬棵

俗　　名　猪毛蒿　猪毛缨　叉蓬棵　乍蓬棵　野鹿角菜　猪豁达菜　猪尾巴狗　猪刺蓬草　刺猬草

药用部位　藜科猪毛菜的全草。

原 植 物　一年生草本。高 20 ～ 100 cm；茎自基部分枝，伸展，茎、枝绿色，有白色或紫红色条纹。叶片丝状圆柱形，伸展或微弯曲，长 2 ～ 5 cm，宽 0.5 ～ 1.5 mm，生短硬毛，顶端有刺状尖，基部边缘膜质，稍扩展而下延。花序穗状，生于枝条上部；苞片卵形，顶部延伸，有刺状

▲猪毛菜花

▲猪毛菜植株

▼猪毛菜幼株

尖，边缘膜质，背部有白色隆脊；小苞片狭披针形，顶端有刺状尖，苞片及小苞片与花序轴紧贴；花被片卵状披针形，果时变硬，花被片在突起以上部分，近革质，顶端为膜质，紧贴果实，有时在中央聚集成小圆锥体；花药长 1.0 ~ 1.5 mm；柱头丝状，长为花柱的 1.5 ~ 2.0 倍。种子横生或斜生。花期 8—9 月，果期 9—10 月。

生　　境　生于村边、路旁、荒地和含盐碱的沙质土壤上。

分　　布　东北地区。河北、山西、陕西、甘肃、青海、四川、西藏、云南。朝鲜、俄罗斯（西伯利亚）、蒙古、印度。亚洲（中部）、欧洲。

采　　制　夏、秋季采收全草，除去杂质，洗净，晒干。

性味功效　味淡，性凉。有降血压、润肠通便的功效。

主治用法　用于高血压、头痛、头晕、失眠、习惯性便秘。水煎服。外用适量，研末调酒敷患处。

用　　量　25 ~ 50 g。外用适量。

附　　方

（1）治高血压：猪毛菜 100 g，益母草、黄精各 50 g，丹参 25 g，水煎服。又方：猪毛菜 100 g，钩藤、茺蔚子各 30 g，黄芩 20 g，制成流浸膏 90 ml，分 3 次服。一般服药后第一周即呈现降压作用。

▲猪毛菜花序

（2）治高血压头晕、失眠：猪毛菜 150 g，玉米须 75 g，蚯蚓 25 g，水 5 L，煎熬至 1 500 ml，每服半小碗，每日 3 次。

◎参考文献◎

[1] 江苏新医学院．中药大辞典（下册）[M]．上海：上海科学技术出版社，1977: 2199-2200.
[2]《全国中草药汇编》编写组．全国中草药汇编（上册）[M]．北京：人民卫生出版社，1975: 796-797.
[3] 中国药材公司．中国中药资源志要 [M]．北京：科学出版社，1994: 256-257.

▲刺沙蓬植株

刺沙蓬 *Kali tragus* Scop.

别　　名　刺蓬

俗　　名　风滚草　扎蓬棵

药用部位　藜科刺沙蓬的全草。

原 植 物　一年生草本。高 30 ~ 100 cm；茎直立，自基部分枝，有白色或紫红色条纹。叶片半圆柱形或圆柱形，长 1.5 ~ 4.0 cm，宽 1.0 ~ 1.5 mm，顶端有刺状尖，基部扩展，扩展处的边缘为膜质。花序穗状，生于枝条的上部；苞片长卵形，顶端有刺状尖，基部边缘膜质，比小苞片长；小苞片卵形，顶端有刺状尖；花被片长卵形，膜质，背面有 1 条脉；花被片果时变硬，自背面中部生翅；翅 3 个较大，肾形或倒卵形，膜质，无色或淡紫红色，有数条粗壮而稀疏的脉，2 个较狭窄，花被片果时（包括翅）直径 7 ~ 10 mm；花被片在翅以上部分近革质，顶端为薄膜质，向中央聚集，包覆果实；柱头丝状，长为花柱的 3 ~ 4 倍。种子横生，直径约 2 mm。花期 8—9 月，果期 9—10 月。

生　　境　生于河谷沙地、砾质戈壁及海边等处。

分　　布　黑龙江大庆市区、肇源、肇东、安达、佳木斯、木兰、通河等地。吉林镇赉、通榆、长岭、洮南、前郭等地。辽宁彰武、辽阳、新民、沈阳市区等地。内蒙古陈巴尔虎旗、新巴尔虎左旗、新巴尔虎右旗、科尔沁右翼前旗、科尔沁左翼中旗、扎赉特旗、科尔沁左翼后旗、扎鲁特旗、巴林左旗、巴林右旗、克什克腾旗、翁牛特旗、阿鲁科尔沁旗、东乌珠穆沁旗、西乌珠穆沁旗、阿巴嘎旗、苏尼特左旗、苏尼特右旗、镶黄旗、正蓝旗、正镶白旗等地。河北、山东、江苏、山西、陕西、宁夏、甘肃、西藏。俄罗斯、蒙古。

采　　制　夏、秋季采收全草，除去杂质，洗净，晒干。

性味功效　味苦，性凉。有平肝降压的功效。

主治用法　用于高血压引起的头痛头晕。水煎服。

用　　量　25 ~ 50 g。

附　　方

（1）治高血压：刺沙蓬 100 g，益母草、黄精各 50 g，丹参 25 g，水煎服。

（2）治高血压、头痛：刺沙蓬 30 ~ 65 g，水煎服。初服时可用较小剂量，经 1 ~ 2 周后，如有疗效，可逐渐加量，连服 5 ~ 6 个月。对早期患者效果显著，对晚期患者效果较差。

◎参考文献◎

[1] 江苏新医学院．中药大辞典（上册）[M]．上海：上海科学技术出版社，1977: 1269.

[2] 朱有昌．东北药用植物 [M]．哈尔滨：黑龙江科学技术出版社，1989: 304-305.

[3] 中国药材公司．中国中药资源志要 [M]．北京：科学出版社，1994: 257.

▲刺沙蓬果穗

▲无翅猪毛菜花序

▲无翅猪毛菜果实

无翅猪毛菜 *Kali komarovii* （Iljin）Akhani & Roalson.

药用部位 藜科无翅猪毛菜的全草。

原 植 物 一年生草本。高 10 ~ 20 cm；茎直立。叶互生，叶片半圆柱形，平展或微向上斜伸，长 2 ~ 5 cm，宽 2 ~ 3 mm，顶端有小短尖，基部扩展，稍下延，扩展处边缘为膜质。花序穗状，生于枝条的上部；苞片条形，顶端有小短尖，长于小苞片；小苞片长卵形，顶端有小短尖，基部边缘膜质，长于花被片，果时苞片和小苞片增厚，紧贴花被片；花被片卵状矩圆形，膜质，无毛，顶端尖，果时变硬，革质，自背面的中上部生篦齿状突起；花被片在突起以上部分，内折成截形的面，顶端为膜质，聚集成短的圆锥体，花被片的外形呈杯状；柱头丝状，长为花柱的 3 ~ 4 倍；花柱极短。胞果倒卵形，直径 2.0 ~ 2.5 mm。花期 7—8 月，果期 8—9 月。

生　　境 生于湖滨、河边沙地、河滩及河滩沙地等处。

分　　布 黑龙江安达、杜尔伯特、泰来等地。吉林镇赉、通榆、长岭、洮南、前郭等地。辽宁北镇、彰武等地。内蒙古科尔沁左翼中旗、科尔沁左翼后旗等地。河北、山东、甘肃、青海。俄罗斯、蒙古。

采　　制 夏、秋季采收全草，除去杂质，洗净，晒干。

性味功效 味苦，性凉。有平肝降压的功效。

主治用法 用于高血压、头痛、便秘。水煎服。

用　　量 适量。

◎参考文献◎

[1] 江纪武. 药用植物辞典 [M]. 天津：天津科学技术出版社，2005: 711.

▲无翅猪毛菜群落

▲碱蓬幼株群落

▲碱蓬幼株

碱蓬属 *Suaeda* Forsk. ex Scop.

碱蓬 *Suaeda glauca*（Bge.）Bge.

别　　名　灰绿碱蓬

俗　　名　碱蒿子　盐蒿子　狗尾巴草

药用部位　藜科碱蓬的全草。

原 植 物　一年生草本。高可达 1 m。茎直立，粗壮，有条棱，上部多分枝。叶丝状条形，半圆柱状，通常长 1.5 ~ 5.0 cm，宽约 1.5 mm，灰绿色，先端微尖，基部稍收缩。花两性兼有雌性，单生或 2 ~ 5 朵团集，大多着生于叶的近基部处；两性花花被杯状，长 1.0 ~ 1.5 mm，黄绿色；雌花花被近球形，直径约

碱蓬植株

▲碱蓬群落

▲碱蓬果实

0.7 mm，较肥厚，灰绿色；花被裂片卵状三角形，先端钝，果时增厚，使花被略呈五角星状，干后变黑色；雄蕊5，花药宽卵形至矩圆形，长约0.9 mm；柱头2，稍外弯。胞果包在花被内，果皮膜质。种子横生或斜生，双凸镜形，表面具清晰的颗粒状点纹。花期7—8月，果期8—9月。

生　　境　生于海滨、荒地、渠岸、田边等含盐碱的土壤上，常聚集成片生长。

分　　布　黑龙江齐齐哈尔市区、泰来、大庆市区、安达、肇东、肇源、肇州、绥化等地。吉林通榆、镇赉、洮南、前郭、长岭、双辽等地。辽宁盘锦、丹东、庄河、瓦房店、大连市区、铁岭、兴城、绥中、北票等地。内蒙古鄂温克旗、新巴尔虎左旗、新巴尔虎右旗、阿鲁科尔沁旗等地。河北、山东、江苏、浙江、河南、山西、陕西、宁夏、甘肃、青海、新疆。朝鲜、俄罗斯（西伯利亚）、蒙古、日本。

采　　制　夏、秋季采收全草，除去杂质，洗净，晒干。

性味功效　味微咸，性微寒。有清热、消积的功效。

主治用法　用于瘰疬、腹胀等。水煎服。

用　　量　6～9 g。

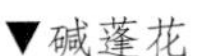

▼碱蓬花

▼碱蓬花（侧）

◎参考文献◎

[1] 江苏新医学院．中药大辞典（下册）[M]．上海：上海科学技术出版社，1977：2546.

[2] 中国药材公司．中国中药资源志要[M]．北京：科学出版社，1994：257.

[3] 江纪武．药用植物辞典[M]．天津：天津科学技术出版社，2005：782.

▲盐地碱蓬幼株

盐地碱蓬 *Suaeda salsa*（L.）Pall.

别　　名　翅碱蓬

俗　　名　黄须菜

药用部位　藜科盐地碱蓬的全草。

原 植 物　一年生草本。高 20 ~ 80 cm，绿色或紫红色。茎直立，圆柱状，黄褐色；分枝多集中于茎的上部，细瘦，开散或斜升。叶条形，半圆柱状，通常长 1.0 ~ 2.5 cm，宽 1 ~ 2 mm，先端尖或微钝，无柄，枝上部的叶较短。团伞花序通常含花 3 ~ 5，腋生，在分枝上排列成有间断的穗状花序；小苞片卵形，几全缘；花两性，有时兼有雌性；花被片半球形，底面平；裂片卵形，稍肉质，具膜质边缘，先端钝，果时背面稍增厚；花药卵形或矩圆形，长 0.3 ~ 0.4 mm；柱头 2，有乳头，通常带黑褐色，花柱不明显。胞果包于花被片内；果皮膜质，果实成熟后常常破裂而露出种子。种子横生，双凸镜形或歪卵形，直径 0.8 ~ 1.5 mm，黑色，有光泽，周边钝，表面具不清晰的网点纹。花期 7—9 月，果期 8—10 月。

生　　境　生于盐碱土，在河滩及湖边常形成单种群落。

分　　布　黑龙江齐齐哈尔市区、泰来、大庆市区、安达、肇东、肇源、肇州、杜尔伯特等地。吉林通榆、镇赉、洮南、前郭、长岭、双辽、乾安等地。辽宁彰武。内蒙古鄂温克旗、新巴尔虎左旗、新巴尔虎右旗、扎赉特旗、科尔沁左翼中旗、科尔沁左翼后旗、敖汉旗、库伦旗、阿鲁科尔沁旗、巴林左旗、巴林右旗、克什克腾旗、翁牛特旗、东乌珠穆沁旗、西乌珠穆沁旗、阿巴嘎旗、苏尼特左旗、苏尼特右旗等地。河北、

▲盐地碱蓬群落

▲盐地碱蓬幼株居群

山西、陕西、宁夏、甘肃、青海、新疆。俄罗斯、蒙古、哈萨克斯坦。欧洲。

采　　制　夏、秋季采收全草，除去杂质，洗净，晒干。

性味功效　味苦，性凉。有清热解毒的功效。

主治用法　用于治疗瘰疬、腹胀。水煎服。

用　　量　适量。

◎参考文献◎

[1] 朱有昌. 东北药用植物 [M]. 哈尔滨：黑龙江科学技术出版社，1989: 304-305.

[2] 中国药材公司. 中国中药资源志要 [M]. 北京：科学出版社，1994: 257.

▲市场上的盐地碱蓬幼株

▼盐地碱蓬花序

▲内蒙古自治区陈巴尔虎旗 168 彩带河湿地夏季景观

▲牛膝植株

苋科 Amaranthaceae

本科共收录 2 属、5 种。

牛膝属 *Achyranthes* L.

牛膝 *Achyranthes bidentata* Blume

别　　名　土牛膝

药用部位　苋科牛膝的根。

原 植 物　多年生草本。高 70 ~ 120 cm；根圆柱形，直径 5 ~ 10 mm，土黄色。茎有棱角或四方形，绿色或带紫色，有白色贴生或开展柔毛。叶片椭圆形或椭圆状披针形，长 4.5 ~ 12.0 cm，宽 2.0 ~ 7.5 cm，顶端尾尖，基部楔形或宽楔形，两面有贴生或开展柔毛；叶柄长 5 ~ 30 mm，有柔毛。穗状花序顶生及腋生，花多数，密生，长 5 mm；苞片宽卵形，小苞片刺状，长 2.5 ~ 3.0 mm，顶端弯曲，花被片披针形，长 3 ~ 5 mm，光亮，顶端急尖，有一中脉；雄蕊长 2.0 ~ 2.5 mm；退化雄蕊顶端平圆，稍有缺刻状细锯齿。胞果矩圆形，长 2.0 ~ 2.5 mm，黄褐色，光滑。种子矩圆形，长 1 mm，黄褐色。花期 7—9 月，果期 9—10 月。

生　　境　生于山坡、林缘及路旁等处。

分　　布　辽宁丹东。河北、河南、山东、江苏、福建、江西、安徽、湖南、湖北、陕西、甘肃、广东、广西。朝鲜、俄罗斯、印度、越南、菲律宾、马来西亚。非洲。

采　　制　秋季茎叶枯萎时采挖，除去须根和泥沙，捆成小把，晒至干皱后使用。

性味功效　味甘、苦、酸，性平。生用：有活血通经的功效。熟用：有补肝肾、强腰膝的功效。

主治用法　生用：用于产后腹痛、月经不调、闭经、鼻衄、虚火牙痛、脚气水肿等，水煎服，外用捣烂敷患处或捣汁滴耳或研末吹喉。熟用：用于腰膝酸痛、肝肾亏虚、跌打瘀痛等，水煎服。

用　　量　15 ~ 25 g（鲜品 50 ~ 100 g）。

附　　方

（1）治小便不利、茎中痛欲死、妇人血结腹坚痛：牛膝一大把并叶，不以多少，酒煮饮之。

（2）治胞衣不出：牛膝 400 g，葵子 50 g。以水 9 L，煎取 3 L，分 3 次服。

（3）治口中及舌上生疮、烂：牛膝酒渍含漱之，无酒者空含亦佳。

（4）治金疮痛：生牛膝捣敷疮上。

附　　注

（1）孕妇慎用。

▲牛膝果实

▼牛膝膨大节

（2）本品为《中华人民共和国药典》（2020 年版）收录的药材。

◎参考文献◎

[1] 江苏新医学院. 中药大辞典（上册）[M]. 上海：上海科学技术出版社，1977: 83-84，417-420.

[2]《全国中草药汇编》编写组. 全国中草药汇编（上册）[M]. 北京：人民卫生出版社，1975: 206-207.

[3] 中国药材公司. 中国中药资源志要 [M]. 北京：科学出版社，1994: 258.

▲尾穗苋果穗

苋属 *Amaranthus* L.

尾穗苋 *Amaranthus caudatus* L.

别　　名　老枪谷　老羌谷

俗　　名　西风谷　西番谷　高丽谷

药用部位　苋科尾穗苋的根。

原 植 物　一年生草本。高达 1.5 m；茎直立，粗壮，具钝棱角。叶片菱状卵形或菱状披针形，长 4 ~ 15 cm，宽 2 ~ 8 cm，顶端短渐尖或圆钝，具凸尖，基部宽楔形，稍不对称，全缘或波状缘，绿色或红色；叶柄长 1 ~ 15 cm，绿色或粉红色，疏生柔毛。圆锥花序顶生，下垂，有多数分枝，中央分枝特长，由多数穗状花序形成，顶端钝，花密集成雌花和雄花混生的花簇；苞片及小苞片披针形，长 3 mm，花被片长 2.0 ~ 2.5 mm，红色，透明，花被片矩圆形，雄蕊稍超出；柱头 3。胞果近球形，直径 3 mm。种子近球形，淡棕黄色，有厚的环。花期 7—8 月，果期 9—10 月。

生　　境　生于路旁、荒地、山坡、田边及住宅附近。

分　　布　原产热带，全世界各地栽培，在东北各地普遍逸为野生。

采　　制　秋季采挖根，除去杂质，切段，洗净，晒干。

性味功效　味甘、淡，性平。有滋补强壮的功效。

主治用法　用于头昏、四肢无力、小儿疳积等。水煎服。

用　　量　20 ~ 50 g。

附　　方　治跌打损伤、骨伤肿痛：尾穗苋、地肤子各等量，压碎醋调，敷患处。

▲尾穗苋植株

◎参考文献◎

[1] 朱有昌. 东北药用植物 [M]. 哈尔滨：黑龙江科学技术出版社，1989: 308-309.

[2] 中国药材公司. 中国中药资源志要 [M]. 北京：科学出版社，1994: 259.

[3] 江纪武. 药用植物辞典 [M]. 天津：天津科学技术出版社，2005: 41.

▲反枝苋植株

▼反枝苋果穗

▲反枝苋花

反枝苋 *Amaranthus retroflexus* L.

俗　　名　野苋 野苋菜 西风谷 野千穗谷

药用部位　苋科反枝苋的全草。

原 植 物　一年生草本。高 20 ~ 80 cm，有时达 1 m 多；茎直立，粗壮，单一或分枝，淡绿色。叶片菱状卵形或椭圆状卵形，长 5 ~ 12 cm，宽 2 ~ 5 cm，顶端锐尖或尖凹，有小凸尖，基部楔形，全缘或波状缘；叶柄长 1.5 ~ 5.5 cm。圆锥花序顶生及腋生，直立，直径 2 ~ 4 cm，由多数穗状花序形成，

▲反枝苋群落

顶生花穗较侧生者长；花被片矩圆形或矩圆状倒卵形，长 2.0 ~ 2.5 mm，薄膜质，白色，有一淡绿色细中脉，顶端急尖或尖凹，具凸尖；雄蕊比花被片稍长；柱头 3，有时 2。胞果扁卵形，长约 1.5 mm，环状横裂，薄膜质，淡绿色，包裹在宿存花被片内。种子近球形，棕色或黑色，边缘钝。花期 7—8 月，果期 8—9 月。

生　境　生于路旁、荒地、山坡、田边及住宅附近，常聚集成片生长。

分　布　原产美洲热带，现广泛传播并归化于世界各地，在东北各地广泛分布。

采　制　夏、秋季采收全草，除去杂质，切段，洗净，晒干。

性味功效　味甘，性凉。有清热解毒、利湿消肿、凉血止血的功效。

主治用法　用于泄泻、痢疾、痔疮肿痛出血、发热、头痛、身痛、目赤肿

▲反枝苋种子

▲反枝苋花序

痛、尿黄不利等。水煎服。

用　　量　5 ~ 15 g。

附　　注　国外文献报道临床上：全草可治疗肥胖症。酊剂可治疗慢性子宫炎。花煎剂可治疗甲状腺肿。

◎参考文献◎

[1] 严仲铠，李万林. 中国长白山药用植物彩色图志[M]. 北京：人民卫生出版社，1997：147-148.

[2] 中国药材公司. 中国中药资源志要 [M]. 北京：科学出版社，1994：259.

[3] 江纪武. 药用植物辞典 [M]. 天津：天津科学技术出版社，2005：41.

▲市场上的反枝苋幼株

▲反枝苋幼苗

▲反枝苋幼株群落

皱果苋 *Amaranthus viridis* L.

别　　名　绿苋　白苋　糠苋　细苋　野苋　猪苋

俗　　名　苋菜

药用部位　苋科皱果苋的根及全草。

原 植 物　一年生草本。高 40 ~ 80 cm，全体无毛；茎直立，有不明显棱角，稍有分枝，绿色或带紫色。叶片卵形、卵状矩圆形或卵状椭圆形，长 3 ~ 9 cm，宽 2.5 ~ 6.0 cm，顶端尖凹或凹缺，少数圆钝，有一芒尖，基部宽楔形或近截形，全缘或微呈波状缘；叶柄长 3 ~ 6 cm，绿色或带紫红色。圆锥花序顶生，长 6 ~ 12 cm，宽 1.5 ~ 3.0 cm，有分枝，由穗状花序形成，圆柱形，细长，直立，顶生花穗比侧生者长；总花梗长 2.0 ~ 2.5 cm；苞片及小苞片披针形，雄蕊比花被片短；柱头 2 或 3。胞果扁球形，直径约 2 mm。种子近球形，黑色或黑褐色，具薄且锐的环状边缘。花期 7—8 月，果期 8—9 月。

生　　境　生于人家附近的杂草地上及田野等处。

分　　布　黑龙江各地。吉林通化、辉南、靖宇、梅河口、长春等地。辽宁各地。原产热带非洲，广泛分布在温带、亚热带和热带地区。

采　　制　夏、秋季采挖根，除去杂质，切段，洗净，晒干。夏、秋季采收全草，除去杂质，切段，洗净，晒干。

性味功效　味甘、淡，性凉。有清热解毒、利湿的功效。

主治用法　用于泄泻、痢疾、乳痈、痔疮肿痛、牙疳、蜂蝎蜇伤等。水煎服。外用煎水洗，捣烂敷患处或煅研外搽。

用　　量　30 ~ 60 g。

附　　方

（1）治疮肿：皱果苋、龙葵各适量，煎水洗。

（2）治走马牙疳：皱果苋根烧存性，加冰片少许，研匀擦牙龈。

▼皱果苋植株

▲皱果苋花序

（3）治蛇咬伤：皱果苋全草捣烂敷患处。

（4）治蜂蝎蜇伤：皱果苋揉擦之。

◎参考文献◎

[1] 江苏新医学院．中药大辞典（上册）[M]．上海：上海科学技术出版社，1977: 679.

[2] 朱有昌．东北药用植物 [M]．哈尔滨：黑龙江科学技术出版社，1989: 311-312.

[3] 中国药材公司．中国中药资源志要 [M]．北京：科学出版社，1994: 260.

▲凹头苋植株

▼市场上的凹头苋幼株

凹头苋 *Amaranthus blitum* L.

别　　名　野苋

俗　　名　苋菜

药用部位　苋科凹头苋的全草（入药称“野苋菜”）。

原 植 物　一年生草本。高 10 ~ 30 cm，全体无毛；茎伏卧而上升，从基部分枝，淡绿色或紫红色。叶片卵形或菱状卵形，长 1.5 ~ 4.5 cm，宽 1 ~ 3 cm，顶端凹缺，有一芒尖，或微小不显，基部宽楔形，全缘或稍呈波状；叶柄长 1.0 ~ 3.5 cm。花呈腋生花簇，直至下部叶的腋部，生在茎端和枝端者呈直立穗状花序或圆锥花序；苞片及小苞片矩圆形，长不

▲凹头苋幼株

▼凹头苋种子

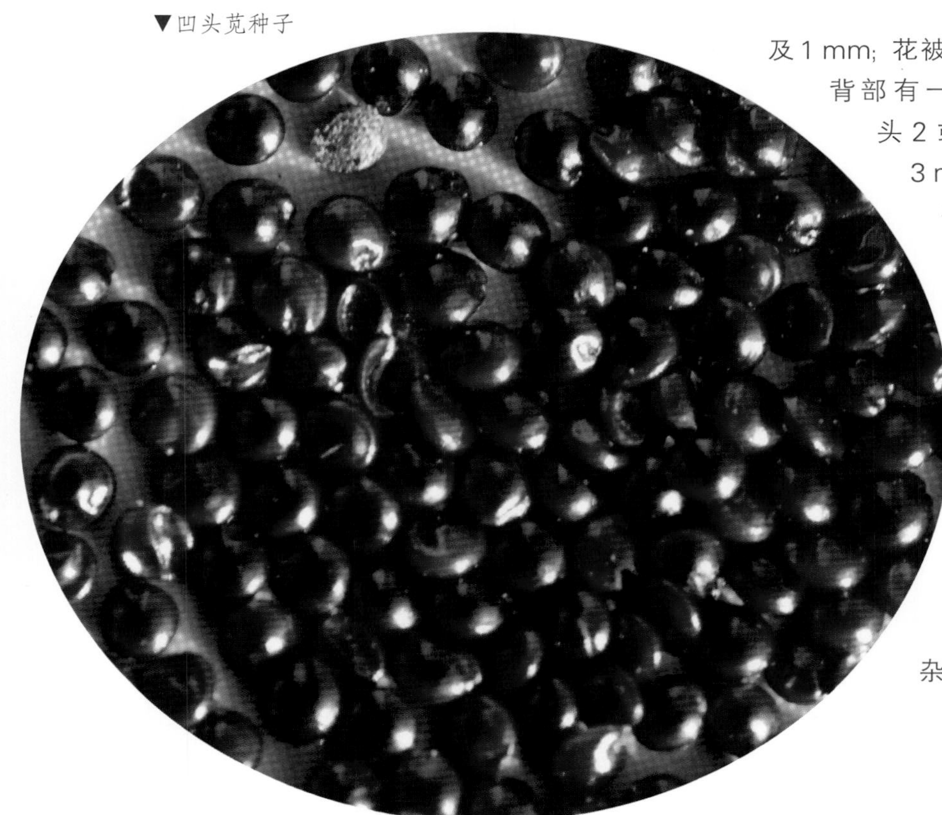

及 1 mm；花被片矩圆形或披针形，长 1.2 ~ 1.5 mm，背部有一隆起中脉；雄蕊比花被片稍短；柱头 2 或 3，果熟时脱落。胞果扁卵形，长 3 mm，不裂，微皱缩而近平滑，超出宿存花被片。种子环形，黑色至黑褐色。花期 7—8 月，果期 8—9 月。

生　境　生于路旁、荒地、山坡、田边及住宅附近。

分　布　黑龙江哈尔滨、大庆等地。吉林长白山及西部草原各地。辽宁丹东、沈阳等地。全国各地（除内蒙古、宁夏、青海、西藏外）。朝鲜、俄罗斯、日本。欧洲、非洲（北部）、南美洲等。

采　制　夏、秋季采收全草，除去杂质，切段，洗净，鲜用或晒干。

性味功效 味甘，性凉。有清热解毒、消炎止痛的功效。

主治用法 用于痢疾、目赤、乳痈、痔疮、咽炎、跌打损伤、肠炎、蛇头疔、甲状腺肿大及毒蛇咬伤，水煎服。外用鲜品，捣烂敷患处。

用　　量 25 ~ 50 g。外用适量。

附　　注 种子入药，有祛寒热、利小便、明目的功效。

◎参考文献◎

[1] 江苏新医学院. 中药大辞典(下册)[M]. 上海：上海科学技术出版社，1977: 2136.

[2] 中国药材公司. 中国中药资源志要 [M]. 北京：科学出版社，1994: 259.

[3] 江纪武. 药用植物辞典 [M]. 天津：天津科学技术出版社，2005: 41.

▼凹头苋果穗

▼凹头苋花序

▲黑龙江牡丹峰国家级自然保护区森林秋季景观

▲天女花花（双花）

▼天女花树干

木兰科 Magnoliaceae

本科共收录 1 属、1 种。

木兰属 *Magnolia* L.

天女花 *Magnolia sieboldii* K. Koch

别　　名　天女木兰　小花木兰

俗　　名　山牡丹

药用部位　木兰科天女花的花蕾。

原 植 物　落叶小乔木。高可达 10 m，当年生小枝细长，直径约 3 mm，淡灰褐色。叶倒卵形或宽倒卵形，长 6 ~ 25 cm，宽 4 ~ 12 cm，先端骤狭急尖或短渐尖，基部阔楔形或近心形，叶柄长 1.0 ~ 6.5 cm。

▲天女花花（背）

▲天女花花

▼天女花花（边缘粉色）

花与叶同时开放，白色，芳香，杯状，盛开时碟状，直径 7 ~ 10 cm；花梗长 3 ~ 7 cm，花被片 9，近等大，外轮 3 片，长圆状倒卵形或倒卵形，顶端宽圆或圆，内两轮 6 片，较狭小；雄蕊紫红色，长 9 ~ 11 mm，花药长约 6 mm，花丝长 3 ~ 4 mm；雌蕊群椭圆形。聚合果熟时红色，蓇葖狭椭圆形，沿背缝线 2 瓣全

▲天女花植株（侧）

▲天女花枝条（果期）

裂，顶端具长约 2 mm 的喙；种子心形，外种皮红色，内种皮褐色。花期6—7月，果期 9—10 月。

生　　境　生于阴坡、半阴坡土壤肥沃湿润的杂木林中，常聚集成片生长。

分　　布　吉林集安、临江、通化等地。辽宁本溪、丹东市区、宽甸、桓仁、岫岩、凤城、海城、大连等地。河北、安徽、江西、湖南、福建、广西等。朝鲜、日本。

采　　制　春末夏初采摘花蕾，除去杂质，洗净，阴干。

性味功效　味苦，性寒。有消肿解毒、祛风散寒、润肺止咳、化痰的功效。

主治用法　用于痈毒、肺热咳嗽、痰中带血、鼻炎等。泡茶饮。

用　　量　适量。

▲天女花种子

▲天女花植株

▲天女花花蕾

▼天女花果实

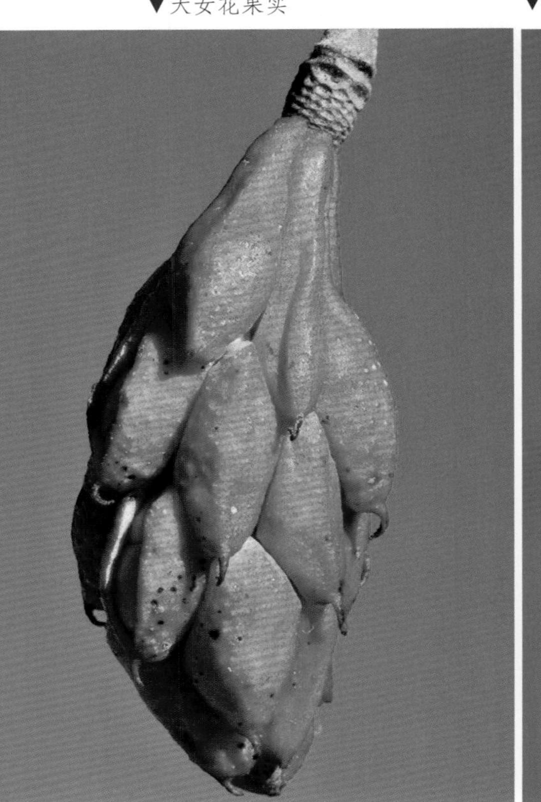

▼天女花果实（果皮开裂）

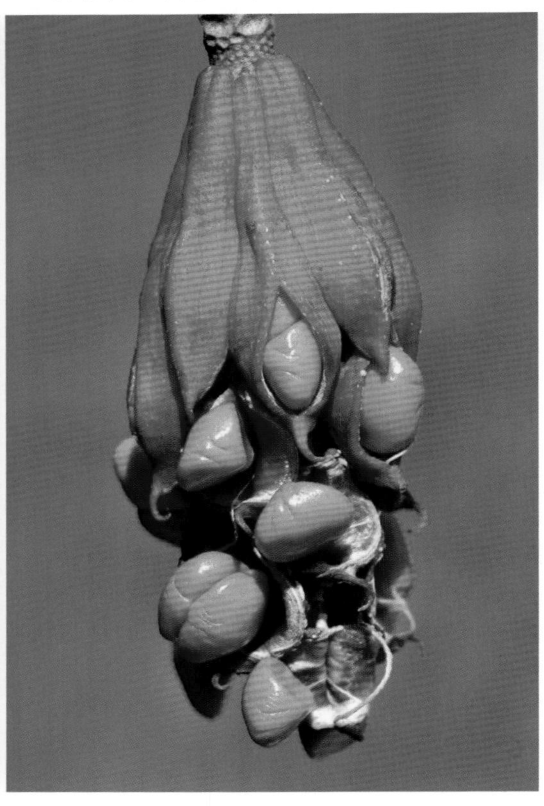

◎参考文献◎

[1] 中国药材公司．中国中药资源志要[M]．北京：科学出版社，1994: 267.

[2] 江纪武．药用植物辞典[M]．天津：天津科学技术出版社，2005: 495.

▲天女花枝条（花期）

▲内蒙古自治区金河林业局金林林场森林秋季景观

▲五味子枝条（花期）

▼五味子藤茎

五味子科 Schisandraceae

本科共收录 1 属、1 种。

五味子属 *Schisandra* Michx.

五味子 *Schisandra chinensis*（Turcz.）Baill.

别　　名　北五味子 辽五味

俗　　名　山花椒 五梅子 花椒秧 花椒藤

药用部位　五味子科五味子的果实。

原 植 物　落叶木质藤本。幼枝红褐色，老枝灰褐色，常起皱纹，片状剥落。叶宽椭圆形或近圆形，长 3 ~ 14 cm，宽 2 ~ 9 cm，先端急尖，

▲五味子枝条（果期）

▼五味子果实（后期）

基部楔形；叶柄长 1 ~ 4 cm。雄花：花梗长 5 ~ 25 mm，中部以下具狭卵形，苞片长 4 ~ 8 mm，花被片粉白色或粉红色，6 ~ 9 片，长圆形或椭圆状长圆形，长 6 ~ 11 mm，宽 2.0 ~ 5.5 mm；雌花：花梗长 17 ~ 38 mm，花被片和雄花相似；雌蕊群近卵圆形，心皮 17 ~ 40。聚合果长 1.5 ~ 8.5 cm，小浆果红色，近球形或倒卵圆形，种子 1 ~ 2，肾形，种脐明显凹入呈 U 形。花期 5—6 月，果期 8—10 月。

生　境　生于土壤肥沃湿润的林中、林缘、山沟灌丛间及山野路旁等处。

分　布　黑龙江塔河、呼玛、黑河市区、嫩江、双城、阿城、宾县、五常、尚志、宁安、海林、牡丹江市区、东宁、密山、林口、穆棱、虎林、鸡西市区、鸡东、饶河、桦南、勃利、延寿、方正、巴彦、木兰、友谊、集贤、通河、汤原、伊春市区、铁力、庆安、北安、五大连池等地。吉林长白山各地及九台、长春、伊通等地。辽宁本溪、凤城、宽甸、桓仁、岫岩、丹东市区、西丰、新宾、清原、建昌、北镇、海城、盖州、大连等地。内蒙古牙克石、鄂伦春旗、科尔沁右翼前旗、扎赉特旗、突泉、巴林右旗、敖汉旗、喀喇沁旗、宁城等地。河北、山西、陕西、甘肃、湖北、湖南、江西、四川等。朝鲜、日本、俄罗斯（西伯利亚中东部）。

采　　制　秋季采摘成熟果实，除去杂质，晒干或蒸后晒干，生用或醋制用。

性味功效　味酸，性温。有敛肺、滋肾、生津、收汗、涩精的功效。

主治用法　用于肺虚喘咳、口干作渴、神经衰弱、头晕健忘、慢性腹泻、自汗、盗汗、伤津口渴、气短脉虚、肝炎、心悸、失眠、劳伤羸瘦、尿频、遗尿、梦遗滑精及久泻久痢等。

用　　量　2.5 ~ 10.0 g。

附　　方

（1）治神经衰弱、失眠：五味子15 ~ 25 g，水煎服；或五味子 50 g，用 500 ml 白酒浸 7 d，每次饮酒一酒盅（约 10 ml），每日 2 次。又方：五味子、山药各 25 g，酸枣仁、柏子仁各 15 g，龙眼肉 50 g。水煎服。五味子、女贞子各 100 g，何首乌 50 g，白酒 400 ml，上药共泡 1 周，加开水 1 L。每日上午 5 时服 1 次，8 时再服 1 次，每服 1 小杯，连服数日。

（2）治无黄疸型传染性肝炎：五味子烘干，研成细粉（或炼蜜为丸），粉剂每服 5 g，每日 3 次，1 月为一个疗程。谷丙转氨酶恢复正常后，仍宜服药 2 ~ 4 周，以巩固疗效。

（3）治急性肠道感染（急性菌痢、急性肠炎、中毒性消化不良）：五味

▲五味子幼株

▼市场上的五味子果实（干）

▼五味子种子

子 5 kg，水煎 2 ～ 4 h，去渣加红糖 1.5 kg，浓缩成 5 000 ml。一般每日服 2 次，重者 3 次，每次 50 ml，小儿酌减。

（4）治潜在型克山病：用质量分数为 40% 五味子酊，日服 3 次，每次 30 滴或 2 ml。10 d 为一个疗程，可连用 2 ～ 3 疗程。服药后多饮开水。

（5）治肾虚型慢性气管炎：五味子、麻黄、当归、补骨脂、半夏各 15 g，水煎服。

▲五味子雄花

▼五味子花（侧）

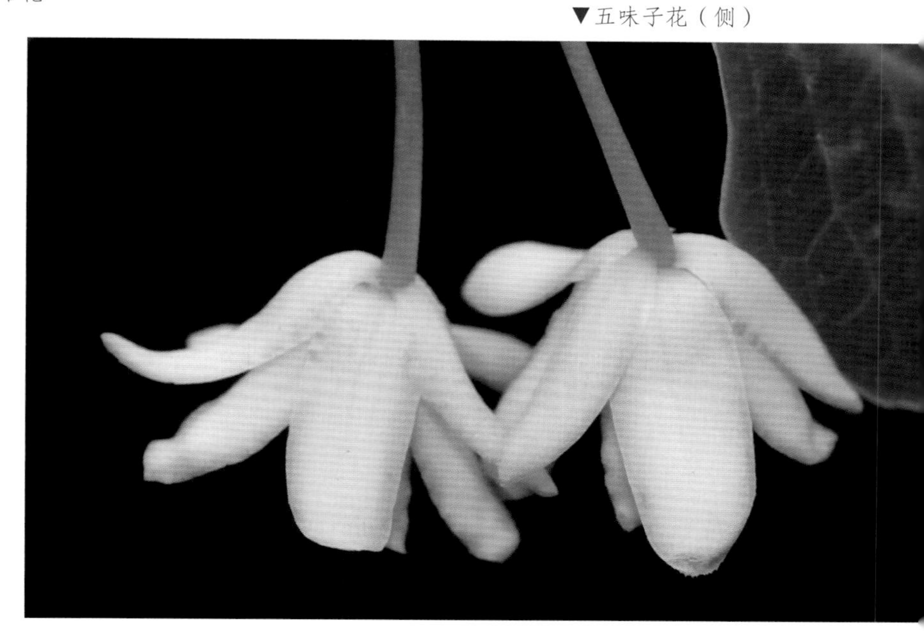

（6）治五更泄泻、腹痛肠鸣：五味子 100 g（拣），吴茱萸 25 g（细粒绿色者）。上两味同炒香熟为度，研细末。每服 10 g，陈米饮下。又方：五味子 15 g，补骨脂 20 g，煨肉蔻 10 g，吴茱萸 5 g，大枣肉 10 g，水煎，日服 2 次。

（7）治痰喘咳嗽：五味子、白矾各等量，共研细末，每次 15 g，将猪肺煮熟，蘸药末嚼食。

（8）治肺虚咳嗽：五味子、麦门冬各 15 g，党参 10 g，水煎，日服 2 次。

（9）治喘息：五味子 200 g，鸡蛋 7 个，先将五味子煮烂，连药带水倒入罐内，放入鸡蛋后封口，40 ～ 50 d 后取出，每天吃一个（东北民间方）。

（10）治肾虚遗精：五味子 500 g 洗净，水浸，揉去核，以纱布过滤，加蜂蜜 1 kg，慢火熬成膏，放瓶内贮藏。日服 1 ～ 2 匙。

（11）治体虚多汗、口干、脉弱：五味子、麦门冬、沙参各 15 g，水煎服。

（12）治疮疡溃烂、皮肉欲脱：五味子炒焦，研末外敷，可保全如故。

▼五味子幼苗

附　注

（1）本品为《中华人民共和国药典》（2020 年版）收录的药材，也为东北地道药材。

（2）肺有实热、肝火较盛者禁服，伤风感冒、发热、麻疹初起者忌用。

（3）经常饮用五味子果实浸泡的酒主治神经衰弱、失眠健忘、梅尼埃病、性功能障碍及萎缩性胃炎等。

▲五味子雌花

◎参考文献◎

[1] 江苏新医学院．中药大辞典（上册）[M]．上海：上海科学技术出版社，1977: 386-389.

[2] 朱有昌．东北药用植物 [M]．哈尔滨：黑龙江科学技术出版社，1989: 428-430.

[3]《全国中草药汇编》编写组．全国中草药汇编（上册）[M]．北京：人民卫生出版社，1975: 150-151.

▲市场上的五味子果实（鲜）

▲市场上的五味子藤茎

▲五味子果实（前期）

▲五味子植株

▲吉林省三岔子林业局六岔林场阳岔上掌森林冬季景观

▲三桠乌药枝条（花期）

樟科 Lauraceae

本科共收录 1 属、1 种。

山胡椒属 *Lindera* Thunb.

三桠乌药 *Lindera obtusiloba* Bl.

别　名　三桠钓樟　三丫乌药　三钻风
俗　名　山辣姜　迎山黄

▲三桠乌药果实

▼三桠乌药种子

药用部位 樟科三桠乌药的树皮及叶（入药称“三钻风”）。

原 植 物 落叶乔木或灌木。高 3 ～ 10 m；树皮黑棕色。小枝黄绿色。叶互生，近圆形至扁圆形，长 5.5 ～ 10.0 cm，宽 4.8 ～ 10.8 cm，先端急尖，全缘或明显 3 裂，基部近圆形或心形；叶柄长 1.5 ～ 2.8 cm。花序在腋生混合芽，总苞片 4，长椭圆形，内有花 5。雄花花被片 6，长椭圆形；能育雄蕊 9；雌花花被片 6，长椭圆形，长 2.5 mm，宽 1 mm，退化雄蕊条片形，第一、二轮长 1.7 mm，第三轮长 1.5 mm；子房椭圆形，长 2.2 mm，直径 1 mm，无毛，花柱短。果广椭圆形，长 0.8 cm，直径 0.5 ～ 0.6 cm，成熟时红色，后变紫黑色，干时黑褐色。花期 4—5 月，果期 8—9 月。

生　　境 生于杂木林中、林缘等处。

分　　布 辽宁庄河、大连市区、东港、岫岩、长海等地。华北、华中、华东、西南。朝鲜、日本。

采　　制 春、夏、秋三季剥取树皮。夏、秋季采收叶，阴干药用。

性味功效 味辛，性温。有活血舒筋、散瘀消肿的功效。

▼三桠乌药树干

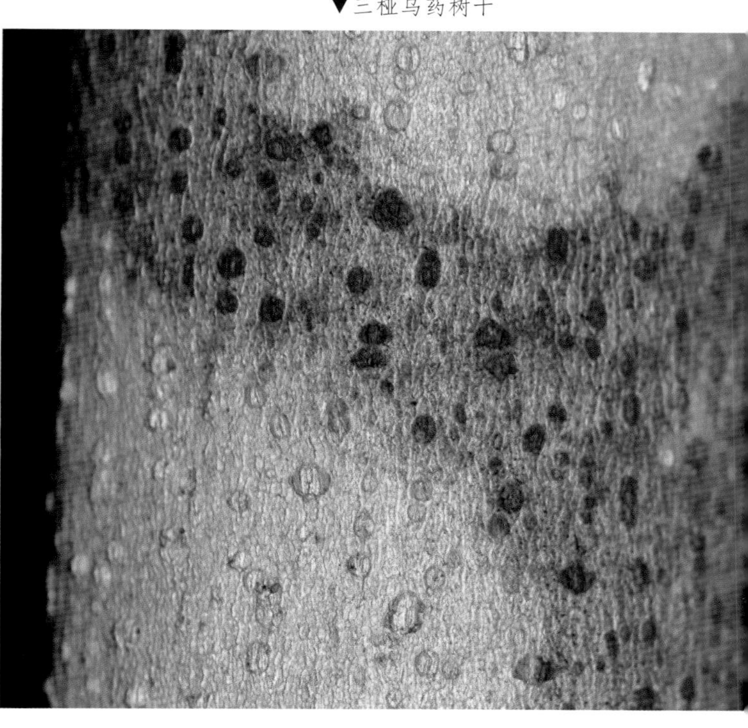

▲三桠乌药植株

主治用法 用于跌打损伤、瘀血肿痛、疮毒等。外用鲜品捣烂敷患处。

用　　量 外用适量。

◎参考文献◎

[1] 江苏新医学院．中药大辞典（上册）[M]．上海：上海科学技术出版社，1977:64.

[2] 朱有昌．东北药用植物 [M]．哈尔滨：黑龙江科学技术出版社，1989:431-432.

[3] 钱信忠．中国本草彩色图鉴（第一卷）[M]．北京：人民卫生出版社，2003:45-46.

▲三桠乌药枝条（果期）

▼三桠乌药雌花序

▲内蒙古自治区阿尔山国家地质公园湿地秋季景观

▲两色乌头幼苗

▲两色乌头种子

毛茛科 Ranunculaceae

本科共收录 18 属、89 种、4 变种、4 变型。

乌头属 *Aconitum* L.

两色乌头 *Aconitum alboviolaceum* Kom.

药用部位 毛茛科两色乌头的干燥根。

原 植 物 草质藤本。茎缠绕，长 1.0 ~ 2.5 m。基生叶 1，与茎下部叶具长柄，茎上部叶变小，具较短柄；叶片五角状肾形，

▲两色乌头植株

▲两色乌头花（白色）

▲两色乌头花（侧）

长 6.5 ~ 18.0 cm，宽 9.5 ~ 25.0 cm，基部心形，3 深裂稍超过中部或近中部，顶端钝或微尖，稀短渐尖，边缘自中部以上具粗牙齿，侧深裂片斜扇形。总状花序长 6 ~ 14 cm，具花 3 ~ 8；苞片线形，长 3.0 ~ 3.5 mm；花梗长 9 mm；小苞片生于花梗的基部或中部；萼片淡紫色或近白色，上萼片圆筒形，长 1.3 ~ 2.0 cm，喙短，稍向下弯，下缘长 1.0 ~ 1.3 cm；与上萼片近等长，距细，比唇长，拳卷；花丝全缘；心皮 3。蓇葖直立，长约 1.2 cm；种子倒圆锥状三角形。花期 7—8 月，果期 8—9 月。

▼两色乌头根

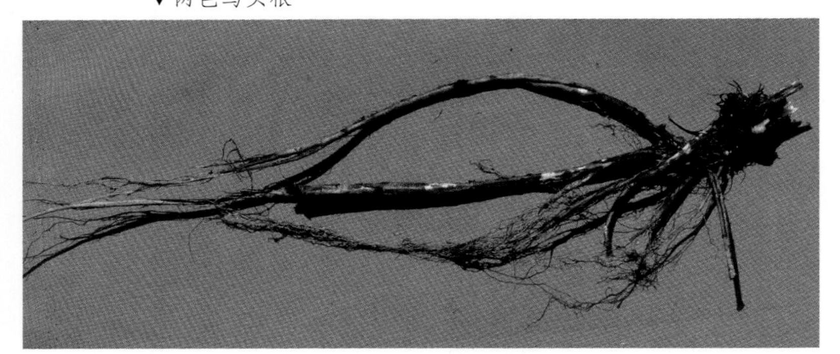

生　境　生于疏林下、灌丛、林缘及沟谷等处。

分　布　黑龙江宁安、东宁等地。吉林长白山各地。辽宁宽甸、东港、凤城、本溪、桓仁、清原、岫岩、庄河等地。河北。朝鲜、俄罗斯（西伯利亚中东部）。

采　制　春、秋季挖根，除去泥土，洗净，晒干。

▲两色乌头幼株

▼两色乌头花

▼两色乌头果实

性味功效　味辛，性温。有大毒。有祛风止痛的功效。

主治用法　用于风湿麻木、关节疼痛、跌打损伤等。外用生品时以醋、酒或水磨汁涂抹患处。本品有毒，内服必须炮制，亦可入丸。孕妇忌内服。

用　　量　0.15 g。外用适量。

◎参考文献◎

[1] 钱信忠．中国本草彩色图鉴（第三卷）[M]．北京：人民卫生出版社，2003: 80-81.

[2] 中国药材公司．中国中药资源志要 [M]．北京：科学出版社，1994: 301.

[3] 江纪武．药用植物辞典 [M]．天津：天津科学技术出版社，2005: 9.

▲紫花高乌头群落

紫花高乌头 *Aconitum excelsum* Reichb.

药用部位 毛茛科紫花高乌头的干燥根。

原 植 物 多年生草本。茎高约 85 cm，下部变无毛，中部疏被向下斜展的短柔毛，上部有少数腺毛。基生叶 1，在开花时枯萎，与茎下部叶具长柄；叶柄长达 32 cm。总状花序长约 12 cm；轴和花梗密被开展和反曲的淡黄色短腺毛；花梗长 1.7 ~ 3.0 cm，中部以下的花梗与轴呈钝角斜上展；小苞片生花梗上部，钻形，长 3 ~ 7 mm；萼片紫色，外面疏被淡黄色短腺毛，上萼片圆筒形，高约 2.4 cm，中部粗约 4 mm，外缘在中部之下向下斜展，下缘长约 1.3 cm；花瓣无毛，距长约 1 cm，比唇长约 3 倍，末端拳卷；雄蕊无毛，花丝全缘；心皮 3，无毛或被毛。蓇葖长 1.0 ~ 1.4 cm。花期 7—8 月，果期 8—9 月。

▼紫花高乌头花序

生　　境 生于林下、林缘及高山草甸中。

分　　布 内蒙古阿尔山、科尔沁右翼前旗、赤峰等地。河北。俄罗斯（西

▼紫花高乌头花

▲紫花高乌头植株

伯利亚）、蒙古。

采　　制　春、秋季挖根，除去泥土，洗净，晒干。

性味功效　味辛，性温。有大毒。有活血祛瘀、祛风除湿的功效。

主治用法　用于感冒、疮疖、跌打损伤等。外用生品时以醋、酒或水磨汁涂抹患处。本品有毒，内服必须炮制，亦可入丸。孕妇忌内服。

用　　量　0.15 g。外用适量。

◎参考文献◎

[1] 中国药材公司．中国中药资源志要 [M]. 北京：科学出版社，1994: 304.

[2] 江纪武．药用植物辞典 [M]. 天津：天津科学技术出版社，2005: 10.

▲草地乌头花

▼草地乌头花序

草地乌头 *Aconitum umbrosum*（Korsh.）Kom.

别　　名　白山乌头

药用部位　毛茛科草地乌头的根。

原 植 物　多年生草本。根近圆柱形，长超过 10 cm，粗约 1 cm。茎高 70 ~ 100 cm，生叶 3 ~ 4，少有分枝。基生叶约 3，叶片肾状五角形，长 7 ~ 12 cm，宽 10 ~ 20 cm，基部心形，3 深裂，裂片互相覆压或稍分开，与茎下部叶具长柄，叶柄长 28 ~ 50 cm。顶生总状花序有花 7 ~ 20；轴及花梗密被反曲的短柔毛；基部苞片 3 裂，小苞片线状钻形，长 1.5 ~ 2.5 mm；萼片黄色或淡黄色，外面被短柔毛，上萼片近圆筒形，高 1.5 ~ 1.9 cm，粗 3.5 ~ 6.0 mm，喙短，下缘近直，长 0.8 ~ 1.0 cm；花瓣无毛，唇长在 3 mm 以下，距比唇长，拳卷；雄蕊无毛，花丝全缘；心皮 3，无毛。花期 7—8 月，果期 8—9 月。

生　　境　生于林下、灌丛、林缘、沟谷、林间草地等处，常聚集成片生长。

分　　布　黑龙江伊春、尚志等地。吉林长白、安图、抚松、临江、和龙等地。辽宁宽甸、桓仁等地。内蒙古额尔古纳、根河、鄂伦春旗、科尔沁右翼前旗等地。河北。朝鲜、俄罗斯（西伯利亚中东部）。

采　　制　春、秋季挖根，除去泥土，洗净，晒干。

▲草地乌头植株

▲草地乌头幼株

▼草地乌头果实

▲草地乌头花（侧）

▼草地乌头根

性味功效　味辛，性热。有大毒。有祛风除湿、散寒止痛的功效。

主治用法　用于风湿性关节炎、类风湿性关节炎、神经痛、跌打肿痛及胃腹冷痛等。入丸、散。本品有毒，内服必须炮制，孕妇忌内服。

用　　量　2～7g。

◎参考文献◎

[1] 严仲铠，李万林．中国长白山药用植物彩色图志[M]．北京：人民卫生出版社，1997:162.

[2] 中国药材公司．中国中药资源志要[M]．北京：科学出版社，1994:311.

▲吉林乌头幼株

▲吉林乌头根

▼吉林乌头幼苗

吉林乌头 *Aconitum kirinense* Nakai

俗　　名　靰鞡花

药用部位　毛茛科吉林乌头的根。

原 植 物　多年生草本。茎高 80 ~ 120 cm，粗 3.0 ~ 5.5 mm，分枝，疏生叶 2 ~ 6。基生叶约 2，与茎下部叶均具长柄；叶片肾状五角形，长 12 ~ 17 cm，宽 20 ~ 24 cm，3 深裂至距基部 0.8 ~ 1.8 cm 处，表面被紧贴的短曲柔毛；叶柄长 20 ~ 30 cm，疏被伸展的柔毛或几无毛。顶生总状花序长 18 ~ 22 cm；小苞片钻形，长 1.2 ~ 4.0 mm；萼片黄色，外面密被短柔毛，上萼片圆筒形，高 1.4 ~ 1.8 cm，粗 4 ~ 5 mm，

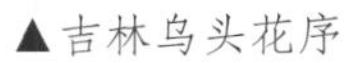

▲吉林乌头花序

▲吉林乌头果实

▼吉林乌头花

喙短，下缘稍凹，侧萼片宽倒卵形，下萼片狭椭圆形；花瓣无毛，唇舌状微凹，花丝全缘，无毛或疏被缘毛；心皮3，无毛。蓇葖长1.0 ~ 1.2 cm；种子三棱形，密生波状横狭翅。花期7—8月，果期8—9月。

生　　境　生于杂木林内、灌丛、林缘及沟谷等处。

分　　布　黑龙江伊春、萝北、虎林、宁安、黑河等地。吉林长白山各地。辽宁宽甸、凤城、本溪、桓仁、新宾、西丰、北镇等地。朝鲜、俄罗斯（西伯利亚中东部）。

采　　制　春、秋季采挖根，除去泥土，洗净，晒干。

▲吉林乌头植株

性味功效 味辛，性温。有行气止痛的功效。

主治用法 用于肝气郁滞所致气机不畅、腹痛。水煎服。入丸、散。本品有毒，内服必须炮制。孕妇忌内服。

用　　量 3 ~ 6g。

◎参考文献◎

[1] 严仲铠，李万林．中国长白山药用植物彩色图志 [M]．北京：人民卫生出版社，1997: 162.

[2] 中国药材公司．中国中药资源志要 [M]．北京：科学出版社，1994: 305.

[3] 江纪武．药用植物辞典 [M]．天津：天津科学技术出版社，2005: 11.

▲牛扁群落

▼牛扁果实

▲牛扁种子

牛扁 *Aconitum barbatum* Pers. var. *puberulum* Ledeb.

别　　名　北方乌头　细叶黄乌头　扁毒

药用部位　毛茛科牛扁的根。

原 植 物　多年生草本。根近直立，圆柱形，长达 15 cm。茎高 55 ~ 90 cm，粗 2.5 ~ 5.0 mm，在花序之下分枝。基生叶 2 ~ 4，基生叶和茎下部叶具长柄；叶片肾形或圆肾形，长 4.0 ~ 8.5 cm，宽 7 ~ 20 cm，叶分裂程度较小，中全裂片分裂不近中脉，末回小裂片三角形或狭披针形；叶柄长 13 ~ 30 cm，基部具鞘。顶生总状花序长 13 ~ 20 cm，具密集的花；花梗直展，长 0.2 ~ 1.0 cm；小苞片生于花梗中部附近，狭三角形，长 1.2 ~ 1.5 mm；萼片黄色，上萼片圆筒形，高 1.3 ~ 1.7 cm，下缘近直，长 1.0 ~ 1.2 cm；花丝全缘；心皮 3。蓇葖长约 1 cm；种子倒卵球形，褐色，密生横狭翅。花期 7—8 月，果期 8—9 月。

▲牛扁植株

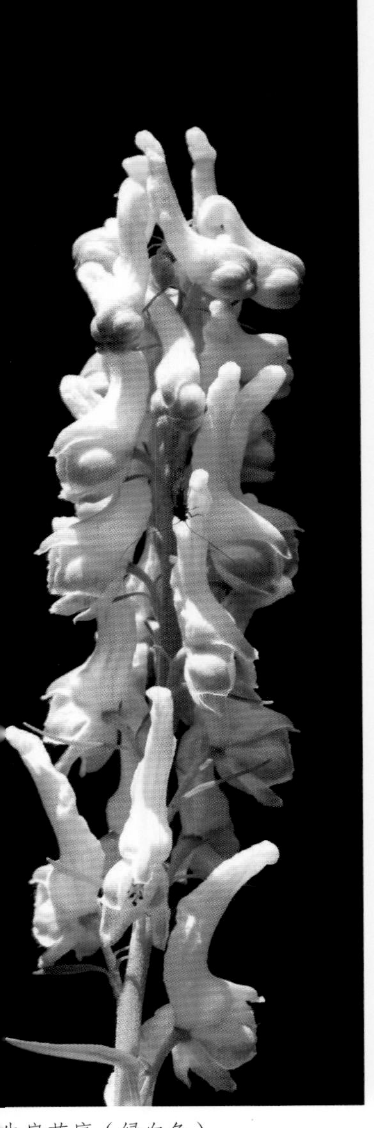

牛扁花序（绿白色）

▲牛扁花序（黄色）

▲牛扁花

生　境　生于山地疏林下或较阴湿处。

分　布　辽宁朝阳。内蒙古克什克腾旗、喀喇沁旗、宁城等地。河北、山西、新疆。俄罗斯（西伯利亚）。

采　制　春、秋季挖根，除去泥土，洗净，晒干。

▼牛扁幼株

性味功效　味苦，性温。有毒。有祛风止痛、止咳、平喘、化痰的功效。

主治用法　用于慢性支气管炎、腰腿痛、关节疼痛、喘咳、淋巴结结核、疥癣。水煎服。

用　量　3～6g。外用适量。

◎参考文献◎

[1] 江苏新医学院．中药大辞典（上册）[M]．上海：上海科学技术出版社，1977: 413-414.

[2] 朱有昌．东北药用植物 [M]．哈尔滨：黑龙江科学技术出版社，1989: 355-356.

[3] 中国药材公司．中国中药资源志要 [M]．北京：科学出版社，1994: 301.

▲黄花乌头幼苗

▲黄花乌头块根

▼黄花乌头种子

黄花乌头 *Aconitum coreanum*（Levl.）Rapaics

别　　名　白附子　关白附

俗　　名　乌拉花　百步草　鸡爪莲　山喇叭花　药虱子草　大黄喇叭花　白花子　靰鞡花　黄靰鞡花　黄靰鞡脸花　鼠尾草根　两头菜　白母子　五毒根　黄花透骨草

药用部位　毛茛科黄花乌头的块根（入药称“关白附”）。

原 植 物　多年生草本。块根倒卵球形或纺锤形，茎高 30 ~ 100 cm，密生叶，茎下部叶在开花时枯萎，中部叶具稍长柄；叶片宽菱状卵形，长 4.2 ~ 6.4 cm，宽 3.6 ~ 6.4 cm，3 全裂，全裂片细裂，叶柄长为叶片的 1/4，具狭鞘。顶生总状花序短，有花 2 ~ 7；下部苞片羽状分裂，其他苞片不分裂，线形；萼片淡黄色，上萼片船状盔形或盔形，高 1.5 ~ 2.0 cm，下缘长 1.4 ~ 1.7 cm，外缘在下部缢缩，喙短，侧萼片斜宽倒卵形，下萼片斜椭圆状卵形；花丝全缘；心皮 3。蓇葖直立，长约 1 cm；种子长

▲黄花乌头花（淡紫色）

凌源等地。内蒙古敖汉旗。河北。朝鲜、俄罗斯（西伯利亚中东部）。

采　制　春、秋季挖块根，除去泥土，洗净，晒干。

性味功效　味辛，性温。有毒。有祛风痰、逐寒湿的功效。

主治用法　用于腰膝关节冷痛、中风痰壅、口眼㖞斜、偏正头痛、眩晕、癫痫、破伤风、冻疮、风寒湿痹、疮痒疥癣及皮肤湿痒等。本品有毒，内服必须炮制。孕妇忌内服。

▼黄花乌头果实

2.0 ~ 2.5 mm，椭圆形，具三条纵棱，表面稍皱，沿棱具狭翅。花期 8—9 月，果期 9—10 月。

生　境　生于干燥荒草甸子、石砾质山坡、山坡草丛、疏林及灌木丛间等处。

分　布　黑龙江阿城、宾县、五常、尚志、宁安、海林、东宁、林口、密山、虎林、饶河、汤原、伊春市区、铁力、庆安、通河、依兰、方正、延寿等地。吉林长白山各地及九台、伊通等地。辽宁新民、抚顺、新宾、清原、西丰、开原、辽阳、鞍山市区、海城、盖州、营口市区、瓦房店、庄河、岫岩、桓仁、宽甸、本溪、凤城、丹东市区、北镇、义县、建昌、

用　　量

1.5～4.5 g。外用生品适量。

附　　方

（1）治偏正头痛：制黄花乌头、细辛、白芷各5 g，共研细末，每服5 g。

（2）治中风口眼㖞斜、半身不遂：黄花乌头、白僵蚕、全蝎（去毒）各等量，生用。上为细末。每服5 g，热酒调下，不拘时候。

（3）治癫痫：皂角100 g（打碎，用水半碗浸透，采汁去渣，加白矾100 g，煎干），黄花乌头25 g，半夏、南星、乌蛇、全蝎各150 g，蜈蚣半条，僵蚕75 g，朱砂、雄黄各7.5 g，麝香1.5 g，各研和匀，姜汁糊

▲黄花乌头幼株

▼黄花乌头花

▲黄花乌头花（侧）

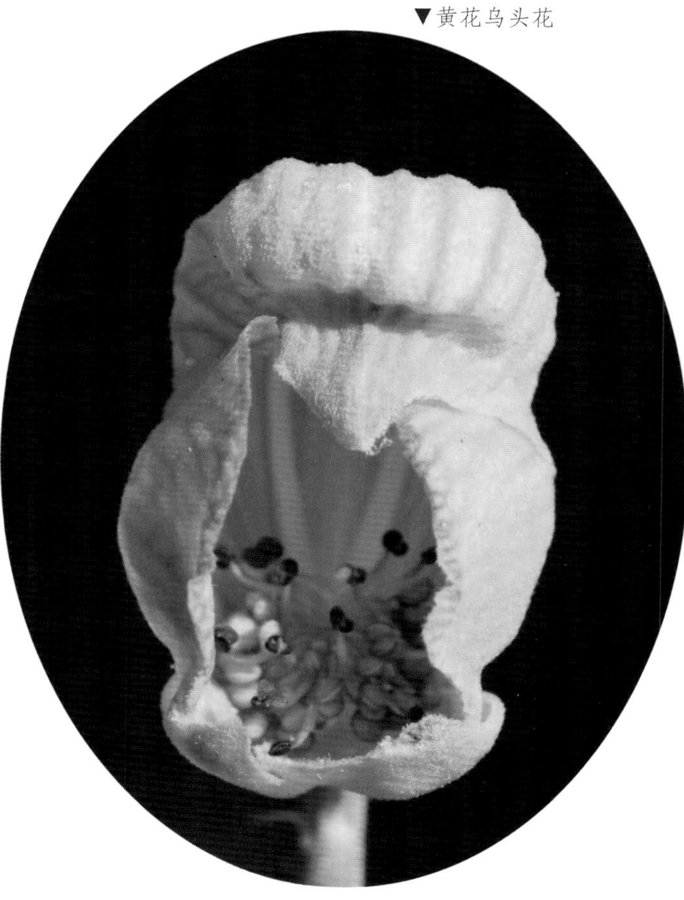

▲黄花乌头植株

丸绿豆大。每服30丸，白开水服下。

（4）治破伤风、牙关紧急、角弓反张、咬牙缩舌：南星、防风、白芷、天麻、姜活、黄花乌头各等量。上为末，每服10g，热酒一盅，调服，更敷伤处。若牙关紧急、腰背反张者，每服15g，用热童便调服，虽内有瘀血亦愈；至于昏死心腹尚温者，连进2服，亦可保全；若治疯犬咬伤，更用漱口水洗净，擦伤处亦有效。

（5）治面上雀斑：黄花乌头为末，卧时浆水洗面，以白蜜和涂纸上，贴之，久之自落。

附　注

（1）本品为东北地道药材。

（2）全草有毒，特别是根部毒性最强。人误食后会引起流涎、恶心、呕吐、腹泻、眩晕、抽搐、痉挛，脉搏减少、呼吸困难、神志不清、大小便失禁、血压和体温下降、心慌气闷，严重者甚至死亡。

◎参考文献◎

[1] 江苏新医学院．中药大辞典（上册）[M]．上海：上海科学技术出版社，1977: 957-959.

[2] 朱有昌．东北药用植物 [M]．哈尔滨：黑龙江科学技术出版社，1989: 357-359.

[3] 《全国中草药汇编》编写组．全国中草药汇编（上册）[M]．北京：人民卫生出版社，1975: 313.

蔓乌头块根

▲蔓乌头植株

▲蔓乌头种子

▼蔓乌头幼株

蔓乌头 *Aconitum volubile* Pall. ex Koelle

别　　名　狭叶蔓乌头

俗　　名　鸡头草

药用部位　毛茛科蔓乌头的块根。

原 植 物　草质藤本。茎缠绕，分枝。叶片坚纸质，五角形，长 7 ~ 9 cm，宽 8 ~ 10 cm，基部心形，3 全裂，中央全裂片通常具柄，菱状卵形，渐尖，近羽状深裂，叶柄长为叶片的 1/2 或 2/3。花序顶生或腋生，有花 3 ~ 5；基部苞片 3 裂，其他的苞片小，线形；花梗长 2.0 ~ 3.8 cm；小苞片线形，长 2 ~ 3 mm；

▲蔓乌头花

萼片蓝紫色，上萼片高盔形，高 1.8 ~ 2.7 cm，自基部至喙长 1.0 ~ 1.5 cm，下缘稍向上斜展，侧萼片长 1.0 ~ 1.5 cm；瓣片长 6 ~ 10 mm，唇长约为瓣片的 1/2，距长 1.5 ~ 3.0 mm，向后弯曲；花丝全缘；心皮5。蓇葖长 1.5 ~ 1.7 cm；种子长约 2.5 mm，密生横膜翅。花期8—9月，果期9—10月。

▼蔓乌头花（背）

生　　境　生于疏林下、灌丛、林缘、沟谷及林间草地等处。

分　　布　黑龙江呼玛、铁力、牡丹江市区、宁安、东宁、勃利、尚志、海林、林口、方正、通河、依兰、桦南、汤原、伊春市区等地。吉林长白山各地。辽宁本溪、宽甸、清原、凤城等地。内蒙古额尔古纳、根河、鄂伦春旗、科尔沁右翼前旗等地。朝鲜、俄罗斯（西伯利亚中东部）。

采　　制　春、秋季挖块根，洗净，晒干药用。

性味功效　味辛、苦，性热。有大毒。有祛风除湿、温经止痛的功效。

主治用法　用于风寒湿痹、关节疼痛、寒疝作痛、心腹冷痛、痈疽疥癣等。炮制品久煎后服。外用生品研末调敷或醋、酒抹涂。孕妇忌内服。

用　　量　炮制品 0.5 ~ 1.0 g。外用生品适量。

▼蔓乌头果实

◎参考文献◎

[1] 江苏新医学院．中药大辞典（下册）[M]．上海：上海科学技术出版社，1977: 2541.

[2] 朱有昌．东北药用植物 [M]．哈尔滨：黑龙江科学技术出版社，1989: 362-363.

[3] 中国药材公司．中国中药资源志要 [M]．北京：科学出版社，1994: 311-312.

▲宽叶蔓乌头植株

▼宽叶蔓乌头果实

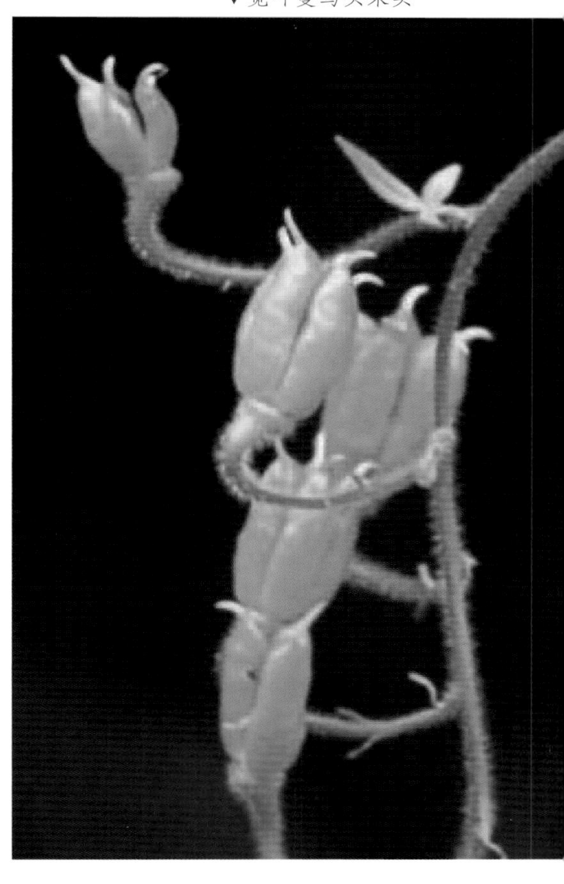

宽叶蔓乌头 *Aconitum sczukinii* Turcz.

俗　　名　鸡头草

药用部位　毛茛科宽叶蔓乌头的块根。

原 植 物　草质藤本。块根倒圆锥形，长达 3.5 cm，粗达 1.2 cm。茎缠绕。茎中部叶具短柄，长 7 ~ 10 cm，宽 8 ~ 11 cm，基部心形，3 全裂，全裂片具短柄或长柄。花序顶生或腋生，有少数花；苞片小，线形；花梗长 1.5 ~ 2.5 cm，通常在花序的一侧，向下弯曲；小苞片生花梗中部附近，钻形，长 1.5 ~ 2.0 mm；萼片蓝色，上萼片高盔形，高 1.6 ~ 1.9 cm，下缘长 1.4 ~ 1.6 cm，稍凹，稍向上斜展，外缘近垂直，侧萼片长 1.2 ~ 1.4 cm；花瓣无毛，瓣片长约 9 mm，唇长约 5 mm，距长约 2 mm，向后弯曲或近拳卷。蓇葖直，长约 2 cm；种子三棱形，长约 3 mm。花期 8—9 月，果期 9—10 月。

生　　境　生于疏林下、灌丛、林缘、沟谷及林间草地等处。

▲宽叶蔓乌头幼株（后期）

▲宽叶蔓乌头幼株（前期）

分　　布　黑龙江伊春市区、铁力、虎林、桦川、饶河、萝北、尚志等地。吉林长白山各地。辽宁本溪、桓仁、西丰、鞍山市区、岫岩、庄河等地。内蒙古额尔古纳、根河、鄂伦春旗、科尔沁右翼前旗等地。朝鲜、俄罗斯（西伯利亚中东部）。

附　　注　其他同蔓乌头。

◎参考文献◎

[1] 朱有昌．东北药用植物 [M]．哈尔滨：黑龙江科学技术出版社，1989: 362-363.

[2] 钱信忠．中国本草彩色图鉴（第四卷）[M]．北京：人民卫生出版社，2003: 35-36.

[3] 中国药材公司．中国中药资源志要 [M]．北京：科学出版社，1994: 309.

▲宽叶蔓乌头花

▼宽叶蔓乌头块根

▲长白乌头群落

长白乌头 *Aconitum tschangbaischanense* S. H. Li et Y. H. Huang

药用部位 毛茛科长白乌头的块根。

原 植 物 多年生草本。块根倒圆锥形，长 2.5 ~ 3.5 cm，粗 6 ~ 7 mm。茎下部叶在开花时枯萎。茎中部叶有稍长柄；叶片肾状五角形，长 7 ~ 10 cm，宽 10 ~ 12 cm，基部心形，3 全裂，中央全裂片菱形，长渐尖，末回裂片线状披针形或线形，宽 2 ~ 4 mm，通常全缘；叶柄比叶片稍短。总状花序顶生或腋生，

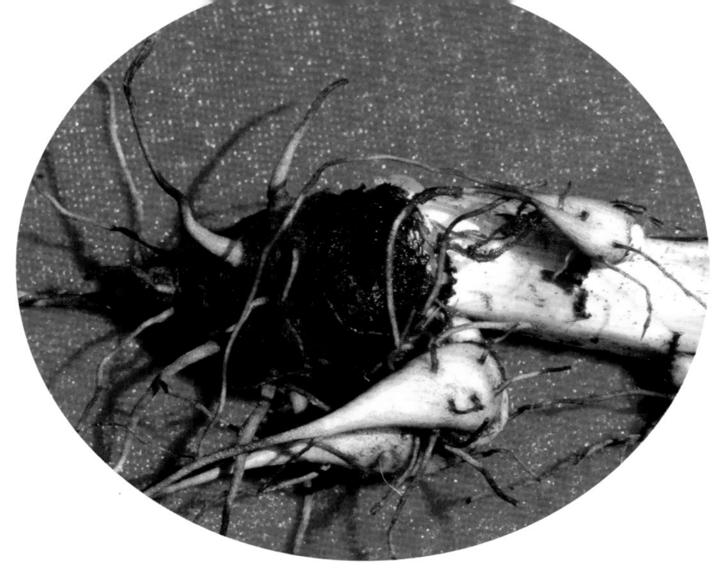

▲长白乌头块根

▼长白乌头幼株

▼长白乌头幼苗

▲长白乌头花（侧）

长 11.0 ~ 14.5 cm；轴被反曲的短毛；花梗长 2.0 ~ 5.5 cm，密被伸展的柔毛；小苞片线形，长 5 ~ 10 mm，宽 0.5 ~ 1.0 mm；萼片蓝色，上萼片高盔形或盔形，花瓣无毛，瓣片长约 10 mm，宽约 3.5 cm，唇长约 6 mm，距长约 1.5 mm，向后弯曲；雄蕊无毛；心皮 5，子房上部疏生短毛或无毛。花期 7—8 月，果期 8—9 月。

生　　境　生于林缘、草地及高山苔原带上。

分　　布　吉林长白、抚松、安图、临江等地。朝鲜。

▲长白乌头植株

▼长白乌头花（白色）

▼长白乌头果实

▲长白乌头花

▲长白乌头花序

采　　制　秋季挖块根，除去泥土，洗净，晒干。

性味功效　味辛，性热。有毒。有祛风、散寒、止痛、消肿的功效。

主治用法　用于中风瘫痪、风寒湿痹、破伤风、头风、脘腹冷痛、痃癖、冷痢、痈疽及疔疮等。入丸。炮制后用，外用适量。孕妇忌内服。

用　　量　1.5 ~ 5.0 g。

附　　注　本品在长白山区用作草乌。

◎参考文献◎

[1] 严仲铠，李万林．中国长白山药用植物彩色图志 [M]．北京：人民卫生出版社，1997: 157-158.

[2] 江纪武．药用植物辞典 [M]．天津：天津科学技术出版社，2005: 14.

▲细叶乌头花

▼细叶乌头花（侧）

细叶乌头 *Aconitum macrorhynchum* Turcz.

别　　名　大嘴乌头

药用部位　毛茛科细叶乌头的块根。

原 植 物　多年生草本。块根胡萝卜形。茎高 68 ~ 100 cm，上部有时扭曲，等距离生叶。茎下部叶有长柄，在开花时枯萎。茎中部叶有稍长柄；叶片圆卵形，长 5.5 ~ 10.0 cm，宽 6 ~ 12cm，3 全裂，中央全裂片三角状卵形，近羽状全裂，末回小裂片线形，宽 1 ~ 3 mm；叶柄与叶片近等长。总状花序生茎及分枝顶端，有花 5 ~ 15；花梗长 1.5 ~ 2.5 cm；小苞片线形，长 1.5 ~ 4.0 mm；萼片紫蓝色，上萼片高盔形，高 1.5 ~ 1.9 cm，侧萼片圆倒卵形，唇微凹，距向后弯曲；花丝全缘或有 2 枚小齿；心皮 5 ~ 8。蓇葖长 1.0 ~ 1.3 cm；种子长约 2.8 mm，沿纵棱生狭翅，只在一面密生横膜翅。花期 8—9 月，果期 9—10 月。

▲细叶乌头植株

▲细叶乌头花序

生　　境　生于湿地、山地草甸及沼泽地上。

分　　布　黑龙江伊春市区、嘉荫、密山、宁安、虎林、饶河、萝北、呼玛、漠河等地。吉林柳河、安图、抚松、蛟河、敦化等地。内蒙古额尔古纳、根河、牙克石、鄂伦春旗、扎兰屯、阿尔山、科尔沁右翼前旗、克什克腾旗等地。朝鲜、蒙古、俄罗斯（西伯利亚中东部）。

采　　制　秋季挖块根，除去泥土，洗净，晒干。夏季采收叶，除去泥土，洗净，鲜用或晒干。

性味功效　有祛风散寒的功效。

主治用法　用于风湿。

用　　量　适量。

◎参考文献◎

[1] 中国药材公司 . 中国中药资源志要 [M]. 北京：科学出版社，1994: 306.

[2] 江纪武 . 药用植物辞典 [M]. 天津：天津科学技术出版社，2005: 12.

▼细叶乌头块根

▲鸭绿乌头植株

鸭绿乌头 *Aconitum jaluense* Kom.

▲鸭绿乌头果实

别　　名　东北三叶乌头

俗　　名　乌拉花 百步草

药用部位　毛茛科鸭绿乌头的块根。

原 植 物　多年生草本。块根圆锥形，长约 3 cm。茎高 45 ~ 100 cm。茎下部叶在开花时枯萎。茎中部具稍短柄；叶片与北乌头相似，长 7 ~ 12 cm，宽 8 ~ 16 cm，基部心形，3 全裂，中央全裂片菱形，渐尖，3 裂，二回裂通常浅裂，叶柄长为叶片 1/2 或更短。花序顶生或腋生，苞片 3 裂或线形；花梗长 1.5 ~ 4.0 cm；小苞片线状钻形，萼片紫蓝色，外面疏被短柔毛，上萼片高盔形，高约 2 cm，下萼片长圆形；花瓣无毛，距长 2 ~ 3 mm，向内反曲；雄蕊无毛，花丝全缘或有 2 小齿；心皮 3 ~ 4，无毛或被毛。蓇葖长约 2 cm；种子长约 2.5 mm，只在一面有横膜翅。花期 8—9 月，果期 9—10 月。

▼鸭绿乌头块根

▲鸭绿乌头花（白色）

◎参考文献◎

[1] 朱有昌. 东北药用植物[M]. 哈尔滨: 黑龙江科学技术出版社, 1989: 356-357.

[2] 钱信忠. 中国本草彩色图鉴（第四卷）[M]. 北京: 人民卫生出版社, 2003: 223-224.

[3] 江纪武. 药用植物辞典[M]. 天津: 天津科学技术出版社, 2005: 11.

▲鸭绿乌头花(蓝白色)

▼鸭绿乌头花（浅紫色）

生　境　生于红松阔叶林、阔叶林、山坡杂木林下、林缘及河边灌丛中。

分　布　黑龙江萝北、尚志等地。吉林长白、安图、抚松等地。辽宁丹东市区、宽甸、凤城、本溪、桓仁等地。朝鲜、俄罗斯（西伯利亚中东部）。

采　制　秋季挖块根，除去泥土，洗净，晒干。

性味功效　味辛、苦，性热。有大毒。有祛风除湿、温经止血的功效。

主治用法　用于风寒湿痹、关节疼痛、心腹冷痛、寒疝作痛、痈疽疥癣、中风瘫痪等，炮制品久煎后服。外用生品研末调敷或醋、酒抹涂。

用　量　炮制品 1.5 ~ 4.5 g。外用生品适量。

▲弯枝乌头花

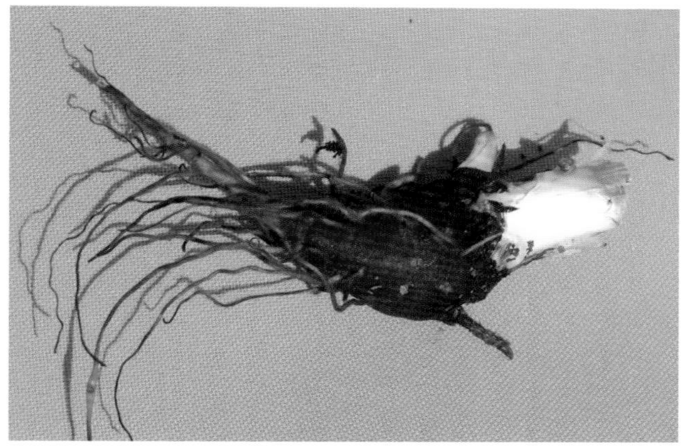

▲弯枝乌头块根

▼弯枝乌头果实

弯枝乌头 *Aconitum fischeri* Reichb. var. *arcuatum*（Maxim.）Regel

别　　名　弯枝薄叶乌头 大花乌头 大唇乌头 高茎乌头 弧枝乌头

药用部位　毛茛科弯枝乌头的块根。

原 植 物　多年生草本。块根圆锥形。茎高 1.0 ~ 1.6 m，茎上部之字形弯曲，不等二叉状分枝，等距离生叶 12 ~ 18。下部叶在开花时枯萎，叶片近五角形，长 8 ~ 12 cm，宽 12 ~ 15 cm，3 深裂至距基部 1.0 ~ 1.6 cm 处，中央深裂片菱形，渐尖，侧深裂片不等 2 深裂；叶柄长 6.5 ~ 9.0 cm。花序总状顶生，有花 4 ~ 6，分枝的花序具花 2 ~ 3；花梗弧状弯曲，长 1 ~ 3 cm；小苞片狭线形，萼片淡紫蓝色，上萼片高 2.2 ~ 2.5 cm，下缘长约 2 cm，喙短，花瓣

▲弯枝乌头幼株

▼弯枝乌头幼苗

▼弯枝乌头花（白色）

无毛，瓣片长约8 mm，唇瓣末端2浅裂，距稍拳卷；花丝全缘；心皮3。蓇葖长约1.4 cm，无毛；种子周围具一圈宽纵翅。花期7—8月，果期8—9月。

生　　境　生于杂木林内、灌丛、林缘、沟谷及河岸等处，常聚集成片生长。

分　　布　黑龙江伊春、饶河等地。吉林长白山各地。朝鲜、俄罗斯（西伯利亚中东部）。

采　　制　春、秋季挖块根，除去泥土，洗净，晒干药用。

性味功效　味辛，性温。有毒。有祛风、散寒、止痛、消肿的功效。

主治用法　用于风寒湿痹、关节疼痛及心腹冷痛等。入丸剂。炮制后用，外用适量。孕妇忌内服。

用　　量　1.5 ~ 3.0 g。

◎参考文献◎

[1] 严仲铠，李万林．中国长白山药用植物彩色图志[M]．北京：人民卫生出版社，1997：502-504.

[2] 江纪武．药用植物辞典[M]．天津：天津科学技术出版社，2005：10.

▲弯枝乌头植株

▲北乌头群落

▼北乌头幼株

▲北乌头果实

北乌头 *Aconitum kusnezoffii* Reichb.

别　　名 草乌头 草乌

俗　　名 蓝乌拉花 蓝靰鞡花 百步草 山喇叭花 靰鞡花 五毒根 蓝花子 鸡头草 蓝花菜 小叶芦 断肠草

药用部位 毛茛科北乌头的块根（称“草乌”）。

原 植 物 多年生草本。块根圆锥形，长 2.5 ~ 5.0 cm。茎高 65 ~ 150 cm，等距离生叶。茎下部叶有长柄，在开花时枯萎。茎中部叶有柄；叶片五角形，长 9 ~ 16 cm，宽 10 ~ 20 cm，基部心形，3 全裂。顶生总状花序具花 9 ~ 22，下部苞片 3 裂，其他苞片长圆形或线形；小苞片线形或钻状线形，长 3.5 ~ 5.0 mm，宽 1 mm；萼片紫蓝色，上萼片盔形或高盔形，高 1.5 ~ 2.5 cm，侧萼片长 1.4 ~ 2.7 cm，下萼片长圆形；瓣片宽 3 ~ 4 mm，唇长 3 ~ 5 mm，距长 1 ~ 4 mm；花丝全缘或有 2 小齿；心皮 4 ~ 5。蓇葖直，长 0.8 ~ 2.0 cm；种子扁椭圆球形，沿棱具狭翅，只在一面生横膜翅。花期 8—9 月，果期 9—10 月。

生　　境 生于山地阔叶林下、灌丛间、林缘及草甸等处。

分　　布 黑龙江五常、尚志、宁安、海林、东宁、林口、饶河、虎林、密山、通河、方正、勃利、依兰、桦川、桦南、汤原、伊春市区、庆安、铁力、嘉荫、呼玛、逊克、黑河市区、孙吴、五大连池、北安、绥棱等地。吉林长白山各地及九台。辽宁丹东市区、宽甸、凤城、东港、本溪、桓仁、抚顺、新宾、清原、铁岭、西丰、开原、昌图、辽阳、鞍山市区、岫岩、庄河、瓦房店、大连市区、营口、锦州市区、北镇、义县、朝阳、凌源、建平、绥中等地。内蒙古额尔古纳、牙克石、新巴尔虎左旗、满洲里、科尔沁右翼后旗、克什克腾旗、宁城、喀喇沁旗、东乌珠穆沁旗、正蓝旗。河北。朝鲜、俄罗斯（西伯利亚）。

▲北乌头花

采　　制　春、秋季挖块根，除去须根和泥沙，洗净，晒干，称“草乌”或称“生草乌”。经炮制，切片，干燥，称“制草乌”。

性味功效　味辛、苦，性热。有大毒。有祛风除湿、散寒止痛、开窍醒神、消肿的功效。

主治用法　用于中风瘫痪、破伤风、风湿性关节炎、大骨节病、手足痉挛、坐骨神经痛、跌打肿痛、胃脘冷痛、喉痹及瘰疬等。外敷治疗痈疽疔疮。炮制后用，通常泡酒或入丸。生品有大毒，一般仅供外用，内服宜慎，制草乌可供内服。本品有毒，孕妇忌内服。

▼北乌头花序

▲北乌头花（侧）

用　　量　1.5 ~ 2.0 g。

附　　方

（1）治大骨节病、风湿性关节炎：生草乌，加 10 倍量的水，煮沸 3 h，取出晒干，研细粉，制成质量分数 10% 的酒剂，每服 10 ~ 15 ml，每日 3 次。

（2）表面麻醉：生草乌、生南星、生半夏、土细辛各 10 g，蟾酥、花椒各 4 g。共研细粉，浸于质量分数为 70% 的酒精 100 ml 内 2 d。用时在少量浸液内加少量樟脑及薄荷脑，用小棉球蘸浸液贴

▲宽裂北乌头花序

于手术部位。

（3）治牙痛：生草乌 15 g，一枝蒿、冰片各 10 g，小木通 50 g，共研细粉，置 500 ml 白酒中浸泡 7 d。用药棉蘸药水塞入患牙处，或外搽红肿疼痛处，每日 1 次。又方：生草乌、细辛各 10 g，同研末，取少许塞痛处，吐出涎，不可咽下。

（4）治风湿性关节炎、类风湿关节炎、关节疼痛、腰腿痛：制草乌 4.5 g，当归、赤芍各 10 g，甘草 5 g，水煎服。又方：川乌、制北乌头、金银花、乌梅、甘草、大青盐各 10 g，用高度白酒 500 ml 泡 21 d，每次服药酒 5 ml，每日 3 次，用于男性病人。或用川乌、制北乌头、红花、乌梅、甘草各 15 g，用白酒 500 ml 泡 7 d，服法同上，用于女性病人。高血压病、心脏病、风湿热、严重溃疡病患者均忌服。

（5）治膝关节肿大疼痛（膝眼风）：制草乌、细辛、防风各 25 g，研末，撒患处，包好。此外，将上方药末撒在鞋袜中，可防治远行脚肿起泡。

（6）治淋巴结炎、淋巴结结核：草乌 1 个，用烧酒适量磨汁，外擦局部，每日 1 次。

（7）治诸疮未破者：草乌研末，加轻粉少许，腊猪油和擦。

（8）治中风瘫痪：草乌（生，不去皮）、五灵脂各等量。研为末，滴水为丸，如弹子大。40 岁以下 1 丸分 6 服，病甚 1 丸分 2 服，薄荷酒磨下，觉微麻为度。

（9）治痈肿毒：草乌、贝母、天花粉、南星、芙蓉叶各等量。为末，用醋调擦四周，中留头出毒，如干

▲北乌头种子

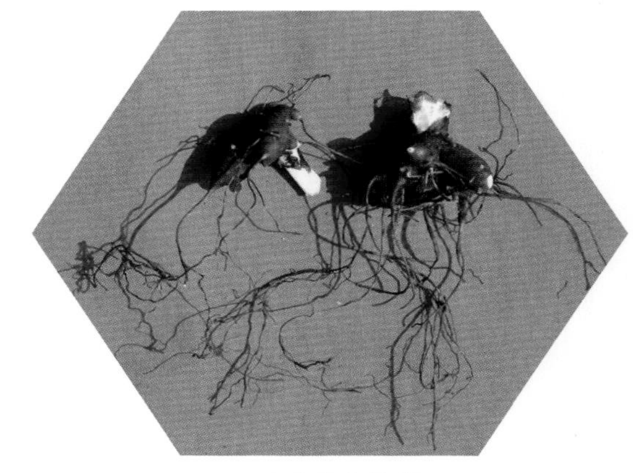

▲北乌头块根

用醋润之。

（10）治喉痹、口噤不开：草乌、皂荚各等量，研末，加麝香少许，擦牙，并口畜鼻内，则牙关自开。

附　注

（1）叶：味辛、涩，性平。有小毒。有清热、止痛的功效。可治疗热病发热、泄泻腹痛、头痛、牙痛等。用草乌头汁制成的膏剂（入药称“射罔”）：味辛，性热。有毒。可治疗瘰疬结核、瘘疮毒肿、头风、风痹、疟疾、疝气等。

（2）全草有毒，特别是根部毒性最强。人误食后会引起流涎、恶心、呕吐、腹泻、眩晕、抽搐、痉挛、脉搏减少、呼吸困难、神志不清、大小便失禁、血压和体温下降、心慌气闷，严重者甚至死亡。

（3）本种反半夏、栝楼、贝母、白蔹、白及，畏犀角。

（4）本品为《中华人民共和国药典》（2020年版）收录的药材。

（5）在东北尚有1变种：

宽裂北乌头 var. *gibbferum*（Rchb.）Regel，叶裂片较宽，心皮5，稀3～4。其他与原种同。

◎参考文献◎

［1］江苏新医学院．中药大辞典（下册）[M]．上海：上海科学技术出版社，1977：1577-1579，1885．

［2］朱有昌．东北药用植物[M]．哈尔滨：黑龙江科学技术出版社，1989：359-362．

［3］《全国中草药汇编》编写组．全国中草药汇编（上册）[M]．北京：人民卫生出版社，1975：207-208．

▲北乌头植株

▼北乌头幼苗（后期）

▼北乌头幼苗（前期）

▲华北乌头群落

▼华北乌头花序

▲华北乌头花（白色）

华北乌头 *Aconitum soongaricum* var. *angustius* W. T. Wang

别　　名　狭裂准格尔乌头

药用部位　毛茛科华北乌头的块根。

原 植 物　多年生草本。块根倒圆锥形，通常 2 个，长 2 ~ 3 cm，粗 0.7 ~ 1.2 cm。茎高 70 ~ 110 cm，无毛，等距离生叶，茎下部叶在开花时枯萎，中部叶有稍长柄，叶片五角形，叶片长 6 ~ 9 cm，宽 9 ~ 12 cm，3 全裂，中央全裂片宽卵形，基部突变狭成短柄，近羽状深裂，叶柄比叶片稍短。顶生总状花序，长 10 ~ 30 cm，有花 7 ~ 30；花梗长 1.5 ~ 3.2 cm，向上直伸；小苞片钻形，萼片紫蓝色，上萼片盔形，高约 1.8 cm，自基部至喙长约 1.6 cm，侧萼片长约 1.4 cm，下萼片狭椭圆形；瓣片大，唇长约 6 mm，距向后弯曲；心皮 3。蓇葖长 1.2 ~ 1.5 cm；种子倒圆锥形，有三纵棱。花期 8—9 月，果期 9—10 月。

生　　境　生于林缘、草地及高山草甸上。

▲华北乌头植株

分　　布　内蒙古新巴尔虎左旗、扎赉特旗、阿尔山、科尔沁右翼前旗、克什克腾旗、东乌珠穆沁旗、西乌珠穆沁旗等地。河北、山东、山西。俄罗斯（西伯利亚）、蒙古。

采　　制　秋季挖块根，除去泥土，洗净，晒干。

性味功效　味辛、苦，性热。有大毒。有散风寒、除湿、止痛的功效。

用　　量　适量。

◎参考文献◎

[1] 中国药材公司．中国中药资源志要 [M]．北京：科学出版社，1994: 310.

[2] 江纪武．药用植物辞典 [M]．天津：天津科学技术出版社，2005: 13.

▲华北乌头果实

高山乌头种子

▲高山乌头植株

▼高山乌头幼株

▲高山乌头块根

高山乌头 *Aconitum monanthum* Nakai

别　　名　单花乌头

药用部位　毛茛科高山乌头的块根。

原 植 物　多年生草本。块根胡萝卜形。茎高 14 ~ 30 cm，基生叶 1 ~ 2，有长柄；叶片肾状五角形，长 2.5 ~ 3.5 cm，宽 4.0 ~ 6.5 cm，3 全裂，中央全裂片菱形或宽菱形，细裂，末回裂片披针状线形或狭披针形，叶柄长 5 ~ 20 cm，基部有短鞘。茎生叶 2 ~ 4，与基生叶相似，但较小。花单独顶生或数朵形成聚伞花序；花梗长达 5 cm；小苞片 3 裂或线形；萼片紫色，上萼片盔形，高 1.1 ~ 1.5 cm，下缘长 1.4 ~ 2.0 cm，稍凹，外缘近垂直，喙长 4 ~ 5 mm，侧萼片长 1.0 ~ 1.4 cm；花瓣无毛，瓣片大，长约 10 mm，唇末端 2 浅裂，距向后弯曲；心皮 3。蓇葖长约 1.8 cm；种子三棱形，密生横膜翅。

花期 7—8 月，果期 8—9 月。

生　　境　生于林缘、草地及高山苔原带上。

分　　布　吉林长白、抚松、安图、临江等地。朝鲜。

采　　制　秋季挖块根，除去泥土，洗净，晒干。

性味功效　味辛、苦，性热。有大毒。有散寒止痛、开窍醒神、消肿的功效。

主治用法　用于中风瘫痪、破伤风、风湿性关节炎、大骨节病、手足痉挛、坐骨神经痛、跌打肿痛、胃脘冷痛、喉痹及瘰疬等。外敷治疗痈疽疔疮。炮制后用，通常泡酒或入丸。生品有大毒，一般仅供外用，内服宜慎，制草乌可供内服。本品有毒，孕妇忌内服。

用　　量　1.5 ~ 3.0 g。

◎参考文献◎

[1] 中国药材公司．中国中药资源志要[M]．北京：科学出版社，1994: 306.

[2] 江纪武．药用植物辞典 [M]．天津：天津科学技术出版社，2005: 12.

▲高山乌头花（背）

▼高山乌头果实

▼高山乌头花

▲类叶升麻植株

类叶升麻属 *Actaca* L.

类叶升麻 *Actaea asiatica* Hara

药用部位 毛茛科类叶升麻的干燥根状茎（入药称“绿豆升麻”）。

▲类叶升麻种子

▲类叶升麻根

原 植 物 多年生草本。根状茎横走。茎高 30 ~ 80 cm，圆柱形，粗 4 ~ 9 mm，微具纵棱，不分枝。叶 2 ~ 3，茎下部的叶为三回三出近羽状复叶，具长柄；顶生小叶卵形至宽卵状菱形，长 4.0 ~ 8.5 cm，宽 3 ~ 8 cm，3 裂，边缘有锐锯齿，侧生小叶卵形至斜卵形，叶柄长 10 ~ 17 cm。茎上部叶的形状似茎下部叶，但较小。总状花序长 2.5 ~ 6.0 cm；苞片线状披针形，萼片倒卵形，花瓣匙形，长 2.0 ~ 2.5 mm，下部渐狭成爪；花丝长 3 ~ 5 mm；心皮与花瓣近等长。果序长 5 ~ 17 cm，果实紫黑色，直径约 6 mm；种子约 6，卵形，有 3 纵棱，长约 3 mm，宽约 2 mm，深褐色。花期 5—6 月，果期 8—9 月。

生　　境 生于石质山坡、林下、杂木林缘等处。

分　　布 黑龙江伊春、尚志、海林、东宁、宁安等地。吉林长白山各地。辽宁宽甸、桓仁、西丰、鞍山、庄河等地。河北、山西、陕西、湖北、四川、

▲类叶升麻果实

▼类叶升麻花序

▲类叶升麻花

▲类叶升麻幼株

◎参考文献◎

[1] 江苏新医学院. 中药大辞典（下册）[M]. 上海：上海科学技术出版社，1977: 2277.

[2] 朱有昌. 东北药用植物 [M]. 哈尔滨：黑龙江科学技术出版社，1989: 363-364.

[3] 中国药材公司. 中国中药资源志要 [M]. 北京：科学出版社，1994: 312.

▼类叶升麻幼苗

甘肃、青海、云南、西藏。朝鲜、俄罗斯（西伯利亚中东部）、日本。

采　　制　春、秋季挖根状茎，剪掉须根，除去泥土，洗净，晒干。

性味功效　味辛、微苦，性凉。有祛风止咳、清热镇咳的功效。

主治用法　用于感冒头痛、顿咳、百日咳、疯狗咬伤等。水煎服。外用捣烂敷患处。

用　　量　15 ~ 25 g。外用适量。

附　　方　治感冒头痛：类叶升麻、马鞭草、路边青各 25 g，煨水服。

▲红果类叶升麻花

▲红果类叶升麻种子

红果类叶升麻 *Actaea erythrocarpa* Fisch.

药用部位 毛茛科红果类叶升麻的根状茎及全草。

原 植 物 多年生草本。茎高 60 ~ 70 cm，圆柱形，微具纵棱，叶 2 ~ 3。下部叶为三回三出近羽状复叶，具长柄；叶片三角形，宽达 25 cm；顶生小叶卵形至宽卵形，长 6 ~ 10 cm，宽 5 ~ 8 cm，3 裂，边缘有锐锯齿，侧生小叶斜卵形，不规则的二至三深裂，表面近无毛，背面沿脉疏被白色短柔毛或近无毛；叶柄长达 24 cm。总状花序长约 6 cm，花密集；萼片倒卵形，长约 2.5 mm；花瓣匙形，长约 2.5 mm，顶端圆形，下部渐狭成爪；花丝长 4 ~ 5 mm；心皮与花瓣近等长。果序长 4 ~ 10 cm；果实红色；种子约 8，长约 3 mm，宽约 2 mm，近黑色，干后表面微粗糙状，无毛。花期 5—6 月，果期 7—8 月。

生　　境 生于林缘、林下、石质山坡及河岸湿地等处。

分　　布 黑龙江伊春市区、铁力、萝北、呼玛等地。吉林长白山各地。辽宁宽甸、凤城、桓仁、新宾、清原等地。内蒙古额尔古纳、根河、阿尔山、克什克腾旗、阿鲁科尔沁旗等地。河北、山西。朝鲜、俄罗斯（西伯利亚中东部）、日本、蒙古。欧洲。

采　　制 春、秋季采挖根状茎，除去泥土，洗净，晒干。夏、秋季采收全草，除去杂质，切段，洗净，鲜

▲红果类叶升麻根状茎

▲红果类叶升麻植株（花期）

▲红果类叶升麻植株（果期）

用或晒干。

性味功效 味辛、微苦，性凉。有祛风解表、清热镇咳的功效。

主治用法 用于风湿病、肌炎、感冒头痛、百日咳及妇科疾病等。水煎服。

用　　量 9 ~ 15 g。

◎参考文献◎

[1] 严仲铠，李万林．中国长白山药用植物彩色图志 [M]．北京：人民卫生出版社，1997: 162-163.

[2] 中国药材公司．中国中药资源志要 [M]．北京：科学出版社，1994: 312.

[3] 江纪武．药用植物辞典 [M]．天津：天津科学技术出版社，2005: 15.

▼红果类叶升麻花序（淡绿色）

▲红果类叶升麻花序（白色）

▼红果类叶升麻果实

▲侧金盏花植株（花期）

▼侧金盏花根

▼侧金盏花瘦果

侧金盏属 *Adonis* L.

侧金盏花 *Adonis amurensis* Regel et Radde

别　　名　福寿草

俗　　名　冰凉花　冰里花　冰了花　冰溜花　顶冰花　雪莲花

药用部位　毛茛科侧金盏花的带根全草（入药称“福寿草”）。

原 植 物　多年生草本。根状茎短而粗，有多数须根。茎在开花时高 5 ~ 15 cm，以后高达 30 cm，基部有数个膜质鳞片。叶在花后长大，茎下部叶有长柄，叶片正三角形，长 7.5 cm，宽 9 cm，3 全裂，全裂片有长柄，二至三回细裂，末回裂片狭卵形至披针形，叶柄长 6.5 cm。花直径 2.8 ~ 3.5 cm；萼片 9，常带淡灰紫色，长圆形或倒卵形长圆形，与花瓣等长或稍长，长 14 ~ 18 mm，花瓣约 10，黄色，长 1.4 ~ 2.0 cm，宽 5 ~ 7 mm；雄蕊长约 3 mm，无毛；心皮多数，子房有短柔毛，花柱向外弯曲，柱头小，球形。瘦果倒卵球形，长约 3.8 mm，有短宿存花柱。花期 3—4 月，果期 4—5 月。

生　　境　生于山坡、草甸及林下土壤较肥沃处。

分　　布　黑龙江伊春市区、鹤岗市区、尚志、密山、虎林、东宁、

▲侧金盏花居群

宁安、阿城、林口、牡丹江市区、海林、宾县、木兰、巴彦、通河、依兰、勃利、桦川、宝清、汤原、铁力等地。吉林长白山各地。辽宁丹东市区、宽甸、凤城、本溪、桓仁、新宾、西丰、开原、鞍山等地。朝鲜、日本、俄罗斯（西伯利亚中东部）。欧洲。

采　　制　早春连根挖取全草，除去泥土，洗净，晒干。

性味功效　味苦、辛，性平。有毒。有强心、利尿的功效。

主治用法　用于心悸、心脏性水肿、充血性心力衰竭、癫痫等。

用　　量　口服细粉 25 mg，每日 1 ~ 3 次；或水浸或酒浸，2.5 g，每日 2 次。本品毒性较大，用时需遵医嘱。

附　　方

（1）治心率快：侧金盏花总苷注射液（含总苷 0.5 mg/ml），静脉注射。

（2）治慢性充血性心力衰竭、心脏性水肿：冰凉花酊（每服 0.5 ml）或复方冰凉花酊（每服 2 ~ 3 ml），每日 1 ~ 2 次。

▲侧金盏花花

附　　注　本品有毒，一定要按照剂量使用。中毒后出现恶心、呕吐、多汗、腹痛、头昏目眩、视物不清、心慌，严重者可致死亡。如出现中毒症状，轻者应停药并口服氯化钾 2 ~ 3 g，每日 3 次；严重者对症治疗，必要时采取综合性抢救措施。

▲侧金盏花植株（果期）

◎参考文献◎

[1] 江苏新医学院．中药大辞典（下册）[M]．上海：上海科学技术出版社，1977：2517-2519.
[2] 朱有昌．东北药用植物 [M]．哈尔滨：黑龙江科学技术出版社，1989：365-366.
[3] 《全国中草药汇编》编写组．全国中草药汇编（上册）[M]．北京：人民卫生出版社，1975：319.

▲侧金盏花花（背）

▲侧金盏花果实

▲辽吉侧金盏花植株

▲辽吉侧金盏花根

辽吉侧金盏花 *Adonis ramosa* Franch.

俗　　名　冰凉花　冰里花　冰郎花　顶冰花　雪莲花

药用部位　毛茛科辽吉侧金盏花的带根全草。

原 植 物　多年生草本。茎 4 ~ 20 cm，下部或上部分枝。基部和下部叶鳞片状，卵形或披针形，长 0.7 ~ 1.8 cm。茎中部以上叶约 4，近无柄；叶片宽菱形，长和宽均为 4 ~ 8 cm，二至三回羽状全裂，末回裂片披针形或线状披针形，宽 1.0 ~ 1.5 cm，顶端锐尖。花单生茎或枝的顶端，直径 2.5 ~ 4.0 cm；萼片约 5，灰紫色，宽卵形、菱状宽卵形或宽菱形，长 7.5 ~ 10.0 mm，宽 6 ~ 9 mm，顶端钝或圆形，有时急尖，全缘或上部边缘有小齿 1 ~ 2，有短睫毛；花瓣约 13，黄色，长圆状倒披针形，长 1.2 ~ 2.0 cm，宽 3.5 ~ 7.0 mm；雄蕊长达 4.5 mm，花药长圆形，长约 1.2 mm；心皮近无毛，花柱长约 0.8 mm。花期 3—4 月，果期 4—5 月。

生　　境　生于山坡、草甸及林下土壤较肥沃处。

分　　布　吉林辉南、通化、集安。辽宁宽甸、凤城、桓仁等地。朝鲜。

附　　注　其他同侧金盏花。

▲辽吉侧金盏花果实

▲辽吉侧金盏花植株（侧）

◎参考文献◎

[1] 中国药材公司．中国中药资源志要 [M]．北京：科学出版社，1994: 313.

[2] 江纪武．药用植物辞典 [M]．天津：天津科学技术出版社，2005: 22.

▲辽吉侧金盏花花

▲辽吉侧金盏花花（背）

▲北侧金盏花植株

北侧金盏花 *Adonis sibirica* Patr. ex Ledeb.

▼北侧金盏花植株（侧）

别　　名　西伯利亚福寿草

俗　　名　冰凉花　冰里花　冰了花　冰溜花　顶冰花　雪莲花

药用部位　毛茛科北侧金盏花的带根全草（入药称“西伯利亚福寿草”）。

原 植 物　多年生草本，除心皮外，全部无毛。有粗根状茎。茎高约 40 cm，粗 3 ～ 5 mm，基部有鞘状鳞片。茎中部和上部叶约 15，无柄，卵形或三角形，长达 6 cm，宽达 4 cm，二至三回羽状细裂，末回裂片线状披针形，有时有小齿，宽 1.0 ～ 1.5 mm。花大，直径 4.0 ～ 5.5 cm；萼片黄绿色，圆卵形，顶部变狭，长约 1.5 cm，宽约 6 mm，花瓣黄色，狭倒卵形，长 2.0 ～ 2.3 cm，宽 6 ～ 8 mm，顶端近圆形或钝，有不等大的小齿；雄蕊长约 1.2 cm，花药狭长圆形，长约 1 mm。瘦果长约 4 mm，有稀疏短柔毛，宿存花柱长约 1 mm，向下弯曲。花期 4—5 月，果期 5—6 月。

生　　境　生于山坡、草甸及林下土壤较肥沃处。

分　　布　内蒙古额尔古纳、新巴尔虎左旗、牙克石、阿尔山等地。新疆。俄罗斯（西伯利亚）。欧洲。

采　　制　早春连根挖取全草，除去泥土，洗净，晒干。

性味功效　味苦，性凉。有毒。有强心、利尿、镇静的功效。

▲北侧金盏花群落

主治用法　用于心悸、水肿、癫痫等。水煎服。

用　　量　6～9g。

◎参考文献◎

[1] 钱信忠. 中国本草彩色图鉴（第二卷）[M]. 北京：人民卫生出版社，2003: 300-301.

[2] 江纪武. 药用植物辞典 [M]. 天津：天津科学技术出版社，2005: 22.

▲北侧金盏花花

▲北侧金盏花果实

▲二歧银莲花植株

银莲花属 *Anemone* L.

二歧银莲花 *Anemone dichotoma* L.

▲二歧银莲花果实

别　　名　草玉梅　溪畔银莲花　土黄芩

俗　　名　野棉花

药用部位　毛茛科二歧银莲花的根及全草（入药称“虎掌草”）。

原 植 物　多年生草本。植株高 35 ~ 60 cm。花葶有稀疏贴伏的短柔毛；总苞苞片 2，扇形，长 3 ~ 6 cm，宽 4.5 ~ 10.0 cm，3 深裂近基部，深裂片近等长，狭楔形或线状倒披针形，宽 0.7 ~ 2.3 cm，不明显 3 浅裂，或不分裂而有少数锐牙齿，花序二至三回二歧状分枝，一回分枝长 9 ~ 14 cm，二回分枝长 1 ~ 10 cm；小总苞苞片似总苞苞片，近等大或较小，花单生于花序分枝处；萼片 5，白色或带粉红色，倒卵形或椭圆形，长 0.7 ~ 1.2 cm，宽 7 ~ 8 mm；雄蕊长达 4 mm；心皮约 30，子房长圆形，有向外弯的短花柱。瘦果扁平，卵形或椭圆形，长 5 ~ 7 mm，有边缘和稍弯的宿存花柱。花期 5—6 月，果期 6—7 月。

▼二歧银莲花瘦果

▲二岐银莲花居群

▼二岐银莲花花（6瓣）

▼二岐银莲花花（5瓣）

生　　境　生于山坡湿草地、林下及草甸等处，常聚集成片生长。

分　　布　黑龙江哈尔滨、伊春、宁安、虎林、饶河、抚远、黑河市区、呼玛等地。吉林辉南、磐石、蛟河、靖宇、长白、安图、抚松、珲春等地。内蒙古额尔古纳、根河、牙克石、鄂伦春旗、鄂温克旗、扎兰屯、阿尔山、扎赉特旗、东乌珠穆沁旗、西乌珠穆沁旗等地。朝鲜、俄罗斯（西伯利亚）、蒙古、日本。欧洲。

采　　制　早春采挖根，除去泥土，洗净，晒干。春、夏季采收全草，洗净，切段，晒干。

性味功效　味苦、辛，性平。有小毒。有舒筋活血、清热解毒、止痢的功效。

▼二岐银莲花花（7瓣）

▲二歧银莲花花（4 瓣）

▲二歧银莲花花（8 瓣）

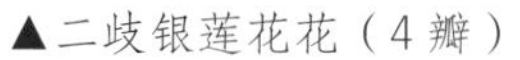

主治用法 用于咽喉肿痛、扁桃体炎、腮腺炎、胃寒疼痛、虫积腹痛、跌打损伤、痢疾、肝硬化、黄疸型肝炎、风湿性关节炎、疮痈、淋巴结结核、疟疾及毒蛇咬伤等。水煎服。外用捣烂敷患处。

用　　量 10 ~ 15 g（鲜品 25 ~ 50 g）。外用适量。

▼二歧银莲花群落（草原型）

▲二歧银莲花群落（湿地型）

附　方

（1）治牙痛：虎掌草根一小块含于牙痛处，或用根 15 g，水煎服。

（2）治扁桃体炎、喉炎：虎掌草根 5 g，捣烂含于口内，同时含一口酒，15 min 后吐出。日含 2 次，小儿酌减。

（3）治肝硬化、慢性肝炎：虎掌草根 15 g，加红糖适量，水煎服。

（4）治无名肿毒：虎掌草根烘干研末，调醋搽患处。

（5）治胃痛、风湿性腰痛：虎掌草根 100 g，泡酒 500 ml，浸泡一周。每次服 5 ml，每日 5 次，或用根 15 g，水煎服。

（6）治黄疸型肝炎：虎掌草根 15 g，青鱼胆、黄鳝藤各 20 g，水煎服。

▲二歧银莲花花（重瓣）

◎参考文献◎

[1] 江苏新医学院．中药大辞典（上册）[M]．上海：上海科学技术出版社，1977: 1337-1338.

[2] 朱有昌．东北药用植物 [M]．哈尔滨：黑龙江科学技术出版社，1989: 368.

[3] 《全国中草药汇编》编写组．全国中草药汇编（上册）[M]．北京：人民卫生出版社，1975: 511.

▲大花银莲花群落

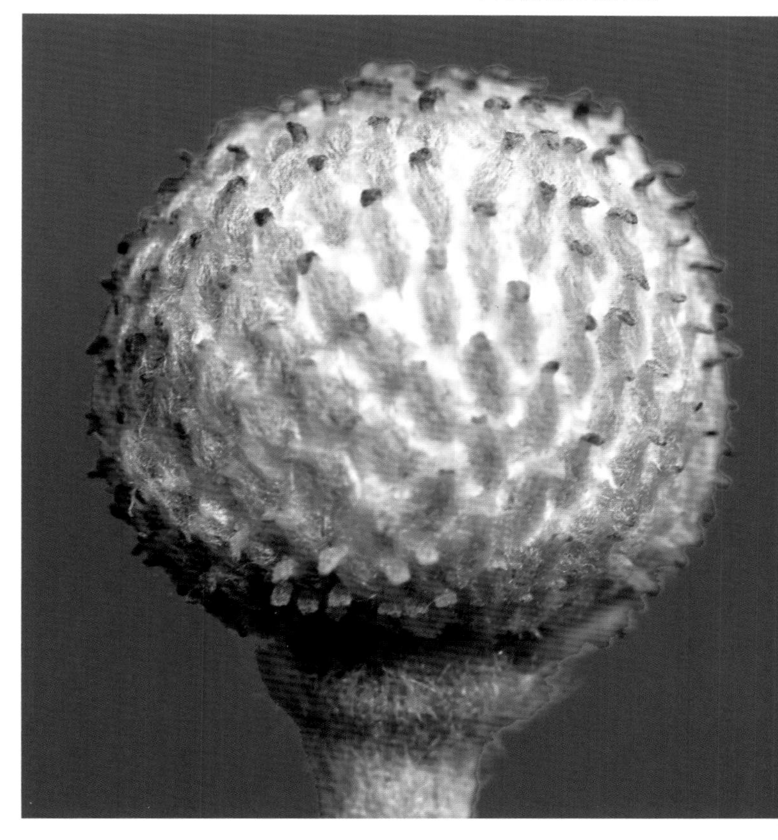

▼大花银莲花果实

大花银莲花 *Anemone silvesiris* L.

别　　名　林生银莲花

药用部位　毛茛科大花银莲花的全草。

原 植 物　多年生草本。植株高 18 ~ 50 cm。根状茎垂直或稍斜，长达 3 cm。基生叶 3 ~ 9，有长柄；叶片心状五角形，长 2.0 ~ 5.5 cm，宽 2.5 ~ 8.0 cm，3 全裂，中全裂片近无柄或有极短柄，菱形或倒卵状菱形，3 裂近中部，二回裂片不分裂或浅裂，有稀疏牙齿，叶柄长 4 ~ 21 cm，有柔毛。花葶 1，直立；苞片 3，柄长 0.6 ~ 3.0 cm，基部截形或圆形；花梗长 5.5 ~ 24.0 cm；萼片 5 ~ 6，白色，倒卵形，长 1.5 ~ 2.0 cm，宽 1.0 ~ 1.4 cm；雄蕊长约 4 mm，花药椭圆形，心皮 180 ~ 240，长约 1 mm，子房密被短柔毛，柱头球形，无柄。聚合果直径约 1 cm；瘦果长约 2 mm，有短柄，密被长绵毛。花期 5—6 月，果期 6—7 月。

生　　境　生于山地林下、林缘、灌丛、沟谷及草甸等处，常聚集成片生长。

▲大花银莲花植株

▲大花银莲花花

▼大花银莲花花（6瓣）

分　　布　黑龙江黑河市区、孙吴、逊克、嘉荫、萝北等地。吉林柳河。内蒙古额尔古纳、陈巴尔虎旗、牙克石、阿尔山、科尔沁右翼前旗、克什克腾旗、喀喇沁旗、宁城、正镶白旗、正蓝旗等地。新疆。朝鲜、俄罗斯、日本、蒙古。欧洲。

采　　制　春季采收全草，除去泥土，洗净，晒干。

性味功效　有消积、祛湿、排脓的功效。

主治用法　用于跌打损伤、风湿性关节炎、痢疾、疮痈等。

用　　量　3～9g。

◎参考文献◎

[1] 中国药材公司．中国中药资源志要 [M]．北京：科学出版社，1994: 316.

[2] 江纪武．药用植物辞典 [M]．天津：天津科学技术出版社，2005: 52.

[3] 巴根那，张晓光．中国大兴安岭蒙中药植物资源志 [M]．呼和浩特：内蒙古科学技术出版社，2011: 137.

▼大花银莲花花（背）

▲银莲花群落

▲银莲花花（8瓣）

▲银莲花花（9瓣）

银莲花 *Anemone cathayensis* Kitag.

药用部位 毛茛科银莲花的根状茎。

原植物 多年生草本。植株高 15 ~ 40 cm。基生叶 4 ~ 8，有长柄；叶片圆肾形，长 2.0 ~ 5.5 cm，宽 4 ~ 9 cm，3 全裂，两面散生柔毛或变无毛；叶柄长 6 ~ 30 cm，除基部有较密长柔毛外，其他部分有稀疏长柔毛或无毛。花葶 2 ~ 6，有疏柔毛或无毛；苞片约 5，无柄，不等大，菱形或倒卵形，3 浅裂或 3 深裂；伞辐 2 ~ 5，长 2 ~ 5 cm，有疏柔毛或无毛；萼片 5 ~ 10，白色或带粉红色，倒卵形或狭倒卵形，长 1.0 ~ 1.8 cm，

▲银莲花花（6 瓣，侧）

▼银莲花花（5 瓣）

▲银莲花花（7 瓣）

▼银莲花居群

▲银莲花植株

▲银莲花花（10 瓣）

▲银莲花花（11 瓣）

▲银莲花植株（侧）

宽 5 ~ 11 mm，顶端圆形或钝，无毛；雄蕊长约 5 mm，花药狭椭圆形；心皮 4 ~ 16，无毛。瘦果扁平，宽椭圆形或近圆形，长约 5 mm，宽 4 ~ 5 mm。花期 6—7 月，果期 7—8 月。

生　境　生于山坡草地、山谷沟边及多石砾坡地等处。

▲银莲花花（6 瓣）

▲银莲花花（4 瓣）

▲银莲花幼株

▲银莲花花序

分　　布　辽宁凌源、建昌、绥中等地。河北、山西。

采　　制　春、秋季采挖根状茎，除去泥土，洗净，晒干。

性味功效　有止血除湿、清热解毒的功效。

用　　量　适量。

◎参考文献◎

[1] 中国药材公司．中国中药资源志要 [M]．北京：科学出版社，1994: 313-314.

[2] 江纪武．药用植物辞典 [M]．天津：天津科学技术出版社，2005: 51.

小花草玉梅 *Anemone rivularis* var. *flore-minore* Maxim.

别　　名　草玉梅　破牛膝

药用部位　毛茛科小花草玉梅的根状茎及全草（入药称“破牛膝”）。

原 植 物　多年生草本。植株高 10 ~ 65 cm。根状茎木质，垂直或稍斜，粗 0.8 ~ 1.4 cm。基生叶 3 ~ 5，有长柄；叶片肾状五角形，长 1.6 ~ 7.5 cm，宽 2 ~ 14 cm，3 全裂，中全裂片宽菱形或菱状卵形，有时宽卵形，叶柄长 3 ~ 22 cm，基部有短鞘。花葶 1 ~ 3，直立；聚伞花序长 4 ~ 30 cm，一至三回分枝；苞片深裂片通常不分裂，披针形至披针状线形；花直径 1.5 cm；萼片 5 ~ 6，白色，狭椭圆形或倒卵状狭椭圆形，长 6 ~ 9 mm，宽 2.5 ~ 4.0 mm；雄蕊长约为萼片 1/2，花药椭圆形，心皮 30 ~ 60，子房狭长圆形，有拳卷的花柱。瘦果狭卵球形，长 7 ~ 8 mm，宿存花柱钩状弯曲。花期 6—7 月，果期 8—9 月。

生　　境　生于山地林边及草坡上。

分　　布　辽宁凌源、建昌等地。内蒙古克什克腾旗、喀喇沁旗、宁城等地。河北、河南、山西、陕西、四川、宁夏、甘肃、青海、新疆。俄罗斯（西伯利亚）、蒙古。

▲小花草玉梅植株

▲小花草玉梅花（4 瓣）

采　　制　春、秋季采挖根状茎，除去泥土，洗净，晒干。秋季采收全草，除去泥土，洗净，晒干。

性味功效　味辛、微苦，性平。有毒。有健胃消食、散瘀消积、截疟、消炎散肿的功效。

主治用法　用于肝炎、筋骨痛、淋病、遗精、水肿、外伤瘀肿等。水煎服。外用捣烂敷患处。

用　　量　2.5 ~ 5.0 g。外用适量。

附　　方

（1）治传染性肝炎：破牛膝根研末，开水送服。每服

▲小花草玉梅花

◀小花草玉梅果实

▲小花草玉梅花（侧）

5g，每日2次。

（2）治阴疽、筋骨疼痛：破牛膝适量，捣烂外敷。

（3）治外伤瘀肿日久不散：破牛膝全草捣烂或将根研粉水调，外敷。

◎参考文献◎

[1] 江苏新医学院．中药大辞典（下册）[M]．上海：上海科学技术出版社，1977:1824.

[2] 朱有昌．东北药用植物[M]．哈尔滨：黑龙江科学技术出版社，1989:368-369.

[3] 钱信忠．中国本草彩色图鉴（第一卷）[M]．北京：人民卫生出版社，2003:679.

▲多被银莲花群落

▲多被银莲花瘦果

▲多被银莲花果实

多被银莲花 *Anemone raddeana* Regel

别　　名　竹节香附

俗　　名　两头尖

药用部位　毛茛科多被银莲花的根状茎（入药称“两头尖”）。

原 植 物　多年生草本。植株高 10 ~ 30 cm。根状茎横走，圆柱形，长 2 ~ 3 cm，粗 3 ~ 7 mm。基生叶 1，有长柄，长 5 ~ 15 cm；叶片 3 全裂，全裂片有细柄，3 或 2 深裂，变无毛，叶柄长 2.0 ~ 7.8 cm，有疏柔毛。花葶近无毛，苞片 3，3 全裂，中全裂片倒卵形或倒卵状长圆形，顶端圆形，上部边缘有少数

▲多被银莲花植株

▼多被银莲花花蕾

▲多被银莲花根状茎

小锯齿，侧全裂片稍斜；花梗 1，长 1.0 ~ 1.3 cm，变无毛；萼片 9 ~ 15，白色，长圆形或线状长圆形，长 1.2 ~ 1.9 cm，宽 2.2 ~ 6.0 mm，顶端圆或钝，无毛；雄蕊长 4 ~ 8 mm，花药椭圆形，长约 0.6 mm，顶端圆形，花丝丝形；心皮约 30，子房密被短柔毛，花柱短。花期 4—5 月，果期 5—6 月。

生　　境　生于山地林下或阴湿草地，常聚集成片生长。

分　　布　黑龙江宁安、尚志、海林、五常等地。吉林长白山各地。辽宁宽甸、凤城、本溪、桓仁、西丰、庄河、抚顺、

▲多被银莲花花（双花）

新宾、盖州、岫岩等地。山东。朝鲜、俄罗斯（西伯利亚）、日本。

采　　制　春、秋季采挖根状茎，除去泥土，洗净，晒干。

性味功效　味辛，性热。有毒。有祛风湿、散寒、消痈肿的功效。

主治用法　用于风湿性关节炎、四肢拘挛、腰腿痛、风寒感冒、咳嗽痰多、疮疖痈肿等。水煎服或入丸散内服。

用　　量　1～3g。

▲多被银莲花花（背）

▲多被银莲花花

▲多被银莲花植株（侧）

▼多被银莲花幼株

附　方

（1）治痈疽疮疡：两头尖 4 g，金银花 50 g，地丁 50 g，水煎服。

（2）治慢性关节炎疼痛：两头尖 4 g，防风 15 g，牛膝、威灵仙各 20 g，松节 10 g，鸡血藤 25 g，水煎服。

附　注

（1）本品为《中华人民共和国药典》（2020 年版）收录的药材。

（2）本品是生产中药“大活络丹”的主要原料，在东北自然资源十分丰富，极具开发利用价值。

（3）全草有毒，人若误食后会出现头晕、眼花、四肢无力、视力模糊、心悸、胸闷、恶心、呕吐、腹泻及水肿等症状。

◎参考文献◎

[1] 朱有昌．东北药用植物 [M]．哈尔滨：黑龙江科学技术出版社，1989: 366-368.

[2] 中国药材公司．中国中药资源志要 [M]．北京：科学出版社，1994: 316.

[3] 江纪武．药用植物辞典 [M]．天津：天津科学技术出版社，2005: 51.

▲匍枝银莲花植株

匍枝银莲花 *Anemone stolonifera* Maxim.

药用部位 毛茛科匍枝银莲花的全草。

原 植 物 多年生草本。植株高 15 ~ 25 cm。匍匐茎横行，铁丝状。基生叶一至数个，有长柄；叶片肾形或肾状五角形，长 2.0 ~ 2.5 cm，宽 2.8 ~ 4.0 cm，3 全裂，中全裂片菱形或宽菱形，基部楔形突缩

▲匍枝银莲花花

▼匍枝银莲花花（背）

▼匍枝银莲花果实

成短柄，3 深裂，侧全裂片近无柄，不等 2 深裂，叶柄长 8 ~ 11 cm，只在上部被短毛。花葶上部有稍密的短柔毛；苞片 3，有柄，菱状卵形，长约 2.5 cm，3 全裂，分裂情况似基生叶，花梗 2，长 2 ~ 5 cm；萼片 5，白色，椭圆形或椭圆状卵形，长 7 ~ 10 mm，宽 4 ~ 6 mm，外面有疏柔毛；雄蕊长 2.0 ~ 3.5 mm，花药椭圆形，花丝丝形；心皮约 8，子房有稀疏短柔毛，花柱短，顶端稍向外弯。花期 6 月，果期 7 月。

生　境　生于林下及林缘等处。

分　布　黑龙江黑河、尚志、东宁、宁安、海林等地。吉林和龙、安图等地。台湾。朝鲜、日本。

采　制　春季采收全草，洗净，晒干。

性味功效　有镇静、镇痛的功效。

用　量　适量。

◎参考文献◎

[1] 江纪武. 药用植物辞典 [M]. 天津：天津科学技术出版社，2005: 52.

▲黑水银莲花居群

黑水银莲花瘦果▶

黑水银莲花 *Anemone amurensis*（Korsh.）Kom.

别　　名　黑龙江银莲花　东北银莲花

药用部位　毛茛科黑水银莲花的全草。

原 植 物　多年生草本。植株高 20 ~ 25 cm。根状茎横走，细长。基生叶 1 ~ 2，或不存在，叶片三角形；宽 2.5 ~ 5.0 cm，3 全裂，全裂片有细柄，中全裂片又 3 全裂；叶柄长约 9.5 cm。花葶无毛；苞片 3，有柄，叶片卵形或五角形，长 2.7 ~ 3.0 cm，宽 2.6 ~ 3.8 cm，3 全裂，中全裂片有短柄，卵状菱形，近羽状深裂，边缘有不规则锯齿，两面近无毛，柄长 1.3 ~ 1.5 cm，扁，边缘有狭翅；花梗长 1.5 ~ 4.0 cm，萼片 6 ~ 7，白色，长圆形或倒卵状长圆形，长 1.3 ~ 1.5 cm，宽 4.4 ~ 5.5 mm，顶端圆形；雄蕊长 4 ~ 6 mm，花药椭圆形，心皮约 12，子房被柔毛，花柱长约为子房 1/2，上部向外弯。花期 4—5 月，果期 5—6 月。

▲黑水银莲花果实

▲黑水银莲花花（8 瓣）

▲黑水银莲花花（9 瓣）

▲黑水银莲花花（6 瓣和 7 瓣）

▼黑水银莲花花（背）

生　　境　生于山地林下或灌丛下，常聚集成片生长。

分　　布　黑龙江阿城、伊春、尚志、东宁、宁安、密山、虎林等地。吉林长白山各地。辽宁宽甸、凤城、本溪、桓仁等地。朝鲜、俄罗斯（西伯利亚中东部）。

采　　制　春季采收全草，洗净，晒干。

性味功效　有发汗、增强肝肾功能的功效。

主治用法　用于麻痹、月经不调、胃痛、痛风、积水、百日咳等。水煎服。

用　　量　适量。

▲黑水银莲花植株

▲黑水银莲花植株（侧）

▼黑水银莲花花蕾

◎参考文献◎

[1] 中国药材公司．中国中药资源志要 [M]．北京：科学出版社，1994: 313.

[2] 江纪武．药用植物辞典 [M]．天津：天津科学技术出版社，2005: 50-51.

▲阴地银莲花植株

▲阴地银莲花花（多瓣）

▼阴地银莲花花（5 瓣）

▼阴地银莲花花（背）

阴地银莲花 *Anemone umbrosa* C. A. Mey.

药用部位 毛茛科阴地银莲花的根状茎。

原 植 物 多年生草本。植株高 8 ~ 29 cm。根状茎横走。基生叶通常不存在，有时 1，柄长约 8.5 cm；叶片三角状卵形，宽约 3.5 cm，基部心形，3 全裂，全裂片近无柄，卵形，不明显 3 浅裂，边缘有浅锯齿，侧全裂片不等 2 裂，两面有短伏毛。花葶细，苞片 3，柄长 0.7 ~ 1.5 cm，叶片三角形或五角形，长 2.0 ~ 4.2 cm，宽 2.2 ~ 5.5 cm，3 全裂，花梗 1 ~ 2，长 3.5 ~ 6.0 cm，萼片 5，白色，椭圆形或卵状椭圆形，长 7 ~ 12 mm，宽 4 ~ 7 mm，顶端圆或钝，外面有短柔毛；雄蕊长 4.0 ~ 5.5 mm，花药椭圆形，长约 0.7 mm，顶端圆形，花丝丝形；心皮约 11，子房密被柔毛，花柱短。花期 5—6 月，果期 6—7 月。

生　　境 生于林下、林缘、灌丛等处。

分　　布 黑龙江密山、虎林等地。吉林柳河、集安、通化、梅河口、桦甸、蛟河、长白、安图等地。辽宁丹东市区、宽甸、

▲阴地银莲花居群

本溪、桓仁、西丰、鞍山等地。朝鲜、俄罗斯（西伯利亚中东部）。

采　　制　春、秋季采挖根状茎，除去泥土，洗净，晒干。

性味功效　有祛风湿、消痈肿的功效。

主治用法　用于风湿性关节炎、四肢拘挛等。

用　　量　适量。

◎参考文献◎

[1] 中国药材公司．中国中药资源志要 [M]．北京：科学出版社，1994: 313.

[2] 江纪武．药用植物辞典 [M]．天津：天津科学技术出版社，2005: 50-51.

▲阴地银莲花花（双花）

▲阴地银莲花花（6 瓣）

▲反萼银莲花植株

▼反萼银莲花果实

▼反萼银莲花根状茎

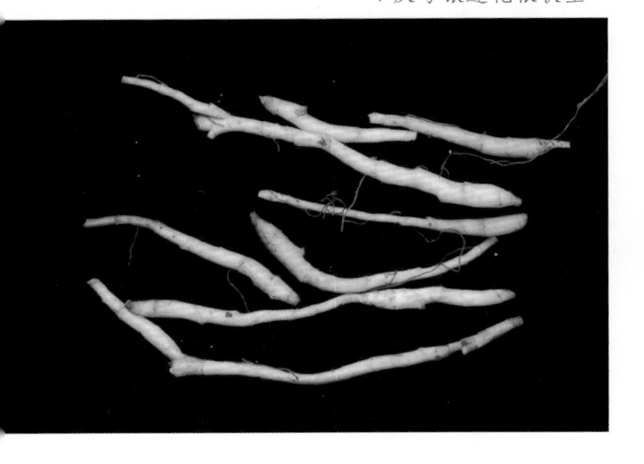

反萼银莲花 *Anemone reflexa* Stephan ex Willd.

药用部位 毛茛科反萼银莲花的根状茎（称“九节菖蒲”）。

原 植 物 多年生草本。植株高 16 ~ 26 cm。根状茎横走，近圆柱形，粗约 4 mm，节间长 2 ~ 4 mm。基生叶通常不存在。花葶无毛；苞片 3 ~ 4，柄长 1.0 ~ 1.9 cm，叶片近五角形，长 3.5 ~ 6.8 cm，宽 3.4 ~ 7.0 cm，3 全裂，中全裂片长圆状披针形或狭菱形，长渐尖，在中部不明显 3 浅裂，边缘有锯齿，侧全裂片不等 2 浅裂；花梗长 1.5 ~ 3.8 cm，密被短柔毛；萼片 5 或 7，白色，披针状线形，长 3.0 ~ 6.5 mm，宽 1.0 ~ 1.5 mm，开花时向下反折；雄蕊长 2.0 ~ 3.5 mm，花药椭圆形，顶端圆形，花丝扁，狭线形，有 1 条纵脉；心皮约 12，子房密被淡黄色短柔毛，花柱顶端有近球形小柱头。花期 4—5 月，果期 5—6 月。

生　　境 生于林下、林缘、灌丛等处，常聚集成片生长。

分　　布 吉林柳河、集安、通化、抚松、长白、安图等地。辽宁宽甸、桓仁、新宾等地。陕西。朝鲜、俄罗斯（西伯利亚）。

▲反萼银莲花植株（侧）

▼反萼银莲花花（侧）

欧洲。

采　　制　春、秋季采挖根状茎，除去不定根和杂质，洗净，晒干或鲜用。

性味功效　味辛，性微温。有开窍醒神、祛痰、祛风化湿、健胃、解毒的功效。

主治用法　用于神昏谵语、癫痫痰饮、风湿痹痛、疥疮肿毒、湿疮等。水煎服。外用捣烂敷患处或熬水洗患处。

用　　量　2 ~ 5 g。外用适量。

▼反萼银莲花花

◎参考文献◎

[1] 钱信忠．中国本草彩色图鉴（第一卷）[M]．北京：人民卫生出版社，2003: 593-594.

[2] 中国药材公司．中国中药资源志要 [M]．北京：科学出版社，1994: 316.

[3] 江纪武．药用植物辞典 [M]．天津：天津科学技术出版社，2005: 51.

▲毛果银莲花植株

▲毛果银莲花幼株

▲毛果银莲花果实

▼毛果银莲花植株（侧）

毛果银莲花 *Anemone baicalensis* Turcz.

药用部位 毛茛科毛果银莲花的全草。

原 植 物 多年生草本。植株高 13 ~ 28 cm。根状茎细长，粗约 1 mm，节间长约 4.5 mm。基生叶 1 ~ 2，有长柄；叶片肾状五角形，长 2.0 ~ 5.2 cm，宽 3.5 ~ 10.0 cm，3 全裂，两面有短柔毛；叶柄长 4 ~ 12 cm，有稀疏或密的开展柔毛。花葶有与叶柄相同的毛；苞片 3，无柄，不等大，菱形或宽菱形，长 1.2 ~ 3.8 cm，3 深裂；花梗 1 ~ 2，长 1.8 ~ 7.0 cm，有白色短柔毛；萼片 5 ~ 6，白色，倒卵形，长 10 ~ 15 mm，宽 6 ~ 9 mm，顶端钝或圆形，外面有疏柔毛；雄蕊长约为萼片 1/2，花药椭圆形，长约 1 mm，花丝丝形；

心皮 6 ~ 16，子房密被柔毛，有短花柱，柱头近头形。花期 4—5 月，果期 5—6 月。

生　　境　生于林下、林缘及灌丛等处。

分　　布　黑龙江尚志、海林、宁安等地。吉林通化、临江、柳河、敦化、安图、长白、抚松等地。辽宁宽甸、凤城、本溪、桓仁等地。陕西、四川、甘肃。朝鲜、俄罗斯（西伯利亚）。

采　　制　夏季采收全草，洗净，晒干。

性味功效　有解毒、杀虫的功效。

用　　量　适量。

◎参考文献◎

[1] 中国药材公司．中国中药资源志要 [M]．北京：科学出版社，1994: 313.

[2] 江纪武．药用植物辞典 [M]．天津：天津科学技术出版社，2005: 51.

▲毛果银莲花花（双花）

▼毛果银莲花花

▼毛果银莲花花（背）

▼毛果银莲花花（6 瓣）

▲细茎银莲花植株

◀细茎银莲花瘦果

▼细茎银莲花花（淡黄色）

细茎银莲花 *Anemone baicalensis* var. *rossii*（S. Moore）Kitag.

别　　名　小银莲花

药用部位　毛茛科细茎银莲花的根状茎。

原 植 物　多年生草本。植株高 10 ~ 30 cm。根状茎圆柱形，长约 2.5 cm，粗 3 ~ 4 mm，节间长约 2 mm。基生叶 1，有长柄；叶片圆肾形，长约 1.8 cm，宽约 3.5 cm，3 全裂，中全裂片菱状倒卵形，3 裂至中部附近，二回裂片有线形小裂片，侧全裂片不等二深裂，表面有稀疏伏毛，背面无毛；叶柄长 8 ~ 20 cm。花葶上部疏被柔毛或近

▲细茎银莲花幼株

▼细茎银莲花果实

无毛；苞片 3，无柄，似基生叶，长 1.1 ~ 1.7 cm；花梗 1，长 0.7 ~ 6.0 cm，疏被短柔毛；萼片 5 ~ 7，白色，狭倒卵形，长 8 ~ 12 mm，宽 4.0 ~ 6.5 mm，无毛或外面有疏柔毛；雄蕊长达 3 mm，花药狭椭圆形，花丝狭线形；心皮 7 ~ 8，子房密被白色柔毛。花期 5—6 月，果期 6—7 月。

生　　境　生于山地林下及灌丛下，常聚集成片生长。

分　　布　吉林长白山各地。辽宁宽甸、凤城、桓仁、新宾等地。朝鲜、俄罗斯（西伯利亚）。

采　　制　春、秋季采挖根状茎，除去不定根和杂质，洗净，晒干或鲜用。

性味功效　有祛风湿、消痈肿的功效。

主治用法　用于风湿性关节炎、疮疖等。水煎服。

用　　量　适量。

▼细茎银莲花花（背）

▲细茎银莲花群落

▼细茎银莲花花

▼细茎银莲花花（重瓣）

◎参考文献◎

[1] 江纪武．药用植物辞典 [M]．天津：天津科学技术出版社，2005: 52.

▲细茎银莲花花（银边）

▲小花耧斗菜花

▲小花耧斗菜花（侧）

耧斗菜属 *Aquilegia* L.

小花耧斗菜 *Aquilegia parviflora* Ledeb.

俗　　名　血见愁

药用部位　毛茛科小花耧斗菜的全草。

原 植 物　多年生草本。茎高 15 ~ 45 cm。基生叶为二回三出复叶，三角形，宽 5 ~ 12 cm，中央小近无柄，倒卵形，长 1.6 ~ 3.5 cm，宽 1.1 ~ 2.2 cm，近革质，顶端 3 浅裂，浅裂片圆形，全缘或有时具粗圆齿 2 ~ 3，侧面小叶通常无柄，2 浅裂，叶柄长 4 ~ 14 cm，无毛。花 3 ~ 6，近直立；苞片线状深裂；花梗长 2 ~ 4 cm；萼片开展，蓝紫色，罕为白色，卵形，长 1.5 ~ 2.0 cm，宽 0.9 ~ 1.2 cm，顶端钝；

▲小花耧斗菜植株

花瓣瓣片钝圆形，长3～5mm，具短距，距长3～5mm，末端直或微弯；雄蕊比萼片短，花药黄色；心皮5，蓇葖长1.2～2.3cm，顶端有一细长的喙；种子黑色。花期6—7月，果期7—8月。

生　　境　生于林缘、开阔的坡地或林下。

分　　布　黑龙江漠河、塔河、呼玛等地。内蒙古额尔古纳、布特哈旗、扎兰屯、鄂伦春旗、陈巴尔虎旗等地。俄罗斯（西伯利亚中东部）、蒙古、日本。

采　　制　夏、秋季采收全草，除去杂质，切段，洗净，晒干。

性味功效　味苦、微甘，性平。有调经止血的功效。

主治用法　用于月经不调、经期腹痛、功能性子宫出血、产后流血过多。水煎服或熬膏。

用　　量　15～25g。熬膏5～10g。

附　　方　治功能性子宫出血：鲜小花耧斗菜25g，鲜仙鹤草15g，鲜地榆10g，鲜益母草20g，水煎服。

◎参考文献◎

[1] 江苏新医学院．中药大辞典（下册）[M]．上海：上海科学技术出版社，1977: 2579.

[2] 朱有昌．东北药用植物 [M]．哈尔滨：黑龙江科学技术出版社，1989: 371-372.

[3] 中国药材公司．中国中药资源志要 [M]．北京：科学出版社，1994: 318.

▲紫花耧斗菜植株

▼耧斗菜果实

▲耧斗菜根

耧斗菜 *Aquilegia viridiflora* Pall.

别　　名　血见愁

俗　　名　牛膝盖

药用部位　毛茛科耧斗菜的全草。

原 植 物　多年生草本。茎高 15 ~ 50 cm，常在上部分枝。基生叶少数，二回三出复叶；叶片宽 4 ~ 10 cm，中央小叶具 1 ~ 6 mm 的短柄，楔状倒卵形，长 1.5 ~ 3.0 cm，宽几相等或更宽，上部 3 裂，裂片常有圆齿 2 ~ 3；叶柄长达 18 cm，基部有鞘。茎生叶数枚，为一至二回三出复叶，向上渐变小。花 3 ~ 7，倾斜或微下垂；苞片 3 全裂；萼片黄绿色，长椭圆状卵形，长 1.2 ~ 1.5 cm，

▲楼斗菜植株

楼斗菜花▶

◀紫花楼斗菜花

宽 6 ~ 8 mm，顶端微钝；花瓣瓣片与萼片同色，直立，倒卵形，比萼片稍长或稍短，顶端近截形，距直或微弯，长 1.2 ~ 1.8 cm；雄蕊长达 2 cm，伸出花外，花药黄色；蓇葖长 1.5 cm；种子黑色。花期 5—6 月，果期 6—7 月。

生　　境　生于石质山坡、林缘、路旁和疏林下。

分　　布　黑龙江尚志、黑河、呼玛等地。吉林通化、白山、蛟河、磐石等地。辽宁长海、大连市区等地。内蒙古额尔古纳、根河、牙克石、阿尔山、科尔沁右翼前旗、扎赉特旗、巴林左旗、巴林右旗、翁牛特旗、克什克腾旗、西乌珠穆沁旗、镶黄旗等地。河北、山东、山西、宁夏、甘肃。朝鲜、俄罗斯（西伯利亚中东部）、蒙古。

▲紫花耧斗菜植株（侧）

▼耧斗菜花（紫褐色）

▼耧斗菜花（侧）

采　　制　夏、秋季采收全草，除去杂质，切段，洗净，晒干。

性味功效　味辛、微苦，性凉。有清热解毒、调经止血的功效。

主治用法　用于月经不调、功能性子宫出血、崩漏、咽喉痛、咳嗽、呼吸道炎症、痢疾、腹痛等。水煎服。

用　　量　15 ~ 25 g。

附　　注

（1）种子及花入药，可治疗烧伤。

（2）在东北尚有 1 变型：

紫花耧斗菜 f. *atropupurea*（Willd.）Kitag.，萼片及花瓣暗紫色。其他与原种同。

◎参考文献◎

［1］严仲铠，李万林．中国长白山药用植物彩色图志［M］．北京：人民卫生出版社，1997: 166.

［2］中国药材公司．中国中药资源志要 [M]．北京：科学出版社，1994: 318.

［3］江纪武．药用植物辞典 [M]．天津：天津科学技术出版社，2005: 60.

▲尖萼耧斗菜花

▼尖萼耧斗菜根

▲尖萼耧斗菜种子

尖萼耧斗菜 *Aquilegia oxysepala* Trautv. et Mey.

俗　　名　血见愁　牛膝盖

药用部位　毛茛科尖萼耧斗菜的带根全草（入药称“血见愁”）。

原 植 物　多年生草本。茎高 40 ~ 80 cm。基生叶数枚，为二回三出复叶；叶片宽 5.5 ~ 20.0 cm，中央小叶通常具短柄，楔状倒卵形，

▲尖萼耧斗菜植株

▲黄花尖萼耧斗菜花

▼黄花尖萼耧斗菜花（侧）

▼尖萼耧斗菜果实

长 2 ~ 6 cm，宽 1.8 ~ 5.0 cm，3 浅裂或 3 深裂，叶柄长 10 ~ 20 cm，被开展的白色柔毛或无毛，基部变宽呈鞘状。茎生叶数枚，具短柄，向上渐变小。花 3 ~ 5，较大而美丽，微下垂；苞片 3 全裂；萼片紫色，狭卵形，长 2.5 ~ 3.1 cm，宽 8 ~ 12 mm，花瓣瓣片黄白色，长 1.0 ~ 1.3 cm，宽 7 ~ 9 mm，顶端近截形，距长 1.5 ~ 2.0 cm，末端强烈内弯呈钩状；雄蕊与瓣片近等长，花药黑色，被白色短柔毛。蓇葖长 2.5 ~ 3.0 cm；种子黑色。花期 5—6 月，果期 7—8 月。

生　　境　生于山地杂木林下、林缘及林间草地等处。

分　　布　黑龙江阿城、伊春市区、尚志、宁安、东宁、密山、虎林、铁力、汤原、方正、塔河、呼玛等地。吉林长白山各地。辽宁丹东市区、宽甸、凤城、本溪、桓仁、庄河等地。内蒙古鄂伦春旗、牙克石、扎兰屯等地。朝鲜、俄罗斯（西伯利亚中东部）、日本。

采　　制　夏、秋季采挖带根全草，晒干药用。

性味功效　味苦、微甘，性温。有调经活血的功效。

主治用法　用于月经不调、痢疾、腹痛、呼吸道炎症、功能性子宫出血及烧伤。水煎服或熬膏。

用　　量　15 ~ 25 g。熬膏 5 ~ 10 g。

附　　注　在东北尚有 1 变型：

黄花尖萼耧斗菜 f. *pallidiflora*（Nakai）Kitag.，萼片及花瓣均为黄白色。其他与原种同。

◎参考文献◎

[1] 江苏新医学院．中药大辞典（下册）[M]．上海：上海科学技术出版社，1977: 2579.

[2] 朱有昌．东北药用植物 [M]．哈尔滨：黑龙江科学技术出版社，1989: 370-371.

[3] 钱信忠．中国本草彩色图鉴（第二卷）[M]．北京：人民卫生出版社，2003: 462-463.

▲黄花尖萼耧斗菜花序

▲黄花尖萼耧斗菜植株

▼尖萼耧斗菜幼苗

▼尖萼耧斗菜幼株

▲华北耧斗菜群落

华北耧斗菜 *Aquilegia yabeana* Kitag.

别　　名　紫霞耧斗菜

药用部位　毛茛科华北耧斗菜的带根全草。

原 植 物　多年生草本。茎高 40 ~ 60 cm，上部分枝。基生叶数个，有长柄，为一或二回三出复叶；叶片宽约 10 cm；小叶菱状倒卵形或宽菱形，长 2.5 ~ 5.0 cm，宽 2.5 ~ 4.0 cm，3 裂，边缘有圆齿，叶柄长 8 ~ 25 cm。茎中部叶有稍长柄，通常为二回三出复叶，宽达 20 cm；上部叶小，有短柄，为一回三出复叶。花序有少数花，花下垂；萼片紫色，狭卵形，长 1.6 ~ 2.6 cm，宽 7 ~ 10 mm；花瓣紫色，瓣片长 1.2 ~ 1.5 cm，顶端圆截形，距长 1.7 ~ 2.0 cm，末端钩状内曲，雄蕊长达 1.2 cm，心皮 5，子房密被短腺毛。蓇葖长 1.2 ~ 2.0 cm，隆起的脉网明显；种子黑色，狭卵球形，长约 2 mm。花期 5—6 月，果期 7—8 月。

▼华北耧斗菜花

生　　境　生于山坡、林缘及山沟石缝间等处。

分　　布　吉林集安。辽宁凌源、喀左、凤城等地。内蒙古宁城、喀喇沁旗、翁牛特旗等地。河北、河南、山西、陕西、四川。

▲华北耧斗菜植株

▲华北耧斗菜花（侧）

朝鲜。

采　　制　夏、秋季采挖带根全草，晒干药用。

性味功效　有调经活血、清热解毒的功效。

主治用法　用于月经不调、产后瘀血过多、痛经、瘰疬、疮疖、泄泻、蛇咬伤、风寒感冒等。水煎服。外用捣烂敷患处。

用　　量　适量。

◎参考文献◎

[1] 中国药材公司．中国中药资源志要 [M]．北京：科学出版社，1994: 318.

[2] 江纪武．药用植物辞典 [M]．天津：天津科学技术出版社，2005: 60.

▼华北耧斗菜果实

▲白山耧斗菜群落

▼白山耧斗菜花（蓝色，侧）

白山耧斗菜 *Aquilegia japonica* Nakai et Hara

别　　名　长白耧斗菜

药用部位　毛茛科白山耧斗菜的全草。

原 植 物　多年生草本。茎通常单一，直立，高15 ~ 40 cm，叶全部基生，为二回三出复叶；叶片宽2.5 ~ 8.0 cm，小叶卵圆形，长0.9 ~ 2.4 cm，宽1.3 ~ 3.3 cm，3全裂，全裂片楔状倒卵形，宽0.8 ~ 2.1 cm，顶端3浅裂，浅裂片有浅圆齿2 ~ 3；叶柄长3.5 ~ 19.0 cm。花1 ~ 3，中等大，直径3.5 ~ 4.2 cm；苞片线状披针形，1 ~ 3浅裂，长4 ~ 7 mm；萼片蓝紫色，开展，椭圆状倒卵形，长1.5 ~ 2.5 cm，宽0.7 ~ 1.5 cm，顶端钝或近圆形；花瓣瓣片黄白色至白色，短长方形，长0.7 ~ 1.2 cm，顶端钝圆，距紫色，

▼白山耧斗菜花（淡蓝色）

▲白山耧斗菜花（白色）

▲白山耧斗菜植株（前期）

白山耧斗菜种子

▲白山耧斗菜幼株

▼白山耧斗菜果实

▲白山耧斗菜花（浅蓝色）

长 1.0 ~ 1.6 cm，末端弯曲呈钩状；子房长约 6 mm，花柱长约 5 mm。花期 7—8 月，果期 8—9 月。

生　　境　生于山地岩缝中及高山冻原带上。

分　　布　黑龙江伊春。吉林安图、长白、抚松、珲春等地。朝鲜、日本、俄罗斯（萨哈林岛）。

采　　制　夏、秋季采收全草，除去杂质，切段，洗净，晒干。

▲白山耧斗菜植株（后期）

▲白山耧斗菜花

◀白山耧斗菜花（紫色）

性味功效 有止血的功效。

主治用法 用于妇科病。

适　　量 适量。

◎参考文献◎

[1] 中国药材公司．中国中药资源志要 [M]. 北京：科学出版社，1994: 317-318.

[2] 江纪武．药用植物辞典 [M]. 天津：天津科学技术出版社，2005: 60.

▲白花驴蹄草植株

▼白花驴蹄草花

▼白花驴蹄草花（背）

驴蹄草属 *Caltha* L.

白花驴蹄草 *Caltha natans* Pall.

药用部位 毛茛科白花驴蹄草的全草。

原 植 物 多年生草本。沉水或在沼泽匍匐，全体无毛。茎长 20 ~ 50 cm，粗 2 ~ 4 mm，分枝，在节上生不定根。叶在茎上等距排列，有长柄；叶片浮于水面，心状肾形或心形，长 1 ~ 2 cm，宽 1.5 ~ 2.4 cm，顶端圆形，基部深心形，边缘全缘或带波形，或在中部以下具浅圆齿；叶柄长 2.5 ~ 7.0 cm，基部稍变宽。单歧聚伞花序由 3 ~ 5 朵花组成，花小，萼片 5，白色或带粉红色，倒卵形，长约 3 mm，宽约 2 mm，顶端圆形；雄蕊长约 2 mm，花药椭圆形，长约 0.5 mm，花丝狭线形；心皮 10 ~ 30。蓇葖长约 5 mm，狭椭圆形，无柄，具极短的喙；种子椭圆球形，近光滑。花期 7—8 月，果期 8—9 月。

▲白花驴蹄草幼株

生　　境　生于溪流边湿草地、沼泽及浅水中，常聚集成片生长。

分　　布　黑龙江勃利、伊春、塔河、呼中、北安等地。吉林蛟河、洮南、通榆、镇赉、长岭等地。内蒙古、额尔古纳、牙克石、鄂伦春自治旗、科尔沁右翼前旗、扎赉特旗、克什克腾旗、东乌珠穆沁旗、西乌珠穆沁旗等地。俄罗斯（西伯利亚）、蒙古。北美洲。

采　　制　夏季采收全草，除去杂质，洗净，晒干药用。

主治用法　用于发痧、扭伤、跌伤、烫伤、皮肤病等。水煎服。

用　　量　适量。

▲白花驴蹄草果实

◎参考文献◎

[1] 中国药材公司．中国中药资源志要 [M]．北京：科学出版社，1994: 320.

[2] 江纪武．药用植物辞典 [M]．天津：天津科学技术出版社，2005: 134.

▼白花驴蹄草群落

▲驴蹄草群落

市场上的驴蹄草植株 ►

▼驴蹄草果实

▲驴蹄草种子

驴蹄草 *Caltha palustris* L.

俗　　名　马蹄草 驴蹄菜

药用部位　毛茛科驴蹄草的全草。

原 植 物　多年生草本，全部无毛，有多数肉质须根。茎高 10 ~ 48 cm，在中部或中部以上分枝。基生叶 3 ~ 7，有长柄；叶片圆形，长 1.2 ~ 5.0 cm，

▲驴蹄草植株

宽 2 ~ 9 cm，顶端圆形，基部深心形或基部二裂片互相覆压，边缘全部密生正三角形小牙齿；叶柄长 4 ~ 24 cm。茎生叶通常向上逐渐变小。单歧聚伞花序；苞片三角状心形，边缘生牙齿；花梗长 1.5 ~ 10.0 cm；萼片 5，黄色，倒卵形或狭倒卵形，长 1.0 ~ 2.5 cm，宽 0.6 ~ 1.5 cm，顶端圆形；雄蕊长 4.5 ~ 9.0 mm，花药长圆形，心皮 5 ~ 12。蓇葖长约 1 cm，宽约 3 mm，具横脉，喙长约 1 mm；种子狭卵球形，长 1.5 ~ 2.0 mm，黑色，有光泽，有少数纵皱纹。花期 5—6 月，果期 7 月。

生　境　生于溪流边湿草地、林下湿地、沼泽及浅水中，常聚集成片生长。

分　布　黑龙江伊春、哈尔滨市区、牡丹江市区、尚志、五常、海林、塔河、呼玛等地。吉林长白山各地。辽宁丹东市区、宽甸、凤城、本溪等地。内蒙古额尔古纳、根河、牙克石、阿尔山、科尔沁右翼前旗、扎赉特旗、巴林左旗、巴林右旗、克什克腾旗等地。山东。朝鲜、日本、俄罗斯（西伯利亚中东部）。

采　制　春、夏季采收全草，除去杂质，洗净，晒干药用。

性味功效　味辛，性微温。有清热解毒、散风除寒、利湿止痛的功效。

主治用法　用于头目昏眩、头风疼痛、风湿关节痛、气管炎、瘰

▼驴蹄草花（背）

▼驴蹄草幼株

疬、化脓性创伤、皮肤病、痛经、周身疼痛、水火烫伤、毒蛇咬伤等。水煎服或泡酒服。

用　　量　5 ~ 20 g。

附　　方

（1）治头风疼痛：驴蹄草 10 g，菊花 10 g，水煎服。

（2）治风寒湿痹、周身疼痛：驴蹄草、桂枝各 10 g，桑枝 15 g，牛膝、独活、威灵仙各 10 g，水煎服。

（3）治跌伤、扭伤：驴蹄草鲜根、蛇葡萄根适量，捣烂，拌酒糟，烘热外敷。

▲驴蹄草花（6 瓣和 7 瓣）

▲驴蹄草花（5 瓣）

◎参考文献◎

[1] 江苏新医学院．中药大辞典（上册）[M]．上海：上海科学技术出版社，1977: 301-302.

[2] 朱有昌．东北药用植物 [M]．哈尔滨：黑龙江科学技术出版社，1989: 373-374.

[3] 中国药材公司．中国中药资源志要 [M]．北京：科学出版社，1994: 320.

▼驴蹄草花（4 瓣）

▼驴蹄草植株（侧）

▲膜叶驴蹄草植株

▲膜叶驴蹄草种子

▼膜叶驴蹄草花（背）

膜叶驴蹄草 *Caltha palustris* var. *membranacea* Turcz.

别　　名　薄叶驴蹄草

俗　　名　马蹄草　驴蹄菜　驴蹄叶　黄甸花

药用部位　毛茛科膜叶驴蹄草的全草。

原 植 物　多年生草本。高 15 ~ 40 cm，茎单一或上部分枝。基生叶有长柄，叶柄基部展宽成干膜质鞘；叶近膜质，圆肾形或三角状肾形，基部心形，先端钝圆，边缘具明显牙齿，有时上部边缘的齿浅而钝；茎生叶少数，与基生叶近同行，叶柄短，茎顶端叶近无柄，叶柄基部具膜质鞘。花生茎端及分枝顶端；萼片 5，黄色，倒卵形椭圆形，长 0.8 ~ 2.0 cm，宽 0.5 ~ 0.8 cm；心皮 4 ~ 22，花柱短，有横脉，喙长约 1 mm。种子多数，狭卵球形，长 1.5 mm，黑色，有光泽，有少数纵皱纹。花期 4—5 月，果期 6 月。

生　　境　生于溪流边湿草地、林下湿地、沼泽及浅水中，常聚集成片生长。

分　　布　黑龙江伊春市区、牡丹江市区、尚志、五常、密山、虎林、饶河、阿城、宾县、林口、桦川、勃利、木兰、方正、延寿、通河、依兰、庆安、铁力、

▲膜叶驴蹄草群落

▼膜叶驴蹄草花

汤原、富锦、同江、抚远、萝北、嘉荫、五大连池、黑河市区、孙吴、呼玛、塔河等地。吉林长白山各地及九台。辽宁丹东市区、宽甸、凤城、本溪、桓仁、清原、新宾、西丰、铁岭等地。内蒙古额尔古纳、根河、牙克石、阿尔山、科尔沁右翼前旗、巴林左旗、巴林右旗、克什克腾旗等地。河北。朝鲜、日本、俄罗斯（西伯利亚中东部）。

采　制　春、夏季采收全草，除去杂质，洗净，晒干药用。

性味功效 味辛，性温。有毒。有清热解毒、散风除寒、利湿止痛的功效。

主治用法 用于头目昏眩、头风疼痛、风湿关节痛、气管炎、中暑、发痧、淋巴结结核、化脓性创伤、皮肤病、痛经、水火烫伤、毒蛇咬伤。水煎服或泡酒服。外用捣烂敷患处。

用　　量 5 ~ 10 g。外用适量。

▼膜叶驴蹄草果实

◎参考文献◎

[1] 朱有昌．东北药用植物 [M]．哈尔滨：黑龙江科学技术出版社，1989: 372-373.

[2] 中国药材公司．中国中药资源志要 [M]．北京：科学出版社，1994: 320.

[3] 江纪武．药用植物辞典 [M]．天津：天津科学技术出版社，2005: 134-135.

升麻属 *Cimicifuga* L.

兴安升麻 *Cimicifuga dahurica*（Turcz.）Maxim.

别　　名　升麻

俗　　名　牻牛卡架　窟窿牙根　地龙芽　苦龙芽　苦龙芽菜

药用部位　毛茛科兴安升麻的根状茎。

原 植 物　多年生草本。雌雄异株。根状茎粗壮，茎高达 1 m 多，微有纵槽。下部茎生叶为二回或三回三出复叶；叶片三角形，宽达 22 cm；顶生小叶宽菱形，长 5 ~ 10 cm，宽 3.5 ~ 9.0 cm，3 深裂，基部通常微心形或圆形，边缘有锯齿，侧生小叶长椭圆状卵形，稍斜；叶柄长达 17 cm。茎上部叶似下部叶，但较小，具短柄。花序复总状，雄株花序大，雌株稍小，苞片钻形，渐尖；萼片宽椭圆形至宽倒卵形，长 3.0 ~ 3.5 mm；花药长约 1 mm，花丝丝形，长 4 ~ 5 mm；心皮 4 ~ 7。蓇葖生于心皮柄上，长 7 ~ 8 mm，宽 4 mm；种子 3 ~ 4，椭圆形，褐色，四周生膜质鳞翅，中央生横鳞翅。花期 7—8 月，果期 8—9 月。

▲兴安升麻花序

▼市场上的兴安升麻根状茎

▼兴安升麻根状茎

▲兴安升麻植株

▲兴安升麻幼株

生　　境　生于山坡、林缘、疏林下、草甸、灌丛中及河岸边等处。

分　　布　黑龙江伊春市区、海伦、五大连池、塔河、呼玛、萝北、牡丹江、尚志、密山、虎林、穆棱、阿城、庆安、铁力、黑河市区等地。吉林长白山各地。辽宁抚顺、清原、新宾、宽甸、桓仁、庄河、鞍山市区、岫岩、海城、辽阳、瓦房店、铁岭、开原、凌源、建昌、义县等地。内蒙古额尔古纳、根河、牙克石、鄂伦春旗、阿尔山、科尔沁右翼前旗、扎鲁特旗、科尔沁右翼中旗、扎赉特旗、阿鲁科尔沁旗、巴林左旗、巴林右旗、克什克腾旗、东乌珠穆沁旗、西乌珠穆沁旗、喀喇沁旗、敖汉旗、宁城等地。河北、山西。朝鲜、俄罗斯（西伯利亚）、蒙古。

采　　制　春、秋季采挖根状茎，剪去不定根，除去泥土，鲜用或晒干。

性味功效　味辛、甘、微苦，性凉。有发表透疹、清热解毒、升阳举陷的功效。

主治用法　用于伤风咳嗽、头痛咽痛、齿龈肿痛、口舌生疮、疹出不透、喉痛、口疮、阳毒发斑、中气下陷、脱肛、子宫下垂、妇女崩带、产后恶露不尽、久泻久痢、伤寒、痈疽及痈肿疮毒等。水煎服，或入丸、散。

用　　量　2.5 ~ 15.0 g。

附　　方

（1）治麻疹、麻疹不透：（升麻葛根汤）兴安升麻、赤芍、甘草各50 g，葛根100 g，水煎服。

（2）治血崩：兴安升麻、柴胡各2.5 g，川芎、白芷各5 g，荆芥穗、当归各30 g。水两碗，煎一碗，食远服，即止，多不过5 ~ 6服。

▲兴安升麻果实

（3）治肺痈吐脓血、胸乳间皆痛：兴安升麻、桔梗（炒）、薏米、地榆、子芩（刮去皮）、牡丹皮、白芍各25 g，甘草15 g。上锉粗末，每服50 g，水1.5 L，煎至500 ml，去渣，日服2～3次。

（4）治胃火牙痛：兴安升麻10 g，干地黄15 g，水煎服。

（5）治热痱瘙痒：兴安升麻煎汤饮，并洗之。

（6）治口腔炎、咽喉肿痛、扁桃体炎：兴安升麻适量，煎汤含漱。

（7）治噤口痢：兴安升麻（醋炒）5 g，莲肉（去心、炒微黄）30枚，人参15 g。加水一碗，煎成半碗服用，蜜和为丸更佳，每20 g一服，白开水送下。

附　注　本品为《中华人民共和国药典》（2020年版）收录的药材。

▲市场上的兴安升麻幼株

▲兴安升麻幼苗

▼兴安升麻种子

◎参考文献◎

[1] 江苏新医学院．中药大辞典（上册）[M]．上海：上海科学技术出版社，1977: 451-454.

[2] 朱有昌．东北药用植物 [M]．哈尔滨：黑龙江科学技术出版社，1989: 374-376.

[3] 《全国中草药汇编》编写组．全国中草药汇编（上册）[M]．北京：人民卫生出版社，1975: 219-220.

▲大三叶升麻幼株

▲大三叶升麻种子

▼大三叶升麻花

大三叶升麻 *Cimicifuga heracleifolia* Kom.

俗　　名　牻牛卡架　窟窿牙根　苦龙芽　苦龙芽菜

药用部位　毛茛科大三叶升麻的根状茎。

原 植 物　多年生草本。根状茎粗壮，表面黑色，茎高1 m或更高，下部微具槽。下部的茎生叶为二回三出复叶；叶片三角状卵形，宽达20 cm；顶生小叶倒卵形至倒卵状椭圆形，长6～12 cm，宽4～9 cm，顶端3浅裂，基部圆形、圆楔形或微心形，边缘有粗齿，侧生小

▲大三叶升麻植株

▲大三叶升麻花序

叶通常斜卵形，叶柄长达 20 cm。茎上部叶通常为一回三出复叶。花序具 2 ~ 9 条分枝，苞片钻形，萼片黄白色，倒卵状圆形至宽椭圆形，长 3 ~ 4 mm，宽 2.5 ~ 3.0 mm；退化雄蕊椭圆形，近膜质，花丝长 3 ~ 6 mm；心皮 3 ~ 5，有短柄。蓇葖长 5 ~ 6 mm，宽 3 ~ 4 mm，下部有细柄；种子通常 2，四周生膜质的鳞翅。花期 7—8 月，果期 8—9 月。

生　境　生于山坡、林缘、疏林下及河岸草地等处。

分　布　黑龙江尚志、五常、牡丹江市区、东宁、宁安、密山、萝北、虎林、绥芬河等地。吉林长白山各地。辽宁宽甸、本溪、桓仁、抚顺、新宾、清原、鞍山、庄河、凌源、建昌等地。内蒙古喀喇沁旗、宁城等地。朝鲜、俄罗斯（西伯利亚）、蒙古。

采　制　春、秋季采挖根状茎，剪去不定根，除去泥土，鲜用或晒干。

性味功效　味辛、甘、微苦，性凉。有发表透疹、清热解毒、升举阳气的功效。

主治用法　用于风热头痛、齿痛、口疮、咽喉肿痛、麻疹不透、阳毒发斑、脱肛、子宫脱垂。水煎服。

用　量　2.5 ~ 15.0 g。

附　注　本品为《中华人民共和国药典》（2020 年版）收录的药材，也为东北地道药材。

▼大三叶升麻果实

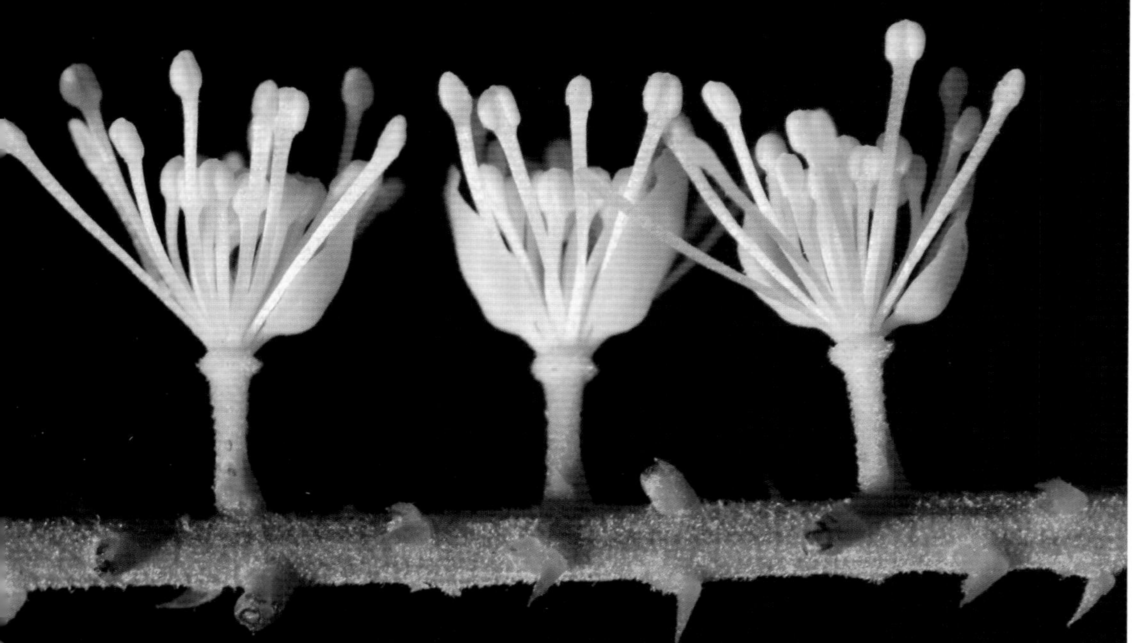

▲大三叶升麻花（侧）

▼大三叶升麻幼苗

◎参考文献◎

[1] 江苏新医学院. 中药大辞典（上册）[M]. 上海：上海科学技术出版社，1977: 451-454.

[2] 朱有昌. 东北药用植物 [M]. 哈尔滨：黑龙江科学技术出版社，1989: 379-380.

[3] 《全国中草药汇编》编写组. 全国中草药汇编（上册）[M]. 北京：人民卫生出版社，1975: 219-220.

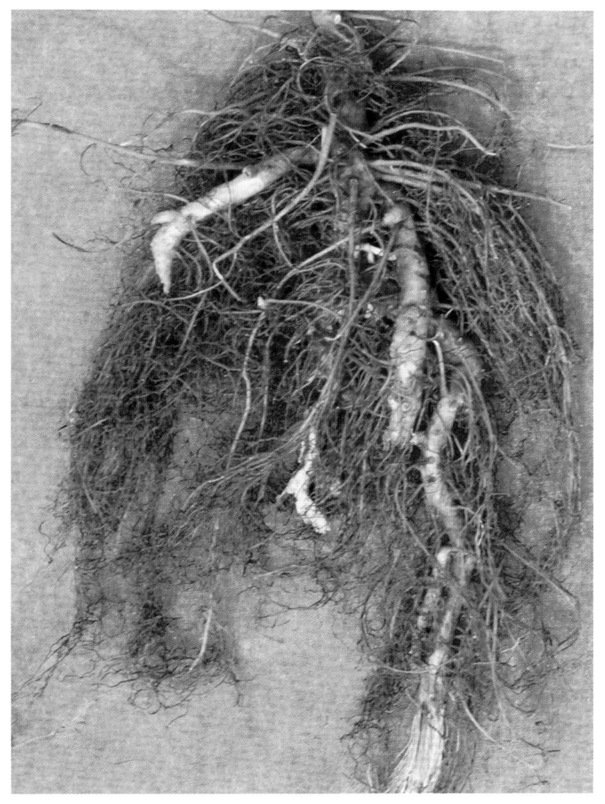

▲大三叶升麻根状茎

▲单穗升麻幼株

▲单穗升麻果实

▼单穗升麻根状茎

单穗升麻 *Cimicifuga simplex* Wormsk.

别　　名　野菜升麻

俗　　名　窟窿牙

药用部位　毛茛科单穗升麻的根状茎（入药称“野升麻”）。

原 植 物　多年生草本。根状茎粗壮，横走，外皮带黑色。茎单一，高 1.0 ~ 1.5 m。下部茎生叶为二至三回三出近羽状复叶；叶片卵状三角形，宽达 30 cm；顶生小叶有柄，宽披针形至菱形，长 4.5 ~ 8.5 cm，宽 2.0 ~ 5.5 cm，常 3 深裂或浅裂，边缘有锯齿，侧生小叶通常无柄，比顶生小叶为小；叶柄长达 26 cm；茎上部叶较小，一至二回羽状三出。总状花序长达 35 cm，不分枝或少数短分枝；苞片钻形，萼片宽椭圆形，长约 4 mm；花药黄白色，花丝长 5 ~ 8 mm，心皮 2 ~ 7。蓇葖长 7 ~ 9 mm，宽 4 ~ 5 mm，被贴伏的短柔毛，下面具长达 5 mm 的柄；种子 4 ~ 8，椭圆形，长约 3.5 mm。花期 7—8 月，果期 8—9 月。

▲单穗升麻群落

▼单穗升麻花序

▲单穗升麻种子

生　境　生于山坡湿草地、灌丛中及河岸边等处。

分　布　黑龙江呼玛、伊春、密山、虎林、宁安、桦川、北安、尚志等地。吉林长白山各地。辽宁丹东市区、宽甸、凤城、本溪、桓仁、抚顺、岫岩、庄河、大连市区等地。内蒙古额尔古纳、根河、牙克石、鄂伦春旗、鄂温克旗、阿尔山、科尔沁右翼前旗、扎鲁特旗、扎赉特旗、克什克腾旗、喀喇沁旗、东乌珠穆沁旗等地。河北、陕西、四川、甘肃。朝鲜、俄罗斯（西伯利亚）、蒙古、日本。

采　　制　春、秋季采挖根状茎，剪去不定根，除去泥土，鲜用或晒干。

性味功效　味甘、辛、微苦，性微寒。有散风解毒、升阳发表、发表透疹的功效。

主治用法　用于伤风咳嗽、喉痛、头痛、斑疹、风热疮痛、久泻脱肛、女子崩带、小儿麻疹等。水煎服。

用　　量　4 ~ 10 g。

◎参考文献◎

[1] 江苏新医学院. 中药大辞典（下册）[M]. 上海: 上海科学技术出版社, 1977: 2131.

[2]《全国中草药汇编》编写组. 全国中草药汇编（上册）[M]. 北京: 人民卫生出版社, 1975: 219-220.

[3] 中国药材公司. 中国中药资源志要 [M]. 北京: 科学出版社, 1994: 321.

▲单穗升麻植株

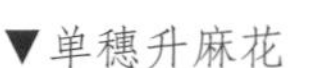

▼单穗升麻花（侧）

▼单穗升麻花

▲大叶铁线莲植株

▼大叶铁线莲瘦果

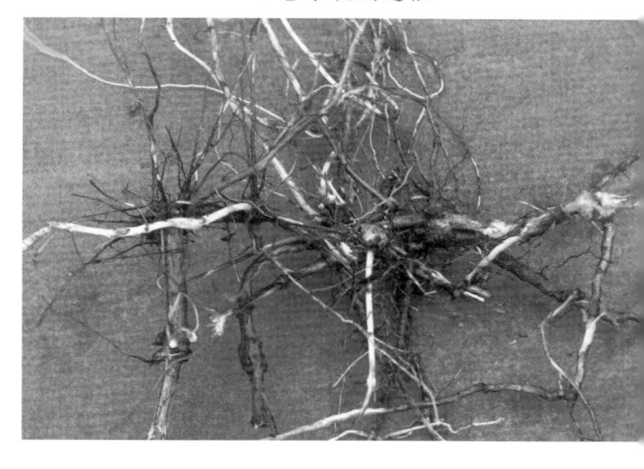

▼卷萼铁线莲根

铁线莲属 *Clematis* L.

大叶铁线莲 *Clematis heracleifolia* DC.

别　　名　木通花

俗　　名　马笼头　升麻幌子　老母猪挂搭子　山葫芦秧　蓝苦龙芽草

药用部位　毛茛科大叶铁线莲的全草。

原 植 物　直立草本或半灌木。高 0.3 ~ 1.0 m，有粗大的主根。茎粗壮，有明显的纵条纹。三出复叶；小叶片亚革质或厚纸质，卵圆形，长 6 ~ 10 cm，宽 3 ~ 9 cm，顶端短尖，基部圆形或楔形，有时偏斜，边缘有不整齐的粗锯齿，主脉及侧脉在叶背面显著隆起；叶柄长达 15 cm；顶生小叶柄长，侧生者短。聚伞花序顶生或腋生，花梗粗壮，每花下有 1 枚线状披针形的苞片；花杂性，雄花与两性花异株；花直径 2 ~ 3 cm，花萼下半部呈管状，顶端常反卷；萼片 4，蓝紫色，长椭圆形至宽线形，雄蕊长约 1 cm，花药线形，与

▲卷萼铁线莲花

▲卷萼铁线莲花（侧）

▲大叶铁线莲幼株

花丝等长，瘦果卵圆形，红棕色。花期8—9月，果期10月。

生　　境　生于山坡沟谷、林边及路旁的灌丛中。

分　　布　辽宁丹东市区、宽甸、凤城、本溪、桓仁、岫岩、庄河、长海、沈阳、朝阳、喀左等地。内蒙古敖汉旗。河北、山东、山西、陕西、河南、安徽、浙江、江苏、湖南、湖北。朝鲜、日本。

采　　制　夏、秋季采收全草，切段，洗净，晒干。

性味功效　味辛，性平。有祛风除湿、解毒消肿的功效。

主治用法　用于肠炎、痢疾、风湿性关节痛、结核性溃疡。水煎服。外用于疮疖肿毒、痔漏，鲜品适量捣烂敷患处。

用　　量　15 ~ 30 g。外用适量。

附　　注　在东北尚有 1 变种：卷萼铁线莲 var. *daviaiana*（Decne. ex Verlot）O. Kuntze，萼片反卷，分布于吉林集安。辽宁丹东市区、凤城、岫岩、庄河、长海、大连市区、盖州、海城、鞍山市区、本溪、抚顺、沈阳、锦州、绥中、兴城、凌源、朝阳市区、建昌、建平等地。其他与原种同。

▼大叶铁线莲果实

▲大叶铁线莲幼苗

◎参考文献◎

[1] 朱有昌．东北药用植物 [M]．哈尔滨：黑龙江科学技术出版社，1989: 379-380.

[2] 中国药材公司．中国中药资源志要 [M]．北京：科学出版社，1994: 326.

[3] 江纪武．药用植物辞典 [M]．天津：天津科学技术出版社，2005: 138.

▲棉团铁线莲群落

▲棉团铁线莲瘦果

▲棉团铁线莲花（5 瓣）

▼棉团铁线莲根

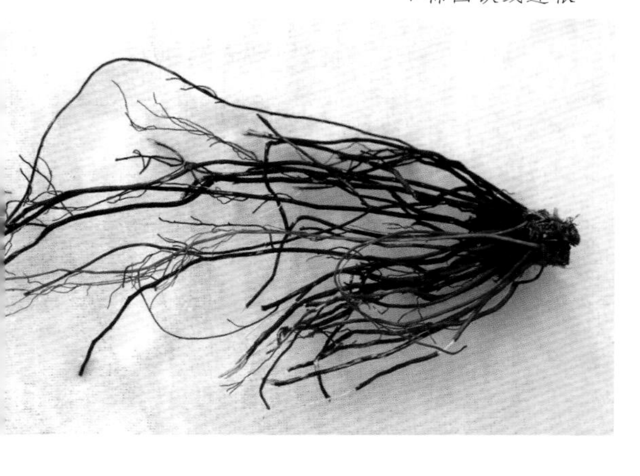

棉团铁线莲 *Clematis hexapetala* Pall.

别　　名　山蓼　野棉花

俗　　名　棉花花　山辣椒秧　棉花子花　野棉花　山棉花　山棉花秧　马笼头　驴笼头菜　棉花团花　棉花茧子　黑汉子腿　山姜　黑薇

药用部位　毛茛科棉团铁线莲的根及根状茎（称“威灵仙”）。

原 植 物　多年生草本。茎直立，高 30 ~ 100 cm。老枝圆柱形，有纵沟；叶片近革质，单叶至复叶，一至二回羽状深裂，长椭圆状披针形至椭圆形，长 1.5 ~ 10.0 cm，宽 0.1 ~ 2.0 cm，顶端锐尖或凸尖，有时钝，全缘，两面或沿叶脉疏生长柔毛或近无毛，网脉突出。花序顶生，聚伞花序或为总状、圆锥状聚伞花序，有时花单生，花直径 2.5 ~ 5.0 cm；萼片 4 ~ 8，通常 6，白色，长

▲棉团铁线莲植株

▲棉团铁线莲幼苗

▲棉团铁线莲幼株

椭圆形或狭倒卵形，长 1.0 ~ 2.5 cm，宽 0.3 ~ 1.5 cm，外面密生绵毛，花蕾时像棉花球，内面无毛；雄蕊无毛。瘦果倒卵形，扁平，密生柔毛，宿存花柱长 1.5 ~ 3.0 cm，有灰白色长柔毛。花期 6—8 月，果期 8—10 月。

生　　境　生于干燥的山坡、草地、灌丛及固定沙地等处。

分　　布　黑龙江各地。吉林省各地。辽宁本溪、鞍山、瓦房店、大连市区、沈阳市区、昌图、西丰、法库、北镇、义县、建平、建昌、凌源、彰武、绥中、兴城等地。内蒙古额尔古纳、陈巴尔虎旗、牙克石、鄂伦春旗、鄂温克旗、阿尔山、扎赉特旗、扎鲁特旗、科尔沁左翼后旗、科尔沁右翼中旗、科尔沁右翼前旗、奈曼旗、阿鲁科尔沁旗、克什克腾旗、巴林左旗、巴林右旗、翁牛特旗、喀喇沁旗、敖汉旗、宁城、东乌珠穆沁旗、西乌珠穆沁旗、镶黄旗、多伦等地。河北、山西、陕西、甘肃。朝鲜、俄罗斯（西伯利亚）、蒙古。

▼棉团铁线莲果实

采　　制　春、秋季采挖根及根状茎，除去泥土，洗净，晒干，切段，生用。

性味功效　味辛、咸，性温。有毒。有祛风除湿、通经活络、消痰涎、散癖疾的功效。

主治用法　用于风湿性关节炎、半身不遂、胃寒痛、疟疾、破伤风、扁桃体炎、偏头痛、牙痛、黄疸型肝炎、丝虫病、角膜溃疡、面神经麻痹、神经痛、鱼刺鲠喉及跌打损伤等。水煎服，浸酒或入丸、散，或研末冲服。外用捣烂敷患处。

用　量　10 ~ 15 g。

附　方

（1）治风湿性关节炎：威灵仙、苍术各 15 g，制草乌 7.5 g，水煎服。又方：威灵仙 500 g，切碎，和白酒 1.5 L，放入锅内隔水炖 0.5 h 取出，过滤后备用。每次 10 ~ 20 ml，日服 3 ~ 4 次。

▲棉团铁线莲花（8 瓣）

（2）治急性扁桃体炎：鲜威灵仙（或单用茎叶）100 g（干品用 50 g），煎汤服或当茶饮。

（3）治黄疸型急性传染性肝炎：威灵仙 15 g，研粉，鸡蛋 1 个，二者搅匀，用菜油或麻油煎后，1 次服，每日 3 次，连服 3 d。忌牛肉、猪肉及酸辣。

（4）治角膜溃疡：鲜威灵仙根适量，洗净，捣烂，塞于患眼对侧鼻孔内，待鼻内有辣感时取出，每日 3 次。

（5）治丝虫病：鲜威灵仙根 500 g，红糖 500 g，白酒 100 ml。将根切碎煮半小时后过滤，再将红糖及白酒与药汁混匀，煎熬片刻即可。总量共分 10 次服完，每日早、晚各服 1 次，连服 5 d。小儿用量酌减。

（6）治破伤风：威灵仙 25 g，独头蒜 1 个，芝麻油 5 g。一同捣烂，热酒冲服，使之出汗。

附　注　本品为《中华人民共和国药典》（2020 年版）收录的药材，也为东北地道药材。

▼棉团铁线莲花（9 瓣）

▼棉团铁线莲花（6 瓣）

◎参考文献◎

[1] 江苏新医学院．中药大辞典（下册）[M]．上海：上海科学技术出版社，1977: 1632-1635.

[2] 朱有昌．东北药用植物 [M]．哈尔滨：黑龙江科学技术出版社，1989: 380-382.

[3]《全国中草药汇编》编写组．全国中草药汇编（上册）[M]．北京：人民卫生出版社，1975: 613-614.

▲转子莲植株

▲转子莲根

▼转子莲瘦果

▲转子莲花（背）

转子莲 *Clematis patens* Morr. et Decne

别　　名　大花铁线莲

药用部位　毛茛科转子莲的根。

原 植 物　多年生草质藤本。须根密集，红褐色。茎圆柱形，长约 1 m，表面有 6 条纵纹。羽状复叶；小叶片常 3，卵圆形或卵状披针形，长 4.0 ~ 7.5 cm，宽 3 ~ 5 cm，顶端渐尖或钝尖，

生　　境　生于杂木林下、林缘、草坡及灌丛中。

分　　布　吉林集安。辽宁本溪、宽甸、桓仁、凤城、东港、大连市区、庄河等地。山东。朝鲜、日本。

采　　制　春、秋季采挖根，除去杂质，洗净，晒干。

性味功效　有祛瘀、利尿、解毒、消肿、止痛的功效。

用　　量　适量。

▼转子莲幼株

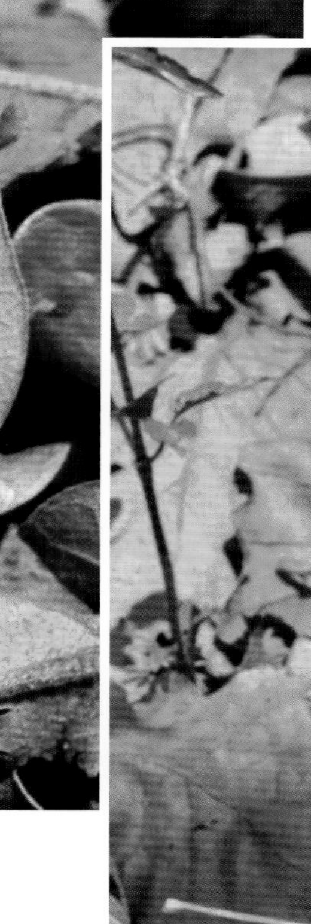

▲转子莲幼苗

基部常圆形，基出主脉 3 ~ 5，在背面微突起，小叶柄常扭曲，长 1.5 ~ 3.0 cm，顶生的小叶柄常较长，侧生者微短；叶柄长 4 ~ 6 cm。单花顶生；无苞片；花大，直径 8 ~ 14 cm；萼片 8，白色或淡黄色，长 4 ~ 6 cm，宽 2 ~ 4 cm，顶端圆形，有长约 2 mm 的尖头，基部渐狭，雄蕊长达 1.7 cm，花药黄色，长约 1 cm；子房狭卵形，长约 1.3 cm。瘦果卵形，宿存花柱长 3.0 ~ 3.5 cm，被金黄色长柔毛。花期 5—6 月，果期 6—7 月。

▲转子莲花

▼转子莲果实

◎参考文献◎

[1] 中国药材公司. 中国中药资源志要 [M]. 北京: 科学出版社, 1994: 329.
[2] 江纪武. 药用植物辞典 [M]. 天津: 天津科学技术出版社, 2005: 189.

▲辣蓼铁线莲居群

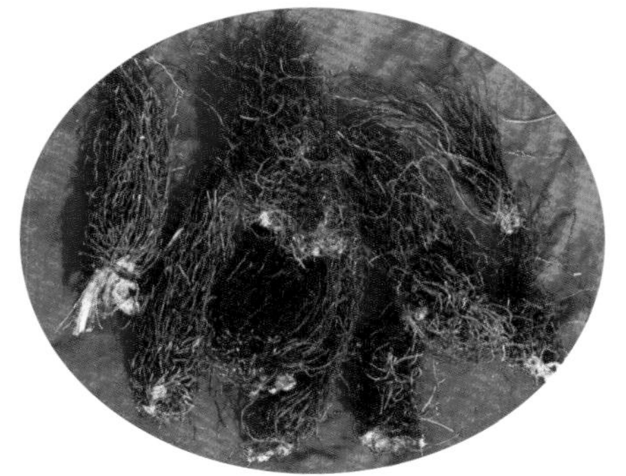

▲市场上的辣蓼铁线莲根

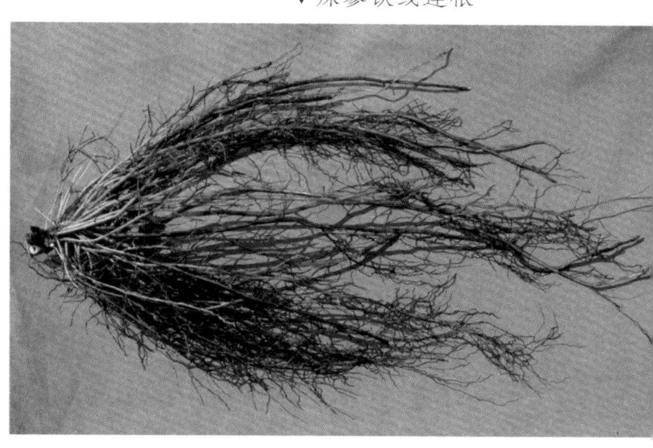

▼辣蓼铁线莲根

▼辣蓼铁线莲瘦果

辣蓼铁线莲 *Clematis terniflora* DC. var. *mandshurica*（Rupr.）Ohwi

别　　名　东北铁线莲

俗　　名　山辣椒秧子　驴笼头菜根　黑薇　山姜　驴马笼头　驴笼头　驴笼棵　风车草　野辣椒秧

药用部位　毛茛科辣蓼铁线莲的根及根状茎（称“威灵仙”）。

原 植 物　多年生草质藤本类。长 1 ~ 3 m。茎圆柱形，有细棱，节上有白柔毛。叶为一至二回羽状复叶，小叶柄长 1 ~ 4 cm；小叶卵形或披针状卵形，长 2 ~ 8 cm，宽 1 ~ 5 cm，先端渐尖，基部圆形或略呈心形，全缘，叶片近革质，无毛或沿脉疏被毛。圆锥花序，长可达 20 cm；轴及花梗疏被毛，花梗近基部生一对小苞片，线状披针形，被硬毛；萼片 4 ~ 5，白色，长圆形至倒卵

▲辣蓼铁线莲花序

辣蓼铁线莲花（重瓣）►

▼辣蓼铁线莲花（背）

状长圆形，长1.0～1.5 cm，宽约0.5 cm，沿边缘密被白色茸毛；雄蕊多数，比萼片短；心皮多数，被白色柔毛。瘦果卵形，先端有宿存花柱，长2.5～3.0 cm，弯曲，被白色柔毛。花期6—8月，果期7—9月。

生　境　生于山坡灌丛、杂木林缘或林下。

分　布　黑龙江大兴安岭、小兴安岭、张广才岭、完达山、老爷岭等地。吉林长白山各地。辽宁本溪、桓仁、丹东市区、宽甸、凤城、抚顺、清原、西丰、昌图、鞍山、庄河、长海、大连市区、锦州市区、北镇等地。内蒙古莫力达瓦旗。河北、山西。朝鲜、俄罗斯（西伯利亚中东部）。

采　制　春、秋季采挖根及根状茎，除去泥土，洗净，晒干，切段，生用。

性味功效　味辛、咸，性温。有祛风湿、通经络、止痛的功效。

▲辣蓼铁线莲植株

▲辣蓼铁线莲幼株

主治用法 用于风湿性关节炎、神经痛、四肢麻木、肢体疼痛、跌打损伤、筋脉拘挛、屈伸不利、鱼刺鲠喉、黄疸型肝炎及荨麻疹等。水煎服，浸酒或入丸、散，或研末冲服。外用捣烂敷患处。

用　　量 5 ~ 10 g。外用适量。

附　　注

（1）本品为《中华人民共和国药典》（2020 年版）收录的药材，也为东北地道药材。

（2）本品含有白头翁素和原白头翁素等有毒成分，可引起皮肤发疱和过敏性皮炎。人若大量误食后会引起中毒，其主要症状是口腔灼热肿烂、呕吐、腹痛、腹泻、胃脘灼痛、呼吸困难、反复呕血、面色苍白、冒冷汗、血压下降、心音低弱、神志不清、口唇发绀、脉缓、瞳孔散大、低血容量休克，严重者会死亡。

◎参考文献◎

[1] 江苏新医学院. 中药大辞典（下册）[M]. 上海: 上海科学技术出版社，1977: 1632-1635.

[2] 朱有昌. 东北药用植物 [M]. 哈尔滨: 黑龙江科学技术出版社，1989: 384-385.

[3]《全国中草药汇编》编写组. 全国中草药汇编(上册) [M]. 北京: 人民卫生出版社，1975: 613-614.

▲辣蓼铁线莲果实

▲市场上的辣蓼铁线莲幼株

▲褐毛铁线莲植株

▲褐毛铁线莲瘦果

▼褐毛铁线莲花

▼褐毛铁线莲果实

褐毛铁线莲 *Clematis fusca* Turcz.

药用部位 毛茛科褐毛铁线莲的全草及根。

原 植 物 多年直立草本或藤本。长 0.6 ~ 2.0 m。茎表面暗棕色或紫红色。羽状复叶，连叶柄长 10 ~ 15 cm，有小叶 5 ~ 9，顶端小叶有时变成卷须；小叶片卵圆形、宽卵圆形至卵状披针形，长 4 ~ 9 cm，宽 2 ~ 5 cm，顶端钝尖，基部圆形或心形，边缘全缘或 2 ~ 3 分裂；小叶柄长 1 ~ 2 cm；叶柄长 2.5 ~ 4.5 cm。聚伞花序腋生，花 1 ~ 3；花钟状，下垂，直径 1.5 ~ 2.0 cm；萼片 4，卵圆形或长方椭圆形，长 2 ~ 3 cm，宽 0.7 ~ 1.2 cm，内面淡紫色，雄蕊较萼片为短，花丝线形，花药线形，花柱被绢状毛。瘦果扁平，棕色，宽倒卵形，宿存花柱长达 3 cm，被开展的黄色柔毛。花期 7—8 月，果期 8—9 月。

▲紫花铁线莲花

▼褐毛铁线莲花（侧）

▼褐毛铁线莲花（重瓣）

生　　境　生于山坡林内、林缘、灌丛及草坡上。

分　　布　黑龙江各地。吉林长白山和西部草原各地。辽宁清原、凤城、岫岩、庄河、瓦房店、大连市区、辽阳、北镇、义县、凌源等地。内蒙古鄂伦春旗、阿荣旗、扎兰屯、扎赉特旗等地。朝鲜、日本、俄罗斯（西伯利亚中东部）。

采　　制　夏、秋季采收全草，除去杂质，切段，洗净，鲜用或晒干。春、秋季采挖根，除去泥土，洗净，鲜用或晒干。

性味功效　全草：有活血祛瘀、消肿止痛的功效。根：有祛风湿、调经的功效。

主治用法　全草：用于风湿性关节炎、周身疼痛等。根：用于筋骨麻木、月经不调等。

用　　量　全草：5～15 g。根：5～15 g。

附　　注　在东北尚有 1 变型：

紫花铁线莲 var. *violacea* Maxim.，花梗及萼片外面无毛或多少被茸毛，萼片暗紫红色，其他与原种同。

◎参考文献◎

[1] 严仲铠，李万林．中国长白山药用植物彩色图志 [M]．北京：人民卫生出版社，1997: 169-170.

[2] 中国药材公司．中国中药资源志要 [M]．北京：科学出版社，1994: 325.

[3] 江纪武．药用植物辞典 [M]．天津：天津科学技术出版社，2005: 188.

▲芹叶铁线莲果实

芹叶铁线莲 *Clematis aethusifolia* Turcz.

别　　名　细叶铁线莲

俗　　名　断肠草

药用部位　毛茛科芹叶铁线莲的全草。

原 植 物　多年生草质藤本。长 0.5 ~ 4.0 m。茎纤细，有纵沟纹。二至三回羽状复叶或羽状细裂，连叶柄长 7 ~ 10 cm，稀达 15 cm，末回裂片线形，宽 2 ~ 3 mm，顶端渐尖或钝圆；小叶柄短或长 0.5 ~ 1.0 cm，边缘有时具翅；小叶间隔 1.5 ~ 3.5 cm；叶柄长 1.5 ~ 2.0 cm。聚伞花序腋生，常花 1 ~ 3；苞片羽状细裂；几花钟状下垂，直径 1.0 ~ 1.5 cm；萼片 4，淡黄色，长方椭圆形或狭卵形，长 1.5 ~ 2.0 cm，宽 5 ~ 8 mm，雄蕊长为萼片 1/2，花丝扁平，子房扁平，花柱被绢状毛。瘦果扁平，宽卵形或圆形，成熟后棕红色，长 3 ~ 4 mm，被短柔毛，宿存花柱长 2.0 ~ 2.5 cm，密被白色柔毛。花期 7—8 月，果期 9—10 月。

生　　境　生于山坡及水沟边等处。

分　　布　内蒙古莫力达瓦旗、科尔沁右翼前旗、克什克腾旗、西乌珠穆沁旗、苏尼特左旗、正蓝旗、太仆寺旗等地。河北、山西、陕西、宁夏、甘肃、青海。俄罗斯、蒙古。

▲芹叶铁线莲植株

采　　制　夏、秋季采收全草，洗净，鲜用或晒干。

性味功效　味辛，性温。有祛风利湿、解毒止痛的功效。

主治用法　用于风湿性疼痛、下肢水肿、痈疖肿毒等。水煎服。外用煎水洗或捣烂敷患处。

用　　量　3 ~ 9 g。外用适量。

附　　方　治风湿性关节炎：芹叶铁线莲 500 g，煎水熏洗患病关节，每日 1 次。

附　　注　本品有毒，中药多作为外洗药，内服勿过量。

◎参考文献◎

[1] 钱信忠．中国本草彩色图鉴（第三卷）[M]．北京：人民卫生出版社，2003: 58-59.

[2] 中国药材公司．中国中药资源志要 [M]．北京：科学出版社，1994: 321-322.

[3] 江纪武．药用植物辞典 [M]．天津：天津科学技术出版社，2005: 186-187.

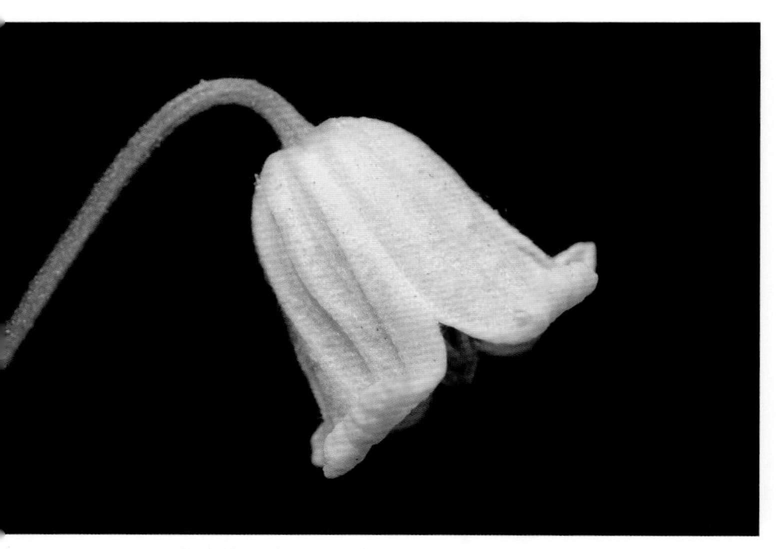

▲芹叶铁线莲花（侧）

▲芹叶铁线莲花

▲齿叶铁线莲植株（果期，前期）

▲齿叶铁线莲瘦果

齿叶铁线莲 *Clematis serratifolia* Rehd.

药用部位 毛茛科齿叶铁线莲的根状茎。

原 植 物 草质藤本。茎细长，带紫褐色，有明显纵条纹。二回三出复叶；小叶片宽披针形，长 3 ~ 8 cm，宽 1 ~ 3 cm，顶端长渐尖，顶生小叶片基部为不对称的圆楔形，边缘有不整齐的锯齿状牙齿，两面无毛；叶柄长 4 ~ 6 cm。聚伞花序腋生，有花 3，花梗细长，小苞片小，叶状，长圆状披针形或披针形，全缘或有数个牙齿；萼片 4，黄色，斜上展，卵状长圆形或椭圆状披针形，长 1.2 ~ 2.5 cm，宽 0.6 ~ 1.0 cm，顶端尖，常呈钩状弯曲，花丝扁平，花药长圆形。瘦果椭圆形，长约 3 mm，两端稍尖，被柔毛，宿存花柱长约 3 cm，有长柔毛。花期 8 月，果期 9—10 月。

生　　境 生于干旱山坡、灌丛或多石砾河岸等处，常聚集成片生长。

分　　布 黑龙江尚志、五常等地。吉林长白山各地。辽宁丹东市区、宽甸、凤城、本溪、桓仁、岫岩、庄河、抚顺、新宾、清原、西丰、凌源等地。朝鲜、俄罗斯（西伯利亚中东部）、日本。

▼齿叶铁线莲幼株

▲齿叶铁线莲果实

▲齿叶铁线莲植株（果期，后期）

▲齿叶铁线莲花

▲齿叶铁线莲花（侧）

采　　制　春、秋季采挖根状茎，除去泥土，洗净，晒干。

性味功效　有祛风利湿、利尿止泻的功效。

主治用法　用于风湿症、腹胀肠鸣、肾炎、腹泻、肠炎等。

用　　量　适量。

◎参考文献◎

[1] 江纪武. 药用植物辞典 [M]. 天津: 天津科学技术出版社, 2005: 190.

▲齿叶铁线莲植株（花期）

▲黄花铁线莲植株

黄花铁线莲 *Clematis intricata* Bge.

▼黄花铁线莲花（背）

别　　名　狗豆蔓　萝萝蔓

俗　　名　透骨草　狗肠子　狗断肠

药用部位　毛茛科黄花铁线莲的全草及叶。

原 植 物　草质藤本。茎纤细，多分枝，有细棱。一至二回羽状复叶；小叶有柄，2～3全裂或深裂，浅裂，中间裂片线状披针形，长1.0～4.5 cm，宽0.2～1.5 cm，顶端渐尖，基部楔形，全缘或有少数牙齿，两侧裂片较短，下部常2～3浅裂。聚伞花序腋生，通常花3，有时单花；花序梗较粗，长1.2～3.5 cm，中间花梗无小苞片，侧生花梗下部有2片对生的小苞片，苞片叶状，较大，全缘或2～3浅裂至全裂；萼片4，黄色，狭卵形或长圆形，顶端尖，长1.2～2.2 cm，宽4～6 mm，两面无毛，花丝线形。瘦果卵形至椭圆状卵形，扁，宿存花柱长3.5～5.0 cm，被长柔毛。花期6—7月，果期8—9月。

生　　境　生于山坡、草地、路边及灌木丛中。

分　　布　吉林集安、安图等地。辽宁本溪、宽甸、桓仁、凌源、建昌、建平、喀左等地。内蒙古苏尼特左旗、苏尼特右旗。河北、山西、陕西、宁夏、青海、甘肃等。

采　　制　夏、秋季采收全草及采摘叶，洗净，鲜用或晒干。

性味功效　味辛，性温。有小毒。有祛风湿、解毒、止痛的功效。

主治用法　用于风湿筋骨疼痛、疮疖疼痛、痒疹、疥癞、消化不良、呕吐、肠痈痞块等。水煎服或浸酒。

▲黄花铁线莲果实

外用适量煎水洗或捣烂敷患处。

用　　量　10 ~ 15 g。外用适量。

附　　方

（1）治风湿关节痛：鲜黄花铁线莲叶适量，捣烂敷贴患处，纱布包扎，轻症敷 1 ~ 2 h，病程 5 年以上者敷 3 ~ 6 h。

（2）治慢性风湿性关节炎：黄花铁线莲配秦艽、羌活、五加皮，泡酒服。

（3）治慢性风湿性关节炎、关节疼痛：黄花铁线莲 15 g，水煎服。

（4）治牛皮癣：黄花铁线莲鲜全草加白矾适量，捣烂涂患处（内蒙古民间方）。

附　　注　本品不宜久敷，敷 6 h 以后可能起水疱，局部肿胀。若已起水疱，应在消毒后用针刺破放水。

◎参考文献◎

[1] 江苏新医学院．中药大辞典（下册）[M]．上海：上海科学技术出版社，1977: 2079.
[2] 中国药材公司．中国中药资源志要 [M]．北京：科学出版社，1994: 326-327.
[3] 江纪武．药用植物辞典 [M]．天津：天津科学技术出版社，2005: 188.

▲黄花铁线莲花（侧）

▲黄花铁线莲花

▲短尾铁线莲花序

▼短尾铁线莲果实

▼短尾铁线莲花

短尾铁线莲 *Clematis brevicaudata* DC.

别　　名　林地铁线莲

药用部位　毛茛科短尾铁线莲的根状茎及茎叶（入药称“红钉耙藤”）。

原 植 物　草质藤本。枝有棱，小枝疏生短柔毛或近无毛。一至二回羽状复叶或二回三出复叶，有小叶 5 ~ 15，有时茎上部为三出叶；小叶片长卵形、卵形至宽卵状披针形或披针形，长 1 ~ 6 cm，宽 0.7 ~ 3.5 cm，顶端渐尖或长渐尖，基部圆形、截形至浅心形，有时楔形，边缘疏生粗锯齿或牙齿，有时 3 裂，两面近无毛或疏生短柔毛。圆锥状聚伞花序腋生或顶生，常比叶短；花梗长 1.0 ~ 1.5 cm，有短柔毛；花直径 1.5 ~ 2.0 cm；萼片 4，开展，白色，狭倒卵形，两面均有短柔毛，内面较疏或近无毛；雄蕊无毛，花药长 2.0 ~ 2.5 mm。瘦果卵形，密生柔毛，宿存花柱长 1.5 ~ 3.0 cm。花期 8—9 月，果期 9—10 月。

生　　境　生于山坡疏林内林缘及灌丛等处。

分　　布　黑龙江伊春、尚志、五常、宁安、东宁等地。吉林通化、安图、蛟河、敦化、汪清、前郭、扶余等地。辽宁庄河、海城、瓦房店、大连市区、营口、新民、建昌、凌源等地。内蒙古鄂伦春旗、鄂温克旗、阿尔山、科尔沁右翼前旗、科尔沁右翼中旗、科尔沁左翼后旗、阿鲁科尔沁旗、巴林左旗、巴林右旗、克什克腾旗、喀喇沁旗、翁牛特旗、敖汉旗、多伦、太仆寺旗等地。河北、河南、浙江、江苏、山西、陕西、宁夏、四川、甘肃、青海。朝鲜、俄罗斯（西伯利亚中东部）、蒙古、日本。

采　　制　夏、秋季采收根状茎，除去泥沙，洗净，晒干药用。夏、秋季采收茎叶，洗净，晒干。

性味功效　根状茎：味辛、微苦，性温。有除湿热，壮筋骨的功效。茎叶：味苦，性凉。有除湿热、利小便的功效。

主治用法　根状茎：用于跌打损伤、风湿痛。水煎服。孕妇禁忌。茎叶：用于小便短涩、尿路感染、腹中胀痛、五淋等。水煎服。

用　　量　根状茎：9 ~ 20 g。茎叶：10 ~ 20 g。

◎参考文献◎

[1] 江苏新医学院．中药大辞典（上册）[M]．上海：上海科学技术出版社，1977: 1015.

[2] 中国药材公司．中国中药资源志要 [M]．北京：科学出版社，1994: 323.

[3] 江纪武．药用植物辞典 [M]．天津：天津科学技术出版社，2005: 187.

▲短尾铁线莲花（侧）

▲短尾铁线莲植株

▲朝鲜铁线莲植株

▼朝鲜铁线莲根

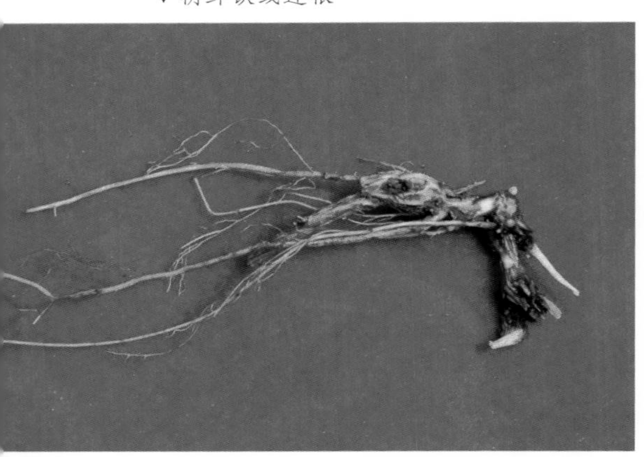

▼朝鲜铁线莲花（侧）

朝鲜铁线莲 *Clematis koreana* Kom.

药用部位 毛茛科朝鲜铁线莲的根。

原 植 物 木质藤本或亚灌木。茎圆柱形，当年生枝基部有宿存的芽鳞，披针形，长 1 ~ 2 cm。三出复叶；小叶片广卵圆形至近圆形，长 6 ~ 9 cm，宽 5 ~ 7 cm，顶端渐尖或短尖，中央小叶片常 3 裂，基部心形，两侧的叶片常偏斜，边缘有粗大牙齿；小叶柄长 1.0 ~ 2.5 cm；叶柄长 4 ~ 7 cm，上面有槽。花单生于叶腋或枝顶，花梗粗壮，长 8 ~ 11 cm，花萼钟状，微开展，下垂；萼片 4，淡黄色，卵状披针形至长卵圆形，长 1.8 cm，宽 5 ~ 8 mm，先端渐尖，退化雄蕊线形，中部加宽成匙状，雄蕊花丝被毛，花药内向，药隔有毛。瘦果倒卵形，棕红色，宿存花柱有浅灰色长柔毛。花期 5—6 月，果期 7—8 月。

生　　境 生于红松林及针阔叶混交林内及灌木丛中。

分　　布 吉林安图、珲春、敦化、临江、集安等地。辽宁本溪、宽甸、桓仁、庄河等地。朝鲜。

采　　制 夏、秋季采收根，去除泥沙，洗净，晒干药用。

性味功效 有祛风湿、通经络的功效。

▲朝鲜铁线莲花

▼朝鲜铁线莲果实

用　　量　适量。

附　　注　果实上的柔毛压成粉末能治疮及痔疮。

◎参考文献◎

[1] 中国药材公司．中国中药资源志要[M]．北京：科学出版社，1994: 327.

[2] 江纪武．药用植物辞典[M]．天津：天津科学技术出版社，2005: 189.

▲西伯利亚铁线莲植株

▲西伯利亚铁线莲果实

西伯利亚铁线莲 *Clematis sibirica*（L.）Mill.

药用部位 毛茛科西伯利亚铁线莲的茎枝（入药称"新疆木通"）。

原 植 物 亚灌木。长达 3 m。根棕黄色。茎圆柱形，当年生枝基部有宿存的鳞片。二回三出复叶，小叶片卵状椭圆形，长 3 ~ 6 cm，宽 1.2 ~ 2.5 cm，中部有整齐的锯齿，叶脉在背面微隆起；小叶柄长 3 ~ 5 cm。单花，花梗长 6 ~ 10 cm，无苞片；花钟状下垂，直径 3 cm；萼片 4，淡黄色，长方椭圆形或狭卵形，长 3 ~ 6 cm，宽 1.0 ~ 1.5 cm，质薄，脉纹明显；退化雄蕊花瓣状，长仅为萼片 1/2，条形，顶端较宽，呈匙状，钝圆，花丝扁平，中部增宽，两端渐狭，花药长方椭圆形，内向着生，子房被短柔毛，花柱被绢状毛。瘦果倒卵形，宿存花柱长 3.0 ~ 3.5 cm，有黄色柔毛。花期 6—7 月，果期 7—8 月。

▼西伯利亚铁线莲花（淡绿色）

生　　境 生于林边、路边及云杉林下。

分　　布 黑龙江伊春、逊克、尚志、呼玛、塔河等地。吉林安图。内蒙古根河、牙克石、鄂伦春旗、阿尔山、科尔沁右翼前旗等地。新疆。朝鲜、俄罗斯（西伯利亚）。

采　　制 夏、秋季采收茎枝，洗净，切段，鲜用或晒干。

▲西伯利亚铁线莲花

性味功效 味淡，性微寒。无毒。有清心火、泄湿热、通血脉的功效。

主治用法 用于尿道炎、小便不利、急性膀胱炎、尿血、尿道涩痛、大便秘结等。水煎服。

用　　量 5 ~ 10g。

附　　注 根可治疗风湿。

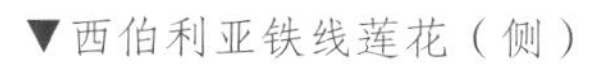

▼西伯利亚铁线莲花（侧）

◎参考文献◎

[1] 江苏新医学院．中药大辞典（下册）[M]．上海：上海科学技术出版社，1977：2505.

[2] 中国药材公司．中国中药资源志要 [M]．北京：科学出版社，1994：331.

[3] 江纪武．药用植物辞典 [M]．天津：天津科学技术出版社，2005：190.

▲半钟铁线莲花

▼半钟铁线莲花（侧）

半钟铁线莲 *Clematis sibirica var. ochotensis*（Pall.）S. H. Li et Y. Hui Huang

药用部位 毛茛科半钟铁线莲的根。

原 植 物 木质藤本。茎圆柱形，幼时浅黄绿色，当年生枝基部及叶腋有宿存的芽鳞，长 5 ~ 7 mm，宽 2 ~ 3 mm，顶端有尖头。三出复叶至二回三出复叶；小叶片 3 ~ 9，窄卵状披针形至卵状椭圆形，长 3 ~ 7 cm，宽 1.5 ~ 3.0 cm，常全缘，侧生的小叶常偏斜；小叶柄短；叶柄长 3 ~ 6 cm。花单生，钟状，直径 3.0 ~ 3.5 cm；萼片 4，淡蓝色，长方椭圆形至狭倒卵形，长 2.2 ~ 4.0 cm，宽 1 ~ 2 cm，退化雄蕊呈匙状条形，长约为萼片 1/2 或更短，顶端圆形，宽 2 ~ 4 mm；花丝线形而中部较宽，心皮 30 ~ 50。瘦果倒卵形，棕红色，微被淡黄色短柔毛，宿存花柱长

▲半钟铁线莲植株

▼半钟铁线莲果实

达 4.0 ~ 4.5 cm。花期 5—6 月，果期 7—8 月。

生　　境　生于山谷、林边及灌丛中。

分　　布　黑龙江阿城、伊春、尚志、五常、东宁、宁安等地。吉林安图、抚松等地。内蒙古科尔沁右翼前旗、克什克腾旗、宁城等地。河北、山西。朝鲜、俄罗斯（西伯利亚中东部）、日本。

采　　制　夏、秋季采收根，去除泥沙，洗净，晒干药用。

性味功效　有祛风湿的功效。

主治用法　用于风湿痛。水煎服。孕妇禁忌。

用　　量　9 ~ 20 g。

◎参考文献◎

[1] 江纪武. 药用植物辞典 [M]. 天津：天津科学技术出版社，2005: 189.

▲高山铁线莲植株

高山铁线莲 *Clematis nobilis* Nakai

药用部位 毛茛科高山铁线莲的根。

▲高山铁线莲果实

原 植 物 多年生草本。高6～20 cm。茎基部平卧。二回三出羽状复叶，叶柄细长，长3～5 cm，疏被白色柔毛或近无毛，叶卵形，长约5 cm，宽4.0～4.5 cm，小叶卵状披针形至狭卵形，具短柄或近无柄，羽状分裂，具少数缺刻状牙齿或近全缘，表面绿色，近无毛，背面色淡，疏被柔毛，叶脉明显。花单生，下垂；萼片披针形，长3.2～3.8 cm，淡蓝紫色；退化雄蕊两轮，长1.2 cm，先端匙形，雄蕊多数，药隔通常伸长。瘦果菱状倒卵形，长约3 mm，宽约2 mm，两面稍臌，被毛，宿存花柱长约3 cm，被灰白色羽毛。花期6—7月，果期8—9月。

生　　境 生于高山冻原、岳桦林缘或针叶林下。

▲高山铁线莲花（藕荷色）

▲高山铁线莲花（侧）

分　　布　吉林安图、抚松、长白。朝鲜。

采　　制　夏、秋季采收根，去除泥沙，洗净，晒干药用。

性味功效　有祛风湿的功效。

主治用法　用于风湿痛。水煎服。孕妇禁忌。

用　　量　9 ~ 20 g。

◎参考文献◎

[1] 江纪武．药用植物辞典 [M]．天津：天津科学技术出版社，2005: 189.

▼高山铁线莲花（银灰色）

▲长瓣铁线莲枝条

▼长瓣铁线莲花（侧）

▼长瓣铁线莲花

长瓣铁线莲 *Clematis macropetala* Ledeb.

别　　名　大瓣铁线莲　大萼铁线莲

药用部位　毛茛科长瓣铁线莲的枝条。

原 植 物　木质藤本。长约2m。二回三出复叶，小叶片9，纸质，卵状披针形或菱状椭圆形，长2.0～4.5 cm，宽1.0～2.5 cm，小叶柄短；叶柄长3.0～5.5 cm。花单生，花梗长8.0～12.5 cm，花萼钟状，直径3～6 cm；萼片4，蓝色或淡紫色，狭卵形或卵状披针形，长3～4 cm，宽1.0～1.5 cm，顶端渐尖，脉纹呈网状，两面均能见；雄蕊花丝线形，长1.2 cm，宽2 mm，外面及边缘被短柔毛，花药黄色，长椭圆形，内向着生，药隔被毛。瘦果倒卵形，长5 mm，粗2～3 mm，疏被柔毛，宿存花柱长4.0～4.5 cm，向下弯曲，被灰白色长柔毛。花期7月，果期8月。

生　　境　生于荒山坡、草坡岩石缝中及林下。

分　　布　黑龙江漠河、塔河、呼玛、黑河、嘉荫等地。吉林安图。辽宁建昌。内蒙古鄂伦春旗、阿尔山、科尔沁右翼前旗、阿鲁科尔沁旗、克什克腾旗、西乌珠穆沁旗等地。河北、山西、陕西、宁夏、甘肃、青海。俄罗斯（西伯利亚中东部）、蒙古。

采　　制　夏、秋季采收枝条，除去杂质，切段，洗净，鲜用或晒干。

性味功效　有消食健胃、散结的功效。茎有利尿通淋的功效。

主治用法　用于消化不良、恶心、疮疖等。水煎服。

用　　量　适量。

◎参考文献◎

[1] 中国药材公司．中国中药资源志要[M]．北京：科学出版社，1994: 328.

[2] 江纪武．药用植物辞典[M]．天津：天津科学技术出版社，2005: 189.

▲长瓣铁线莲果实

▲长瓣铁线莲植株

▲灌木铁线莲枝条

灌木铁线莲 *Clematis fruticosa* Turcz.

药用部位 毛茛科灌木铁线莲的枝条。

▼灌木铁线莲花

原植物 直立小灌木。高达 1 m。枝有棱，紫褐色，有短柔毛，后变无毛。单叶对生或数叶簇生，叶柄长 0.3 ~ 1.0 cm 或几无柄，叶片薄革质，狭三角形或披针形，长 1.5 ~ 6.0 cm，宽 0.5 ~ 3.0 cm，顶端锐尖，边缘疏生锯齿状牙齿，下半部常成羽状深裂以至全裂，裂片有小牙齿或小裂片，或为全缘。花单生，萼片 4，斜上展，呈钟状，黄色，长椭圆状卵形至椭圆形，长 1.0 ~ 2.5 cm，宽 3.5 ~ 10.0 mm，顶端尖，外面边缘密生茸毛，中间近无毛或稍有短柔毛；雄蕊无

▲灌木铁线莲植株

毛，花丝披针形，比花药长。瘦果扁，卵形至卵圆形，密生长柔毛，宿存花柱长达 3 cm，有黄色长柔毛。花期 7—8 月，果期 9—10 月。

生　　境　生于山坡灌丛中或路旁等处。

分　　布　内蒙古苏尼特左旗、镶黄旗等地。河北、山西、陕西、甘肃。蒙古。

采　　制　夏、秋季采收枝条，除去杂质，切段，洗净，鲜用或晒干。

主治用法　用于腹胀、便结、风火牙痛、目翳、虫蛇咬伤等。水煎服或外敷。

用　　量　适量。

▲灌木铁线莲花（侧）

◎参考文献◎

[1] 江纪武．药用植物辞典 [M]．天津：天津科学技术出版社，2005: 18.

▲宽苞翠雀花

▼宽苞翠雀种子

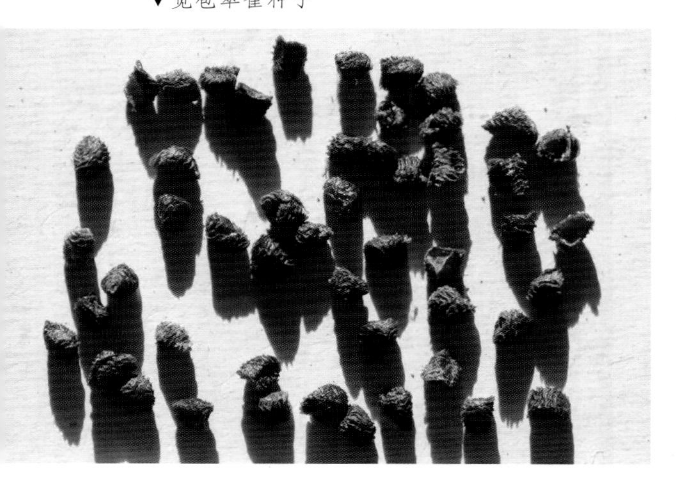

▼宽苞翠雀根

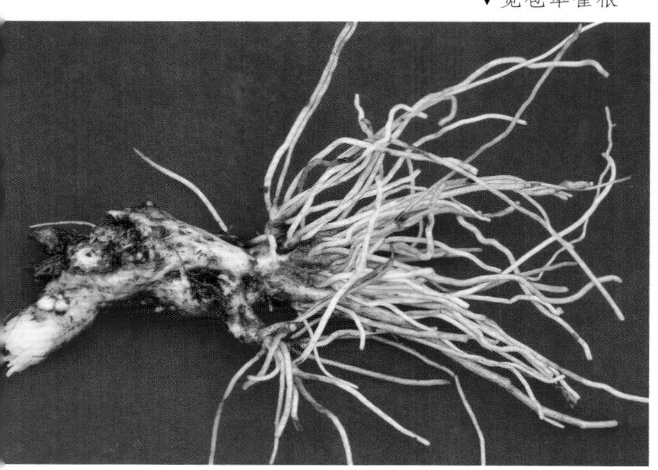

翠雀属 *Delphinium* L.

宽苞翠雀 *Delphinium maackianum* Regel

别　　名　马氏飞燕草　宽苞翠雀花

药用部位　毛茛科宽苞翠雀的根。

原 植 物　多年生草本。茎高 1.1 ~ 1.4 m。下部叶在开花时多枯萎；叶片五角形，长 7.2 ~ 11.0 cm，宽 8 ~ 18 cm，3 深裂至距基部 1.7 ~ 2.2 cm 处，下部叶柄长约 10 cm。顶生总状花序狭长，有多数花；基部苞片叶状，其他苞片带蓝紫色，长圆状倒卵形至倒卵形，船形，长 5 ~ 11 mm，无毛；花梗长 1.3 ~ 3.8 cm；小苞片蓝紫色，萼片脱落，紫蓝色，卵形或长圆状倒卵形，长 1.0 ~ 1.4 cm，距钻形，长 1.6 ~ 1.7 cm；花瓣黑褐色，无毛；退化雄蕊黑褐色，卵形，2 浅裂，顶部疏被缘毛，腹面有黄色髯毛；心皮 3。蓇葖长约 1.4 cm；种子金字塔状四面体形，密生成层排列的鳞状

▲宽苞翠雀植株

横翅。花期7—8月，果期8—9月。

生　境　生于山坡林下、林缘或灌丛中。

分　布　黑龙江伊春、尚志、五常、牡丹江市区、东宁、宁安、密山等地。吉林长白山各地。辽宁宽甸、桓仁、新宾等地。朝鲜、俄罗斯（西伯利亚中东部）。

采　制　春、秋季采挖根，除去泥土，洗净，晒干。

性味功效　味苦。有止痛、解表、调经的功效。

◀ 宽苞翠雀花序（粉紫色）

▼宽苞翠雀果实

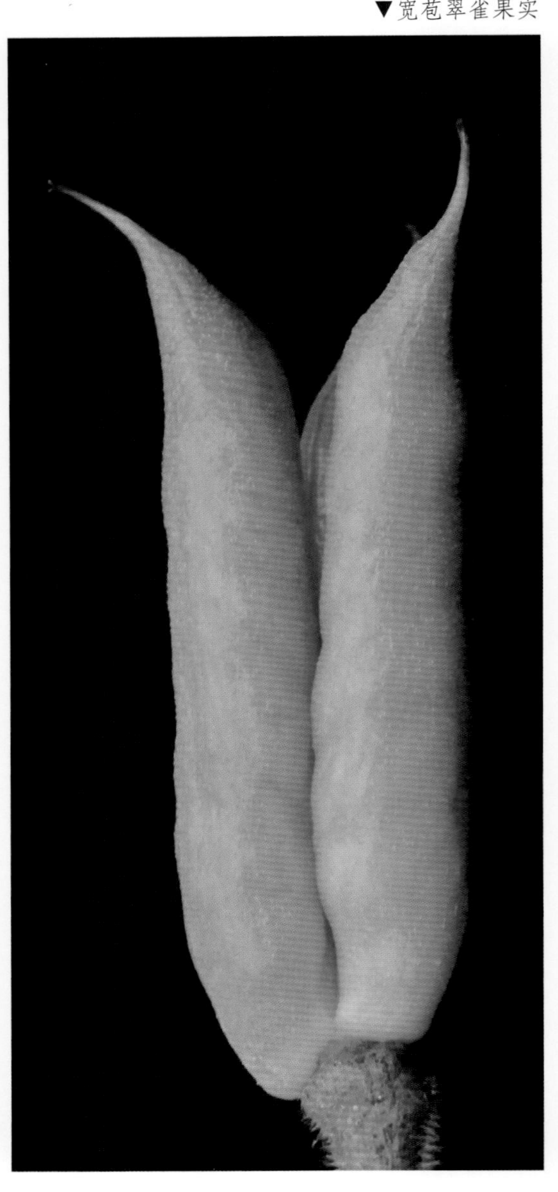

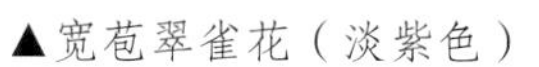

▲宽苞翠雀花（淡紫色）　▲宽苞翠雀花序（淡紫色）

主治用法　用于痛经、月经不调、月经过多、跌打损伤、流行性感冒等。水煎服。外用适量，煎水含漱治牙痛。

用　　量　1～3g。外用适量。

◎参考文献◎

[1] 严仲铠，李万林．中国长白山药用植物彩色图志[M]．北京：人民卫生出版社，1997：171-172.

[2] 中国药材公司．中国中药资源志要[M]．北京：科学出版社，1994：337.

[3] 江纪武．药用植物辞典[M]．天津：天津科学技术出版社，2005：251.

▼宽苞翠雀幼株

▲宽苞翠雀花（侧）

▲东北高翠雀群落

东北高翠雀 *Delphinium korshinskyanum* Nevski

别　　名　科氏飞燕草　东北高翠雀花

药用部位　毛茛科东北高翠雀的全草。

原 植 物　多年生草本。高 50 ~ 120 cm。茎直立，被伸展的白色长毛。茎下部的叶柄长，而上部者渐短，基部加宽，上面具沟，被白色长毛，叶圆状心形，长 5 ~ 7 cm，掌状 3 深裂，边缘具纤毛。总状花序，花梗长 1.3 ~ 4.0 cm，小苞线形或狭披针形，着生在花梗上部，常带蓝紫色，苞比小苞长，长 1.0 ~ 1.5 cm，着生于花梗基部；萼片 5，暗蓝紫色，卵形，长 1.2 ~ 1.4 cm，宽 0.4 ~ 0.6 cm，外面无毛，上萼片基部伸长成距，长 1.5 ~ 1.8 cm，基部粗约 0.3 cm，先端常向上弯，无毛；蜜叶 2，瓣片披针形，具距，无毛，退化雄蕊 2，瓣片黑褐色，椭圆形，先端 2 裂，被带黄色髯毛，爪无毛。蓇葖果 3，无毛。花期 7—8 月，果期 8 月。

▲东北高翠雀植株

▲东北高翠雀花

▼东北高翠雀花（浅粉色）

生　　境　生于林间草地、灌丛及林缘中。

分　　布　黑龙江呼玛、嫩江、黑河市区、尚志等地。内蒙古根河、额尔古纳、牙克石、鄂伦春旗、鄂温克旗、科尔沁右翼前旗、东乌珠穆沁旗等地。俄罗斯（西伯利亚中东部）。

采　　制　春、夏、秋三季采收全草，洗净，鲜用或晒干。

性味功效　清肺、杀虫、除湿的功效。

主治用法　用于肺热咳嗽、疥癣、疮肿等。

用　　量　适量。

◎参考文献◎

[1] 江纪武. 药用植物辞典 [M]. 天津：天津科学技术出版社，2005: 250-251.

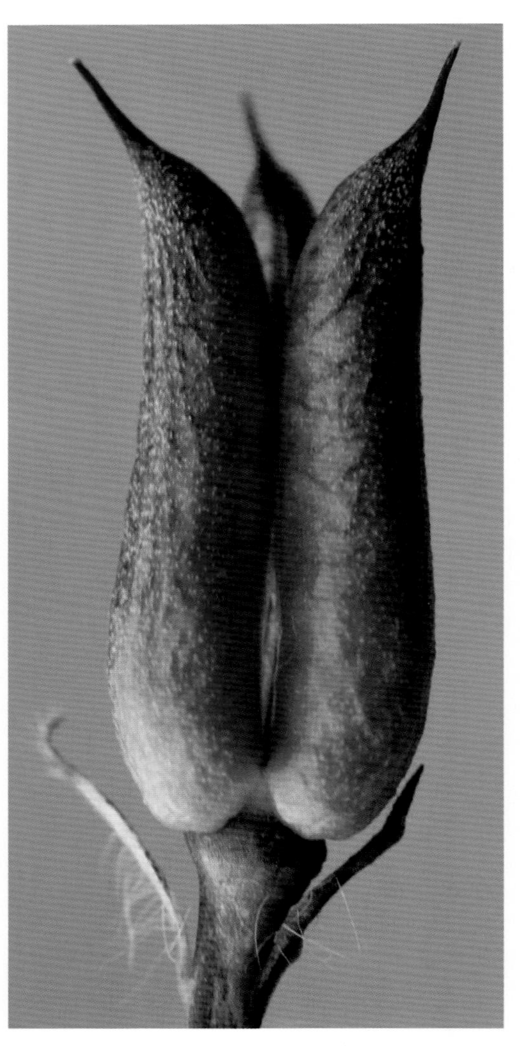

▲东北高翠雀果实

▲翠雀群落（草甸型）

▼翠雀花（淡蓝色）

翠雀 *Delphinium grandiflorum* L.

别　　名　飞燕草　大花飞燕草　翠雀花

俗　　名　鸽子花　摇咀咀花　土黄连　鸡爪莲　蓝蝴蝶　蓝鸽子花　山疙瘩花　黄连　扑鸽子

药用部位　毛茛科翠雀的全草及根。

原 植 物　多年生草本。茎高 35 ~ 65 cm。基生叶和茎下部叶有长柄；叶片圆五角形，长 2.2 ~ 6.0 cm，宽 4.0 ~ 8.5 cm，3 全裂，中央全裂片近菱形，一至二回三裂近中脉，小裂片线状披针形至线形，宽 0.6 ~ 3.5 mm，叶柄基部具短鞘。总状花序有花 3 ~ 15；下部苞片叶状，其他苞片线形；花梗长 1.5 ~ 3.8 cm；小苞片生于花梗中部或上部，线形或丝形，长 3.5 ~ 7.0 mm；萼片紫蓝色，椭圆形或宽椭圆形，长 1.2 ~ 1.8 cm，距钻形，长 1.7 ~ 2.3 cm，花瓣蓝色，退化雄蕊蓝色，瓣片近圆形或宽倒卵形，雄蕊无毛；心皮 3。蓇葖直，长 1.4 ~ 1.9 cm；种子倒卵状四面体形，沿棱有翅。花期 7—8 月，果期 8—9 月。

生　　境　生于山坡草地、草原及路旁等处。

分　　布　黑龙江齐齐哈尔市区、泰来、大庆市区、安达、肇源、肇州、杜尔伯特、龙江、讷河、甘南、富裕、依安、黑河、呼玛等地。

▲翠雀群落（山坡型）

▲翠雀花

翠雀花（浅紫色）

▼翠雀花（粉色）

吉林通榆、镇赉、洮南、前郭、长岭、大安、长白等地。辽宁宽甸、桓仁、大连、法库、康平、彰武、朝阳、建平、建昌、凌源等地。内蒙古额尔古纳、根河、鄂伦春旗、陈巴尔虎旗、牙克石、鄂温克旗、莫力达瓦旗、科尔沁右翼前旗、科尔沁右翼中旗、扎赉特旗、扎鲁特旗、科尔沁左翼中旗、科尔沁左翼后旗、克什克腾旗、巴林左旗、巴林右旗、翁牛特旗、阿鲁科尔沁旗、喀喇沁旗、宁城、敖汉旗、东乌珠穆沁旗、西乌珠穆沁旗、正蓝旗、镶黄旗、太仆寺旗、多伦等地。河北、四川、云南。朝鲜、俄罗斯（西伯利亚）、蒙古。

采　制　夏、秋季采收全草，除去杂质，切段，洗净，鲜用或晒干。春、秋季采挖根，除去泥土，洗净，鲜用或晒干。

性味功效 味苦，性寒。有清热、泻火、止痛、除湿、止痒、杀虫的功效。

主治用法 用于风热牙痛、牙龈肿痛、疥癣、脚气病、疮痈溃疡等。外用煎水含漱、捣汁浸洗或研末水调涂搽。

用　　量 适量。

附　　方

（1）治牙痛：将翠雀根洗净含口中，或用干根 2.5 ~ 5.0 g，水煎含漱，均不可咽下。

（2）治疥癣：翠雀配苦参研末调擦。

（3）治头虱：翠雀新鲜全草，捣碎，水浸洗头。

附　　注

（1）种子入药，可治疗哮喘。

（2）全草有毒，中毒后呼吸困难、血液循环障碍，肌肉、神经麻痹或产生痉挛现象。用时应注意。

▼翠雀果实

▼翠雀植株

▲翠雀植株（侧）

◎参考文献◎

[1] 江苏新医学院．中药大辞典（下册）[M]．上海：上海科学技术出版社，1977: 2583.

[2] 朱有昌．东北药用植物 [M]．哈尔滨：黑龙江科学技术出版社，1989: 385-386.

[3] 中国药材公司．中国中药资源志要 [M]．北京：科学出版社，1994: 336.

▲菟葵植株（果期）

菟葵属 *Eranthis* Salisb.

▲菟葵果实（前期）

菟葵 *Eranthis stellata* Maxim.

药用部位 毛茛科菟葵的块茎及幼苗。

原 植 物 多年生草本。根状茎球形，直径 8 ~ 11 mm。叶片圆肾形，长约 6 mm，宽约 1 cm，3 全裂。花葶高达 20 cm，无毛；苞片在开花时尚未完全展开，花谢后长 2.5 ~ 3.5 cm，深裂成披针形或线状披针形小裂

▲菟葵果实（后期）

▲菟葵花（双花）

▲菟葵花（重瓣）

片；花梗长 4 ~ 10 mm，果期增长到 2.5 cm，花直径 1.6 ~ 2.0 cm；萼片黄色，狭卵形或长圆形，长 7 ~ 10 mm，宽 2.2 ~ 5.0 mm，顶端微钝，无毛；花瓣约 10，长 3.5 ~ 5.0 mm，漏斗形，基部渐狭成短柄，上部二叉

▲菟葵植株（花期）

状；雄蕊长 5 ~ 7 mm，无毛，心皮 6 ~ 9，与雄蕊近等长，子房通常有短毛。蓇葖果星状展开，长约 15 mm，有短柔毛，喙细；种子暗紫色，近球形，种皮表面有皱纹。花期 4—5 月，果期 5—6 月。

生　　境　生于山地、沟谷、林缘及杂木林下，常聚集成片生长。

分　　布　黑龙江伊春、尚志、五常、东宁、密山、虎林等地。吉林长白山各地。辽宁宽甸、凤城、桓仁、新宾、庄河、鞍山等地。朝鲜、俄罗斯（西伯利亚中东部）。

▲菟葵块茎

▲菟葵种子

▲菟葵花

▼菟葵花（侧）

采　　制　早春采收块茎及幼苗，洗净，鲜用或晒干。

主治用法　用于尿酸结石、小便淋漓不尽。外用于各种恶疮、毒蛇咬伤。

用　　量　适量。

◎参考文献◎

[1] 江纪武. 药用植物辞典 [M]. 天津: 天津科学技术出版社, 2005: 250-251.

▲水葫芦苗群落

▲水葫芦苗果实

碱毛茛属 *Halerpestes* Green

水葫芦苗 *Halerpestes cymbalaria*（Pursh）Green

别　　名　圆叶碱毛茛　碱毛茛

药用部位　毛茛科水葫芦苗的全草。

原 植 物　多年生草本。匍匐茎细长，横走。叶多数；近圆形，或肾形，长 0.5 ~ 2.5 cm，宽稍大于长，基部圆心形、截形或宽楔形，边缘有 1 ~ 3 个圆齿，有时 3 ~ 5 裂，叶柄长 2 ~ 12 cm。花葶 1 ~ 4，高 5 ~ 15 cm；苞片线形；花小，直径 6 ~ 8 mm；萼片绿色，卵形，反折；花瓣 5，狭椭圆形，与萼片近等长，顶端圆形，基部有爪，爪上端有点状蜜槽；花药长 0.5 ~ 0.8 mm，花丝长约 2 mm；花托圆柱形，长约 5 mm，有短柔毛。聚合果椭圆球形，直径约 5 mm；瘦果小而极多，斜倒卵形，长 1.2 ~ 1.5 mm，两面稍臌起，有纵肋 3 ~ 5，无毛，喙极短，呈点状。花期 6—7 月，果期 7—8 月。

生　　境　生于盐碱性沼泽地、塔头草甸及河边湿地等处。

分　　布　黑龙江大庆市区、安达、肇东、肇源、富裕、克山、哈尔滨市区、尚志、兰西、林甸、杜尔伯特、佳木斯等地。吉林通榆、镇赉、洮南、前郭、

▲水葫芦苗植株

▼水葫芦苗花（侧）

大安、双辽、乾安等地。辽宁丹东、法库、铁岭、康平、沈阳市区、新民、阜新、黑山、盘山、营口、葫芦岛、建平、凌源等地。内蒙古海拉尔、满洲里、新巴尔虎右旗、牙克石等地。河北、山东、山西、四川、陕西、甘肃、青海、新疆、西藏。亚洲、北美洲温带地区。

采　　制　夏、秋季采挖全草，除去泥土，洗净，晒干。

性味功效　味甘、淡，性寒。有利水消肿、祛风除湿的功效。

主治用法　用于关节炎、风湿、水肿等。水煎服。

用　　量　2.5 ~ 7.5 g。

▼水葫芦苗花

◎参考文献◎

[1] 江苏新医学院．中药大辞典（上册）[M]．上海：上海科学技术出版社，1977: 549.

[2] 朱有昌．东北药用植物 [M]．哈尔滨：黑龙江科学技术出版社，1989: 400-401.

[3] 钱信忠．中国本草彩色图鉴（第一卷）[M]．北京：人民卫生出版社，2003: 697-698.

▲长叶碱毛茛植株

▼长叶碱毛茛果实

长叶碱毛茛 *Halerpestes ruthenica*（Jacq.）Ovcz.

别　　名　黄戴戴　金戴戴

药用部位　毛茛科长叶碱毛茛的全草及种子。

原 植 物　多年生草本。匍匐茎长 30 cm 以上。叶簇生；叶片卵状或椭圆状梯形，长 1.5 ~ 5.0 cm，宽 0.8 ~ 2.0 cm，顶端有圆齿 3 ~ 5，常有 3 条基出脉，无毛；叶柄长 2 ~ 14 cm，基部有鞘。花葶高 10 ~ 20 cm，有花 1 ~ 3，苞片线形，长约 1 cm；花直径约 1.5 cm；萼片 5，绿色，卵形，长 7 ~ 9 mm，花瓣 6 ~ 12，黄色，倒卵形，长 0.7 ~ 1.0 cm；花药长约 0.5 mm，花丝长约 3 mm；花托圆柱形，有柔毛。聚合果卵球形，长 8 ~ 12 mm，宽约 8 mm；瘦果极多，紧密排列，斜倒卵形，长 2 ~ 3 mm，无毛，边缘有狭棱；两面有 3 ~ 5 条分歧的纵肋，喙短而直。花期 6—7 月，果期 7—8 月。

生　　境　生于盐碱沼泽地及湿草地等处，常聚集成片生长。

分　　布　黑龙江大庆市区、安达、肇东、肇源等地。吉林通榆、镇赉、洮南、前郭、大安、双辽等地。辽宁彰武、康平、建平等地。内蒙古新巴尔虎左旗、新巴尔虎右旗、满洲里、

▲长叶碱毛茛花（12瓣）

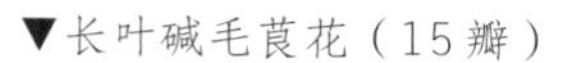

▼长叶碱毛茛花（15瓣）

▼长叶碱毛茛花（8瓣）

▼长叶碱毛茛花（10瓣）

海拉尔、扎赉特旗、克什克腾旗等地。河北、山西、陕西、宁夏、甘肃、青海、新疆。俄罗斯（西伯利亚）、蒙古。

采　　制　夏、秋季采挖全草，除去泥土，洗净，晒干。秋季采收种子，除去杂质，晒干。

性味功效　味辛，性温。有解毒、祛湿、温中、止痛、消肿的功效。

主治用法　用于火烧伤等。水煎服。

用　　量　适量。

◎参考文献◎

[1] 中国药材公司．中国中药资源志要 [M]．北京：科学出版社，1994: 340.

[2] 江纪武．药用植物辞典 [M]．天津：天津科学技术出版社，2005: 375.

▲獐耳细辛植株（花期）

▲獐耳细辛花（背）

▲獐耳细辛植株（花期，侧）

▼獐耳细辛果实

獐耳细辛属 *Hepatica* Mill.

獐耳细辛 *Hepatica nobilis* var. *asiatica* Schreb

别　　名　东北獐耳细辛　幼肺三七

俗　　名　猫耳朵

药用部位　毛茛科獐耳细辛的干燥根。

原 植 物　多年生草本。植株高 8 ~ 18 cm。根状茎短，密生须根。基生叶 3 ~ 6，有长柄；叶片正三角状宽卵形，长 2.5 ~ 6.5 cm，宽 4.5 ~ 7.5 cm，基部深心形，3 裂至中部，裂片宽卵形，全缘，顶端微钝或钝，有时有短尖头，有稀疏的柔毛；叶柄长 6 ~ 9 cm，变无毛。花葶 1 ~ 6，有长柔毛；苞片 3，卵形或椭圆状卵形，长 7 ~ 12 mm，宽 3 ~ 6 mm，顶端急尖或微钝，全缘，背面稍密被长柔毛；萼片 6 ~ 11，粉红色或堇色，狭长圆形，长 8 ~ 14 mm，宽 3 ~ 6 mm，顶端钝；雄蕊长 2 ~ 6 mm，花药椭圆形，长约 0.7 mm；子房密被长柔毛。瘦果卵球形，有长柔毛和短宿存花柱。花期 4—5 月，果期 5—6 月。

生　　境　生于山地杂木林下或草坡石缝阴处，常聚集成片生长。

分　　布　吉林集安、临江、图们、吉林等地。辽宁宽甸、桓仁、凤城、丹东市区、东港、本溪等地。浙江、安徽、河南、湖北。朝鲜。

采　　制　春、秋季挖根，除去泥土，洗净，晒干药用。

性味功效　味苦，性温。有祛风除湿、止痛的功效。

主治用法　用于劳伤、筋骨酸痛、跌打损伤、皮肤病、风湿病等。水煎服或浸酒。外用捣烂敷患处。

▲獐耳细辛花（蓝紫色）

▼獐耳细辛植株（果期）

▼獐耳细辛根

▲獐耳细辛花

用　　量　6～9g。外用适量。

附　　方　治劳伤、筋骨酸痛、跌打损伤：獐耳细辛适量，水煎，加黄酒、白糖，盛碗内，加盖蒸服，早晚饭前各1次。

▼獐耳细辛花（粉色）

◎参考文献◎

[1] 朱有昌．东北药用植物 [M]．哈尔滨：黑龙江科学技术出版社，1989：386-387.

[2] 钱信忠．中国本草彩色图鉴（第五卷）[M]．北京：人民卫生出版社，2003：397-398.

[3] 中国药材公司．中国中药资源志要 [M]．北京：科学出版社，1994：341.

▲东北扁果草植株

▲东北扁果草块根

扁果草属 *Isopyrum* L.

东北扁果草 *Isopyrum manshuricum* Kom.

药用部位 毛茛科东北扁果草的块根。

原 植 物 多年生草本。根状茎长而横走，生多数须根和纺锤状的块根。茎直立，叶基生，为二回三出复叶；叶片轮廓近三角形，宽达6 cm，中央小叶具细柄，近扇形，3深裂，顶端具钝圆齿3个，叶柄长5.5 ~ 7.5 cm。花序稀疏，含花2 ~ 3；苞片叶状，花梗纤细，长1.5 ~ 6.0 mm；萼片5，白色，椭圆形或狭倒卵形，长6.5 ~ 7.5 mm，宽3.0 ~ 3.5 mm，顶端钝；花瓣倒卵状

▲东北扁果草花（侧）

▲东北扁果草花

椭圆形，长约 3 mm，沿下缘微合生成浅杯状，具长约 0.4 mm 的短柄，基部浅囊状；雄蕊 20 ~ 30，长约 5 mm，花药宽椭圆形，长约 0.6 mm；心皮 1 ~ 2，子房狭倒卵形，扁平，长约 3 mm，花柱长约 2 mm。花期 4—5 月，果期 5—6 月。

生　境　生于山地杂木林、针叶林下及林缘等处，常聚集成片生长。

分　布　黑龙江尚志、五常、牡丹江市区、东宁、哈尔滨市区等地。吉林通化、集安、柳河、辉南、安图等地。辽宁宽甸、本溪、桓仁、新宾等地。朝鲜、俄罗斯（西伯利亚中东部）、日本。

采　制　春、秋季采挖块根，除去泥土，洗净，晒干。

▼东北扁果草果实

性味功效　有散结消肿、解毒的功效。

主治用法　用于乳腺炎、无名肿毒等。

用　量　适量。

附　注　本品在黑龙江一带作为“天葵子”用。

◎参考文献◎

[1] 中国药材公司．中国中药资源志要 [M]．北京：科学出版社，1994: 341.

[2] 江纪武．药用植物辞典 [M]．天津：天津科学技术出版社，2005: 423.

▲蓝堇草植株

蓝堇草属 *Leptopyrum* Reichb.

蓝堇草 *Leptopyrum fumarioides*（L.）Reichb.

药用部位 毛茛科蓝堇草的全草。

原 植 物 多年生草本。茎 2 ~ 17，生少数分枝，高 8 ~ 30 cm。基生叶多数，叶片轮廓三角状卵形，长 0.8 ~ 2.7 cm，宽 1 ~ 3 cm，3 全裂，中全裂片等边菱形，侧裂片不等 2 深裂；叶柄长 2.5 ~ 13.0 cm。茎生叶 1 ~ 2，小。花小，直径 3 ~ 5 mm；花梗纤细，长 3 ~ 30 mm；萼片椭圆形，淡黄色，长 3.0 ~ 4.5 mm，宽 1.7 ~ 2.0 mm，具 3 条脉，顶端钝或急尖；花瓣长约 1 mm，近二唇形，上唇顶端圆，下唇较短；雄蕊通常 10 ~ 15，花药淡黄色，长约 0.5 mm，花丝长约 2.5 mm；心皮 6 ~ 20，长约 2 mm，无毛。蓇葖直立，线状长椭圆形，长 8 ~ 10 mm；种子 4 ~ 14，卵球形或狭卵球形。花期 5—6 月，果期 6—7 月。

生　　境 生于田边、路边或干燥草地上。

分　　布 黑龙江尚志、哈尔滨市区等地。吉林长春。辽宁沈阳。内蒙古额尔古纳、根河、牙克石、扎兰屯、阿尔山、陈巴尔虎旗、新巴尔虎左旗、新巴尔虎右旗、科尔沁右翼前旗、克什克腾旗、喀喇沁旗、敖汉旗、西乌珠穆沁旗等地。河北、山西、陕西、甘肃、青海、新疆。朝鲜、俄罗斯（西伯利亚）、蒙古。欧洲。

采　　制 春、夏季采收全草，除去泥土，洗净，晒干，药用。

▲蓝堇草花

▲蓝堇草果实

主治用法 用于心血管疾病、胃肠道疾病、伤寒等。水煎服。

用　　量 适量。

◎参考文献◎

[1] 朱有昌. 东北药用植物 [M]. 哈尔滨: 黑龙江科学技术出版社, 1989: 387-388.

[2] 中国药材公司. 中国中药资源志要 [M]. 北京: 科学出版社, 1994: 341.

[3] 江纪武. 药用植物辞典 [M]. 天津: 天津科学技术出版社, 2005: 453.

▲黄花白头翁植株

白头翁属 *Pulsatilla* Mill.

黄花白头翁 *Pulsatilla sukaczevii* Juz.

俗　　名　毛姑朵花　耗子花

药用部位　毛茛科黄花白头翁的根。

原 植 物　植株高 5 ~ 15 cm。基生叶 4 ~ 6，有长或短柄，为二至三回羽状复叶，叶片狭卵形或长圆状卵形，长 2.0 ~ 3.7 cm，宽 1.2 ~ 1.7 cm，羽片 4 对，无柄，卵形，二回羽状细裂，末回裂片披针状线形，叶柄长 2.0 ~ 3.5（~ 5.5）cm，有密柔毛。花葶 1，直立，有柔毛；总苞长 1.5 ~ 1.8 cm，苞片似基生叶，细裂，有长柔毛；花梗长在 1 cm 以下，果期长达 14 cm；花直立；萼片黄色，有时白色，长圆状卵形，长 1.0 ~ 2.4 cm，宽 5 ~ 10 mm，顶端微尖，外面有密柔毛。聚合果直径约 4.2 cm；瘦果密被长柔毛，宿存

▼黄花白头翁花（侧）

▲黄花白头翁群落

花柱长 2.0 ~ 2.8 cm，下部有向上斜展的长柔毛，上部有近贴伏的短柔毛。花期 5—6 月，果期 6—7 月。

生　　境　生于丘陵多沙砾山坡。

▼黄花白头翁植株（花白色）

▼黄花白头翁果实

分　　布　内蒙古满洲里、新巴尔虎右旗、东乌珠穆沁旗、阿巴嘎旗、正蓝旗等地。俄罗斯（西伯利亚）。

采　　制　春、秋季采挖根，除去泥土，洗净，晒干，切片，生用。

性味功效　味苦，性寒。有清热解毒、凉血止痢等功效。

用　　量　适量。

附　　注　在分布区常作为白头翁药用。

▲黄花白头翁花

◎参考文献◎

[1] 中国药材公司．中国中药资源志要 [M]．北京：科学出版社，1994: 344.

[2] 江纪武．药用植物辞典 [M]．天津：天津科学技术出版社，2005: 661.

▲白头翁花蕾

白头翁 *Pulsatilla chinensis*（Bge.）Regel

俗　　名　毛姑朵花　老婆子花　老婆婆花根　老太太花根　老姑花　老姑草　老姑子花　大碗花　老公花　耗子尾巴花　耗子花根　耗子花　猫爪子花　鸡爪草　毫笔花

药用部位　毛茛科白头翁的根、全草及花。

原 植 物　多年生草本。植株高 15 ~ 35 cm。基生叶 4 ~ 5，通常在开花时刚刚生出，有长柄；叶片宽卵形，长 4.5 ~ 14.0 cm，宽 6.5 ~ 16.0 cm，3 全裂，叶柄长 7 ~ 15 cm，有密长柔毛。花葶 1 ~ 2，有柔毛；苞片 3，基部合生成长 3 ~ 10 mm 的筒，3 深裂，深裂片线形，不分裂或上部 3 浅裂，背面密被长柔毛；花梗长 2.5 ~ 5.5 cm，结果时长达 23 cm；花直立；萼片蓝紫色，长圆状卵形，长 2.8 ~ 4.4 cm，宽 0.9 ~ 2.0 cm，背面有密柔毛；雄蕊长约为萼片 1/2。聚合果直径 9 ~ 12 cm；瘦果纺锤形，扁，有长柔毛，宿存花柱长 3.5 ~ 6.5 cm，有向上斜展的长柔毛。花期 4—5 月，果期 6—7 月。

生　　境　生于草地、干山坡、林缘、河岸及灌丛中。

分　　布　黑龙江大庆市区、肇东、肇源等地。吉林磐石、松原、蛟河等地。辽宁昌图、沈阳、抚顺、新宾、清原、锦州、葫芦岛市区、彰武、建昌、绥中、鞍山、大连市区、庄河、宽甸、丹东市区等地。内蒙古阿荣旗、科尔沁右翼中旗、科尔沁右翼前旗、奈曼旗、巴林左旗、喀喇沁旗、敖汉旗、宁城等地。河北、河南、山东、山西、江苏、安徽、湖北、陕西、四川、甘肃。朝鲜、俄罗斯（西伯利亚中东部）、日本、蒙古。

采　　制　春、秋季采挖根，除去泥土，洗净，晒干，切片，生用。春、夏、秋三季采收全草，洗净，晒干，生用。春末夏初采摘花，除去杂质，晒干。

性味功效　根：味苦，性寒。有清热解毒、凉血止痢等功效。全草：味苦，性寒。有除湿、利尿等功效。花：味苦，性寒。有除湿、解毒等功效。

主治用法　根：用于细菌性痢疾、温疟寒热、热毒血痢、咽喉肿痛、血痔、鼻衄、秃疮、阴痒症、子宫炎、睾丸炎、带下病及瘰疬等。水煎服。外用鲜品适量，捣烂与面和在一起敷患处。虚寒下痢者不宜使用。全草：用于腰膝肢节风痛、水肿、心脏病。水煎服。花：用于疟疾寒热、白秃头疮等。水煎服。

▲白头翁植株

▲白头翁花（侧）

用　　量　根：15 ~ 25 g（鲜品 25 ~ 50 g）。全草：15 ~ 25 g。花：5 ~ 10 g。

附　　方

（1）治痢疾：白头翁、秦皮各 15 g，黄檗 20 g，水煎服。

（2）治细菌性痢疾、肠炎：白头翁 500 g，地榆、柯子肉各 1 kg，公丁香 240 g，共研细粉，装入胶囊，每粒装 0.3 g，每服 2 ~ 3 粒，每日 4 次。又方：白头翁 25 g，黄芩、黄檗、秦皮、赤芍各 15 g，生甘草 10 g，水煎服。

（3）治阿米巴痢疾：每日用白头翁根 15 ~ 30 g，水煎，分 3 次服。7 d 为一个疗程。如病症严重，可另用 50 ~ 75 g，水煎取汁 100 ml，作为潴留灌肠，每日 1 次。

▼白头翁根

（4）治赤白痢疾：白头翁 20 g，马齿苋、莱菔子各 15 g，水煎服，每日 3 次。

（5）治诸风痛、攻四肢百节：白头翁草一把，烂研，以醇酒投之，顿服。

（6）治瘰疬延生、身发寒热：白头翁 100 g，当归尾、牡丹皮、半夏各 50 g。炒为末，每服 15 g，白开水送下。

（7）治淋巴结结核（瘰疬）：白头翁 50 g，加水一大碗，煎至一小碗，早晚各服 1 次，亦可加煮鸡蛋同食。连服 7 d 为一个疗程，每间隔 7 d 再服一个疗程，直至治愈为止。或用白头翁根熬膏，贴于患处（东北民间方）。又方：取白头翁 250 g，洗净剪成寸段，用白酒 1 L 浸泡，装坛密封，隔水煎煮数沸，取出后放地上阴凉处 2 ~ 3 d，然后开坛，捞出白头翁，将其装瓶密封备用。早晚饭后各服 1 次，每次 1 ~ 2 盅。1 ~ 2 个月为一个疗程。适用于瘰疬溃后、脓水清稀、久不收口的患者。

（8）治小儿疳病（俗称黑病）：白头翁根 3 ~ 7 个，加少许饭捣烂，晚间外敷患处，约经 4 h 即可取下（凤城民间方）。

（9）治头痛：白头翁鲜根 3 ~ 4 个，加一匙饭，捣烂外敷头痛处，经 1 h 左右取下，如时间过长易发泡（本溪、吉林民间方）。

（10）治疮疖、疔毒：白头翁根 7 个，洗净煎汤，

▲白头翁花

水沸一次即变成红色，捞取根后再打入 3 个红皮鸡蛋，连汤一起吃下发汗（凤城民间方）。

（11）治温疟发作、昏迷如死：白头翁 50 g，柴胡、半夏、黄芩、槟榔各 10 g，甘草 3 g，水煎服。

（12）治外痔肿痛：白头翁鲜根适量，捣烂外涂。

附　注

（1）本品为《中华人民共和国药典》（2020 年版）收录的药材。

（2）全草有毒，接触部位的皮肤黏膜可发生肿胀、疼痛。人误食后会引起口腔灼热、肿胀、咀嚼困难、剧烈腹痛、腹泻、排黑色粪便、心跳加快、血压下降、循环衰竭、呼吸困难、瞳孔放大，严重者可在 10 余小时内死亡。

▼白头翁果实

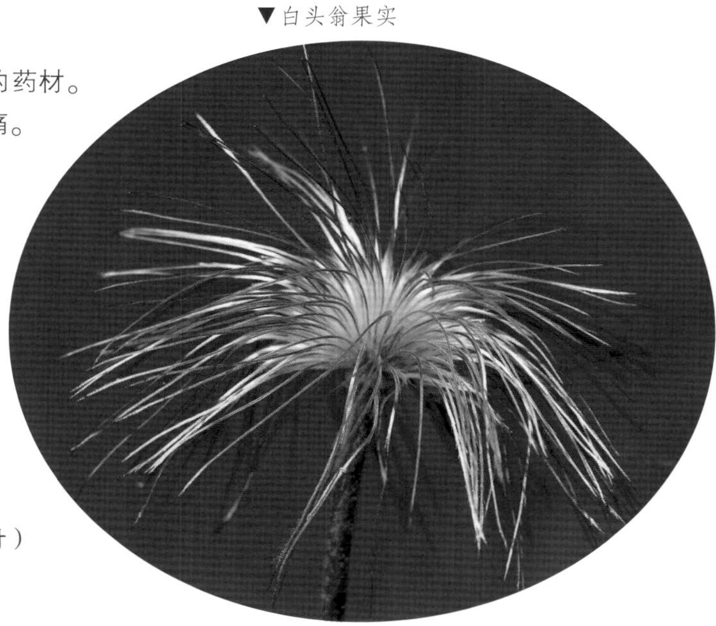

◎参考文献◎

[1] 江苏新医学院．中药大辞典（上册）[M]．上海：上海科学技术出版社，1977: 704-706，744，753.

[2] 朱有昌．东北药用植物 [M]．哈尔滨：黑龙江科学技术出版社，1989: 392-394.

[3] 《全国中草药汇编》编写组．全国中草药汇编（上册）[M]．北京：人民卫生出版社，1975: 283-284.

▲掌叶白头翁居群

▼掌叶白头翁花（紫色）

▼掌叶白头翁果实

掌叶白头翁 *Pulsatilla patens* subsp. *multifida*（Pritz.）Zamels

俗　　名　毛姑朵花　老姑都花

药用部位　毛茛科掌叶白头翁的根。

原 植 物　多年生草本。植株高达 40 cm。根状茎圆柱形，顶部常分枝。基生叶 5，在开花时开始发育，长 8 ~ 16 cm，有长柄；叶片圆卵形或圆五角形，长 5.5 ~ 7.0 cm，宽 8 ~ 11 cm，中全裂片的柄长 6 ~ 14 mm。中全裂片宽菱形，侧全裂片近无柄，叶柄长 5.5 ~ 12.0 cm，有开展的长柔毛。花葶直立，总苞钟形，长 3.5 ~ 4.5 cm，密被长柔毛，管部长 0.8 ~ 1.2 cm，裂片狭线形，花梗有长柔毛，果期长达 27 cm；花直立，萼片蓝紫色，长圆状卵形，长约 3 cm，宽约 1 cm，内面无毛，外面疏被长柔毛。聚合果直径约 5 cm；瘦果近纺锤形，宿存花柱长 2.8 ~ 3.0 cm，有向上展的长柔毛。花期 4—5 月，果期 6—7 月。

生　　境　生于草地、林缘及路旁等处。

分　　布　黑龙江呼玛、黑河市区、嫩江、北安等地。内蒙古根河、牙克石、鄂伦春旗、阿尔山、科尔沁右翼前旗、扎赉特旗、东乌珠穆沁旗等地。新疆。俄罗斯（西伯利亚）、蒙古。欧洲。

采　　制　春、秋季采挖根，除去泥土，洗净，晒干。

▲掌叶白头翁植株（花粉紫色）

▼掌叶白头翁植株（花白色）

性味功效 味苦，性寒。有清热解毒、凉血止痢、止血的功效。

主治用法 用于阿米巴痢疾、菌痢、热毒血痢、温疟寒热等。水煎服。虚寒下痢者不宜使用。

用　　量 适量。

◎参考文献◎

[1] 中国药材公司．中国中药资源志要 [M]．北京：科学出版社，1994: 343.

[2] 江纪武．药用植物辞典 [M]．天津：天津科学技术出版社，2005: 651.

▲掌叶白头翁群落

▲掌叶白头翁植株 （花淡紫色）

▲掌叶白头翁植株（花淡蓝色）

▲掌叶白头翁植株（花蓝紫色）

▲掌叶白头翁植株（花深紫色）

▲细叶白头翁植株

▲细叶白头翁花

细叶白头翁 *Pulsatilla turczaninovii* Kryl. et Serg.

俗　　名　毛姑朵花　老姑都花

药用部位　毛茛科细叶白头翁的根。

原 植 物　植株高 15 ~ 25 cm。基生叶 4 ~ 5，有长柄，为三回羽状复叶，在开花时开始发育；叶片狭椭圆形，有时卵形，长 7.0 ~ 8.5 cm，宽 2.5 ~ 4.0 cm，羽片 3 ~ 4 对，叶柄长 5 ~ 8 cm，有柔毛。花葶有柔毛；总苞钟形，长 2.8 ~ 3.4 cm，筒长 5 ~ 6 mm，苞片细裂，末回裂片线形或线状披针形，宽 1.0 ~ 1.5 mm，

▲细叶白头翁花（侧）

背面有柔毛；花梗长约 1.5 cm，结果时长达 15 cm；花直立，萼片蓝紫色，卵状长圆形或椭圆形，长 2.2 ~ 4.2 cm，宽 1.0 ~ 1.3 cm，顶端微尖或钝，背面有长柔毛。聚合果直径约 5 cm；瘦果纺锤形，长约 4 mm，密被长柔毛，宿存花柱长约 3 cm，有向上斜展的长柔毛。花期 4—5 月，果期 6—7 月。

生　境　生于草原、山地草坡及林缘等处，常聚集成片生长。

分　布　黑龙江哈尔滨、安达、北安等地。吉林洮南。辽宁彰武。内蒙古额尔古纳、陈巴尔虎旗、牙克石、鄂温克旗、扎兰屯、科尔沁右翼前旗、扎赉特旗、扎鲁特旗、宁城、东乌珠穆沁旗、西乌珠穆沁旗、阿巴嘎旗、正蓝旗、镶黄旗、多伦等地。河北、宁夏。俄罗斯（西伯利亚中东部）、蒙古。

采　制　春、秋季采挖根，除去泥土，洗净，晒干。

性味功效　味苦，性寒。有清热解毒、凉血止痢的功效。

主治用法　用于细菌性痢疾、温疟寒热、热毒血痢、咽喉肿痛、血痔、鼻衄、秃疮、阴痒症、带下病及瘰疬等。水煎服。外用鲜品适量，捣烂与面和在一起敷患处。虚寒下痢者不宜使用。

用　量　6 ~ 15 g。

▼细叶白头翁果实

◎参考文献◎

[1] 钱信忠. 中国本草彩色图鉴(第三卷)[M]. 北京: 人民卫生出版社, 2003: 433-434.

[2] 《全国中草药汇编》编写组. 全国中草药汇编（上册）[M]. 北京: 人民卫生出版社, 1975: 283.

▲朝鲜白头翁植株（花期）

朝鲜白头翁瘦果

朝鲜白头翁 *Pulsatilla cernua*（Thunb.）Bercht. et Opiz.

俗　　名　毛姑朵花　猫头花毛　老婆花　老姑都花　耗子花根

药用部位　毛茛科朝鲜白头翁的根。

原 植 物　多年生草本。基生叶 4 ~ 6，在开花时还未完全发育，有长柄；叶片卵形，长 3.0 ~ 7.8 cm，宽 4.4 ~ 6.5 cm，叶柄长 4.5 ~ 14.0 cm，密被柔毛。总苞近钟形，长 3.0 ~ 4.5 cm；筒长 0.8 ~ 1.2 cm，裂片线形，全缘或上部有 3 小裂片，背面密被柔毛；花梗长 2.5 ~ 6.0 cm，有绵毛，结果时增长；萼片紫红色，长圆形或卵状长圆形，长 1.8 ~ 3.0 cm，宽 6 ~ 12 mm，顶端圆或微钝，外面有密柔毛；雄蕊长约为萼片 1/2。聚合果直径 6 ~ 8 cm；瘦果倒卵状长圆形，长约 3 mm，有短柔毛，宿存花柱长约 4 cm，

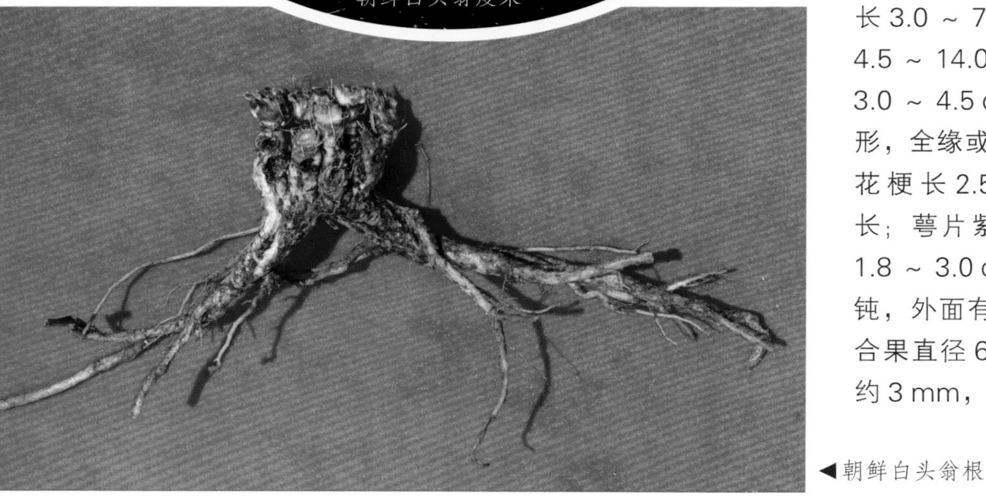

◀朝鲜白头翁根

▲朝鲜白头翁植株（果期）

▲朝鲜白头翁花

▲朝鲜白头翁果实

有开展的长柔毛。花期 4—5 月，果期 5—6 月。

生　境　生于草地、干山坡、林缘、河岸、路旁及灌丛中等处，常聚集成片生长。

分　布　黑龙江虎林、饶河、萝北等地。吉林长白山各地及乾安。辽宁丹东市区、宽甸、凤城、本溪、桓仁、沈阳、瓦房店、大连市区等地。朝鲜、俄罗斯（西伯利亚中东部）、日本。

采　制　春、秋季采挖根，除去泥土，洗净，晒干。

性味功效　味苦，性寒。有清热、解毒、凉血、止痢的功效。

主治用法　用于细菌性痢疾、阿米巴痢疾、经闭、血痔、鼻衄及老年性痴呆等。水煎服。虚寒下痢者不宜使用。

▼朝鲜白头翁花（侧）

▲朝鲜白头翁植株（花期，侧）

▼市场上的朝鲜白头翁根

▲朝鲜白头翁幼株

用　　量　10 ~ 30 g。

◎参考文献◎

[1]《全国中草药汇编》编写组．全国中草药汇编（上册）[M]．北京：人民卫生出版社，1975: 283-284.

[2] 中国药材公司．中国中药资源志要 [M]．北京：科学出版社，1994: 343.

[3] 严仲铠，李万林．中国长白山药用植物彩色图志 [M]．北京：人民卫生出版社，1997: 174-175.

▲兴安白头翁群落

▲兴安白头翁花（侧）

兴安白头翁 *Pulsatilla dahurica*（Fisch.）Spreng.

▼兴安白头翁花

别　　名　白头翁

俗　　名　毛姑朵花　老婆花　老姑都花　耗子花根

药用部位　毛茛科兴安白头翁的干燥根。

原 植 物　多年生草本。基生叶 7 ~ 9，有长柄；叶片卵形，长 4.5 ~ 7.5 cm，宽 3 ~ 6 cm，基部近截形，全缘或上部有 2 ~ 3 小裂片或牙齿，一回侧全裂片无柄或近无柄，不等 3 深裂；叶柄长 2.8 ~ 15.0 cm，有柔毛。花葶 2 ~ 4，直立，有柔毛；总苞钟形，长 4 ~ 5 cm，筒长 1.2 ~ 1.4 cm，裂片似基生叶的裂片，背面有密柔毛；花梗长约 7.5 cm，有密柔毛，结果时增长；花近直立；萼片紫色，椭圆状卵形，长约 2 cm，宽 0.5 ~ 1.0 cm，顶端微钝，外面密被短柔毛。聚

▲兴安白头翁植株（花期）

▼兴安白头翁根

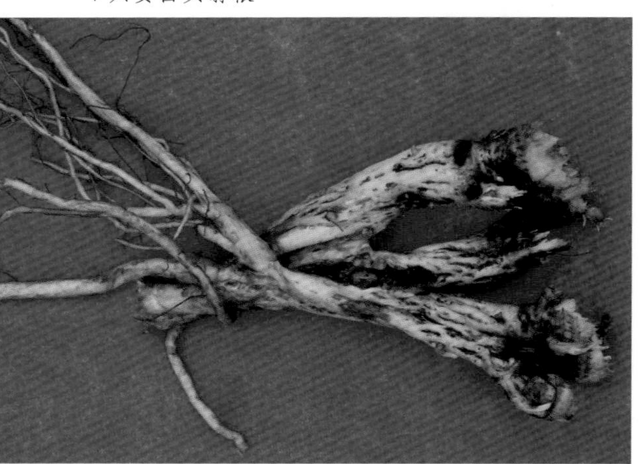

▼兴安白头翁果实

合果直径约10 cm；瘦果狭倒卵形，长约3 mm，密被柔毛，宿存花柱长5 ~ 6 cm，有近平展的长柔毛。花期5—6月，果期6—7月。

生　　境　生于林间空地、灌丛、路旁及石砾地等处，常聚集成片生长。

分　　布　黑龙江呼玛、黑河、尚志、哈尔滨市区、佳木斯、伊春等地。吉林磐石、蛟河、江源、临江、长白、靖宇等地。内蒙古额尔古纳、扎兰屯、通辽等地。朝鲜、俄罗斯（西伯利亚）、日本。

采　　制　春、秋季采挖根，去掉泥土，剪去地上部分，洗净，晒干药用。

性味功效　味苦，性寒。有清热解毒、凉血止痢、除湿止痒、杀虫的功效。

主治用法　用于痢疾、鼻衄、痔疾下血、瘰疬、湿热带下、热毒疮疡、阴道滴虫等。虚寒下痢者不宜使用。

用　　量　9 ~ 15 g。

▲兴安白头翁植株（果期）

◎参考文献◎

[1]《全国中草药汇编》编写组．全国中草药汇编（上册）[M]．北京：人民卫生出版社，1975: 283-284.
[2] 钱信忠．中国本草彩色图鉴（第二卷）[M]．北京：人民卫生出版社，2003: 272-273.

▲松叶毛茛植株

▲松叶毛茛花

毛茛属 *Ranunculus* L.

松叶毛茛 *Ranunculus reptans* L.

药用部位 毛茛科松叶毛茛的全草。

原 植 物 多年生纤细草本。茎匍匐多节，长 8 ~ 25 cm，节间贴生疏柔毛。基生叶多数，叶片线形至线状披针形，长 3 ~ 6 cm，宽 1 ~ 2 mm，全缘，无毛或生疏毛，顶端钝，下部渐狭成柄，基部扩大成鞘抱茎。茎生叶较小，数枚簇生于各节，叶片线形或苞片状。花单生茎顶，直径 6 ~ 8 mm；花梗细，长 2 ~ 6 cm，贴生柔毛；萼片宽卵形，长约 3 mm，外面生短毛，边缘膜质；花瓣 5 ~ 7，倒卵形，长 4 ~ 5 mm，基部渐狭成短爪，蜜槽点状；花药卵形，长约 1 mm，花丝稍长或 2 倍长于花药。聚合果卵球形，瘦果小而少，约 10，卵球形，稍扁，喙短弯，长约 0.3 mm。花期 7—8 月，果期 8—9 月。

生　　境 生于河边湿地及水中。

分　　布 黑龙江漠河、塔河、呼玛等地。吉林抚松、临江、靖宇等地。内蒙古额尔古纳、根河、牙克石等地。新疆。亚洲、欧洲、北美洲。

采　　制 夏、秋季采挖全草，除去杂质，洗净，鲜用或晒干。

性味功效 有抑制肿瘤的功效。

用　　量 适量。

◎参考文献◎

[1] 江纪武. 药用植物辞典 [M]. 天津：天津科学技术出版社，2005: 943.

▲小掌叶毛茛群落

小掌叶毛茛 *Ranunculus gmelinii* DC.

别　　名　小叶毛茛

药用部位　毛茛科小掌叶毛茛的全草及根。

原 植 物　多年生水生小草本。茎细长柔弱，长 30 cm 以上。叶多数，茎生；叶片圆心形或肾形，长约 1 cm，宽 1.2 ~ 1.5 cm，3 ~ 5 深裂；叶柄长 2 ~ 4 cm，基部有膜质宽鞘，近无毛。上部叶无柄，叶片 3 全裂和不分裂。花单生于茎顶和分枝顶端，直径 6 ~ 8 mm。花梗在果期伸长，有细毛；萼片 4 或 5，长约 2.5 mm，近无毛，边缘膜质；花瓣 5，倒卵形，稍长于萼片，基部渐窄成爪，蜜槽杯形，边缘稍分离；花药卵形，花托长约 2.5 mm，为宽的 2 倍，散生细毛。聚合果长圆形，直径 2 ~ 3 mm；瘦果卵球形，两面膨凸，背肋向内微凹，生细毛或近无毛，喙外弯。花期 7—8 月，果期 8—9 月。

生　　境　生于池塘、沼泽及湿地等处，常聚集成片生长。

▼小掌叶毛茛花（背）

▼小掌叶毛茛花

▲小掌叶毛茛植株

分　　布　黑龙江伊春、尚志、黑河、呼玛、塔河、漠河等地。吉林长白山各地。内蒙古额尔古纳、根河、牙克石、鄂伦春旗、鄂温克旗、扎兰屯、阿尔山、科尔沁右翼前旗、扎赉特旗、东乌珠穆沁旗等地。朝鲜、俄罗斯（西伯利亚）、蒙古。欧洲。

采　　制　夏、秋季采收全草，除去杂质，切段，洗净，鲜用或晒干。春、秋季采挖根，除去泥土，洗净，晒干。

性味功效　有消肿的功效。可做发泡剂。

用　　量　适量。

◎参考文献◎

[1] 江纪武. 药用植物辞典 [M]. 天津：天津科学技术出版社，2005: 672.

▲茴茴蒜花

茴茴蒜 *Ranunculus chinensis* Bge.

别　　名　茴茴蒜毛茛 水胡椒 蝎虎草 小茴茴蒜

俗　　名　黄花草 鸭脚板 鹅巴掌 野桑葚

药用部位　毛茛科茴茴蒜的全草。

原 植 物　一年生草本。茎直立粗壮，高 20 ~ 70 cm，中空。基生叶与下部叶有长达 12 cm 的叶柄，为三出复叶，叶片宽卵形至三角形，长 3 ~ 12 cm，小叶 2 ~ 3 深裂，裂片倒披针状楔形，宽 5 ~ 10 mm，上部有不等的粗齿或缺刻或 2 ~ 3 裂，顶端尖，小叶柄较短，叶片 3 全裂。花序有较多疏生的花，花直径 6 ~ 12 mm；萼片狭卵形，长 3 ~ 5 mm；花瓣 5，宽卵圆形，与萼片近等长或稍长，黄色或上面白色，基部有短爪，蜜槽有卵形小鳞片；花药长约 1 mm；花托在果期显著伸长，圆柱形，长达 1 cm。聚合果长圆形，直径 6 ~ 10 mm；瘦果扁平，边缘有棱，喙极短，呈点状。花期 6—8 月，果期 7—9 月。

生　　境　生于沟边、路旁、河岸等湿地处。

分　　布　黑龙江哈尔滨市区、伊春、牡丹江、尚志、密山、虎林、萝北、呼玛等地。吉林长白山各地。辽宁沈阳、新宾、长海、庄河、大连市区等地。内蒙古额尔古纳、鄂伦春旗、扎兰屯、科尔沁右翼前旗、科尔沁左翼后旗、科尔沁左翼中旗、扎鲁特旗、阿鲁科尔沁旗、巴林左旗、喀喇沁旗、宁城、敖汉旗、西乌珠穆沁旗、阿巴嘎旗等地。河北、山西、河南、山东、湖北、湖南、江西、江苏、安徽、浙江、四川、陕西、广东、广西、贵州、甘肃、云南、青海、新疆、西藏。朝鲜、俄罗斯（西伯利亚）、日本、印度。

采　　制　夏、秋季采收全草，鲜用或晒干。秋季采收果实，洗净药用。

性味功效　味苦、辛，性微温。有毒。有清热解毒、消炎退肿、平喘、降压、祛湿、杀虫、截疟、退翳的功效。

▼茴茴蒜花（背）

▲茴茴蒜果实

主治用法 用于疟疾、肝炎、肝硬化腹腔积液、夜盲症、牙痛、哮喘、气管炎、口腔炎、高血压、食管癌、恶疮痈肿、角膜薄翳、疮癞及牛皮癣等。水煎服。外用适量，捣敷发泡，绞汁搽或煎水洗。

用　　量 5 ~ 15 g。外用适量。

附　　方

（1）治肝炎、肝硬化：取鲜茴茴蒜全草，洗净，置乳钵中捣烂，外敷穴位。急性黄疸型肝炎敷肝区、中脘，并加中药利胆；急性无黄疸型肝炎敷肝区、中脘、足三里；慢性肝炎敷肝区、中脘、足三里、三阴交；肝硬化、肝功能不正常取肝区、脾区、中脘、足三里，酌情加中药疏肝；肝硬化腹腔积液取水分、关元、气海、中脘。每穴敷药面积的直径为 5 ~ 6 cm，药厚度为 1 cm，上盖纱布固定，12 h 后取下，发现局部红肿，以后逐渐起疱，以注射器抽出疱内黄水，再敷以纱布，任其自行痊愈（需 7 ~ 8 d）。一般每次选 1 ~ 2 穴，敷 1 ~ 3 次，每次间隔 15 ~ 20 d。有黄疸者，另服茵陈、赤小豆、连翘、板蓝根各 50 g，黄檗、柴胡各 25 g，栀子 15 g，甘草 5 g，水煎服。

（2）治肝炎、急性黄疸型肝炎：茴茴蒜 15 g，苦麻菜 5 g，煎水豆腐服食；慢性肝炎用茴茴蒜兑红糖煮食。

（3）治疮癞：茴茴蒜煎水外洗。

（4）治牙痛：茴茴蒜鲜品捣烂，取黄豆大，隔纱布敷合谷穴，左痛敷右，右痛敷左。

（5）治夜盲症：茴茴蒜果晒干研末，配羊肝煮食。

附　　注 茴茴蒜发疱疗法无严重副作用，但在刺疱放水或用注射器抽水后，必须用无菌纱布覆盖，以防感染。若发生感染，可按一般外伤感染处理。

◎参考文献◎

[1] 江苏新医学院．中药大辞典（上册）[M]．上海：上海科学技术出版社，1977：888．

[2] 朱有昌．东北药用植物 [M]．哈尔滨：黑龙江科学技术出版社，1989：395-397．

[3]《全国中草药汇编》编写组．全国中草药汇编（上册）[M]．北京：人民卫生出版社，1975：360-361．

▼茴茴蒜瘦果

▲茴茴蒜植株

▲匍枝毛茛群落

◀市场上的匍枝毛茛幼株

▲匍枝毛茛花（背）

▼匍枝毛茛花

匍枝毛茛 *Ranunculus repens* L.

别　　名 伏生毛茛

俗　　名 鸭巴掌 鸭爪子

药用部位 毛茛科匍枝毛茛的全草。

原 植 物 多年生草本。茎下部匍匐地面，上部直立，高 30 ~ 60 cm，中空。叶为三出复叶，基生叶和下部叶有长柄；叶片宽卵圆形，长与宽为 3 ~ 9 cm，小叶有长 0.5 ~ 3.0 cm 的小叶柄，3 深裂或 3 全裂，裂片菱状楔形；叶柄长 3 ~ 6 cm，基部扩大呈膜质宽鞘。花序有疏花；花直径 2.0 ~ 2.5 cm；萼片卵形，长 5 ~ 7 mm，无毛或

▲匍枝毛茛植株

疏生柔毛；花瓣 5 ~ 8，橙黄色至黄色，卵形至宽倒卵形，长 8 ~ 12 mm，宽 6 ~ 8 mm，基部渐狭成爪，蜜槽有鳞片覆盖；花药长约 1.2 mm，花丝长约为 3 mm；花托长圆形，生白柔毛。聚合果卵球形，直径约 8 mm；瘦果扁平，边缘有棱，喙直或外弯。花期 6—7 月，果期 7—8 月。

生　　境　生于湿地或湿草甸子上，常聚集成片生长。

分　　布　黑龙江哈尔滨市区、阿城、克山、尚志、伊春、北安、呼玛等地。吉林长白山各地。辽宁本溪、抚顺、新宾等地。内蒙古额尔古纳、根河、牙克石、鄂伦春旗、鄂温克旗、阿尔山、科尔沁右翼前旗、克什克腾旗、东乌珠穆沁旗、西乌珠穆沁旗、阿巴嘎旗等地。河北、山西、四川、新疆、云南等。亚洲（北部）、欧洲。

采　　制　夏、秋季采挖全草，除去杂质，洗净，鲜用或晒干。

性味功效　有利湿、消肿、止痛、退翳、截疟、杀虫的功效。

主治用法　用于疟疾、黄疸、偏头痛、胃痛、风湿关节痛、鹤膝风、痈肿、恶疮、疥癣、牙痛、淋巴结结核、翼状胬肉及角膜薄翳等。

用　　量　外用适量。

▼匍枝毛茛幼株

▼匍枝毛茛幼苗

▲匍枝毛茛植株（侧）

◎参考文献◎

[1] 严仲铠，李万林．中国长白山药用植物彩色图志[M]．北京：人民卫生出版社，1997:177.
[2] 中国药材公司．中国中药资源志要[M]．北京：科学出版社，1994:345.
[3] 江纪武．药用植物辞典[M]．天津：天津科学技术出版社，2005:672-673.

▼匍枝毛茛花（重瓣）

▼匍枝毛茛花（多瓣）

▲石龙芮群落

石龙芮 *Ranunculus sceleralus* L.

别　　名　石龙芮毛茛

俗　　名　野芹菜 鸭巴掌

药用部位　毛茛科石龙芮的全草及果实。

原 植 物　一年生草本。茎直立，高 10 ~ 50 cm，上部多分枝。基生叶多数；叶片肾状圆形，长 1 ~ 4 cm，宽 1.5 ~ 5.0 cm，基部心形，3 深裂不达基部，裂片倒卵状楔形，裂宽不等的 2 ~ 3 裂，顶端钝圆，有粗圆齿；叶柄长 3 ~ 15 cm。茎生叶多数，上部叶较小。聚伞花序有多数花；花小，直径 4 ~ 8 mm；花梗长 1 ~ 2 cm；萼片椭圆形，花瓣 5，倒卵形，等长或稍长于花萼，基部有短爪，蜜槽呈棱状袋穴；雄蕊 10 多枚，花药卵形，花托在果期伸长增大成圆柱形，长 3 ~ 10 mm，直径 1 ~ 3 mm。聚合果长圆形，长 8 ~ 12 mm，为宽的 2 ~ 3 倍；瘦果极多数，近百枚，紧密排列，倒卵球形，稍扁。花期 6—7 月，果期 7—8 月。

生　　境　生于沟边、路旁、河岸及水甸子附近。

分　　布　黑龙江哈尔滨、逊克、嫩江、黑河市区、呼玛、塔河、漠河等地。吉林长白山各地及洮南。辽宁沈阳、新宾、庄河、长海、大连市区等地。内蒙古额尔古纳、牙克石、根河、新巴尔虎左旗、新巴尔虎右旗、科尔沁右翼前旗、科尔沁右翼后旗、克什克腾旗、翁牛特旗、正蓝旗等地。全国绝大部分地区。亚洲、欧洲、北美洲（亚热带至温带地区）。

▼石龙芮花

采　　制　夏、秋季采收全草，除去杂质，晒干，洗净，鲜用或晒干。秋季采收成熟果实，除去杂质，晒干。

性味功效　全草：味苦、辛，性寒。有毒。有拔毒消肿、截疟散结、祛风除湿的功效。果实：味苦，性平。有清热、除湿的功效。

▲石龙芮植株（丛生）

▲石龙芮植株（单生）

主治用法　全草：用于风湿性关节痛、疟疾、瘰疬、肝炎、血疝初起、蛇咬伤疮、皮肤病、毒蛇咬伤、淋巴结结核（将干品适量加入油中熬成膏状，涂局部）及慢性下肢溃烂（将鲜品洗净切碎煮烂去渣，浓缩成膏涂患处）。外用鲜草捣敷或煎膏涂。果实：用于心热烦渴、阴虚失精及风寒湿痹等。

用　　量　全草：外用适量。果实：外用适量。

附　　方

（1）治慢性下肢溃疡：鲜石龙芮（全草）洗净，切碎，煮烂去渣，浓缩成膏（鲜品 25 kg 可制膏 1 kg）涂患处，每日 1 次，见愈后可隔日涂药 1 次。

（2）治毒蛇咬伤、恶疮痈肿：石龙芮鲜草捣烂外敷。

（3）治疟疾：石龙芮鲜草捣烂，于疟发前 6 h 敷大椎穴。或用石龙芮子捣烂敷手虎口及脉上。

（4）治淋巴结结核：石龙芮干全草适量研末，用芝麻油熬成膏状涂敷，每日 3 ~ 5 次。

（5）治牙痛：石龙芮鲜全草捣烂，加食盐少许，包敷中指指甲下沿，左痛包右，右痛包左。

附　　注　本品不能内服。如人误食可致口腔灼热，随后肿胀、咀嚼困难、剧烈腹泻、脉搏缓慢、呼吸困难、瞳孔放大，严重者会死亡。中毒早期，可用质量分数为 2% 的高锰酸钾溶液洗胃，服蛋清及活性炭，静脉注射葡萄糖盐水，腹剧痛时可用阿托品等对症治疗。皮肤及黏膜误用或过量，可用清水、硼酸或鞣酸溶液洗涤。

◎参考文献◎

[1] 江苏新医学院. 中药大辞典(上册)[M]. 上海: 上海科学技术出版社，1977: 599-600，623.

[2] 朱有昌. 东北药用植物 [M]. 哈尔滨：黑龙江科学技术出版社，1989: 401-402.

[3] 《全国中草药汇编》编写组. 全国中草药汇编(上册）[M]. 北京：人民卫生出版社，1975: 243-244.

▼石龙芮果实

▲毛茛瘦果

▲白山毛茛群落

▼毛茛植株（侧）

毛茛 *Ranunculus japonicus* Thunb.

别　　名　毛建草

俗　　名　老虎草　烂肺草　鸭脚板　野芹菜　老虎脚爪草　狗蹄子菜　狗蹄子芹　狗蹄子　狗爪芹　金凤花　小辣椒　辣花菜　胡椒菜

药用部位　毛茛科毛茛的全草及根。

原 植 物　多年生草本。须根多数簇生。茎直立，高 30 ~ 70 cm，中空。基生叶多数，叶片圆心形或五角形，长和宽均为 3 ~ 10 cm，叶柄长达 15 cm。下部叶与基生叶相似，渐向上叶柄变短，叶片较小，3 深裂，裂片披针形；最上部叶线形，全缘。聚伞花序有多数花，疏散；花直径 1.5 ~ 2.2 cm；花梗长达 8 cm；萼片椭圆形，长 4 ~ 6 mm；花瓣 5，倒卵状圆形，长 6 ~ 11 mm，宽 4 ~ 8 mm，基部有长约 0.5 mm 的爪，蜜槽鳞片长 1 ~ 2 mm；花药长约 1.5 mm；花托短小。聚合果近球形，直径 6 ~ 8 mm；瘦果扁平，上部最宽处与长近相等，为厚的 5 倍以上，边缘有棱，喙短直或外弯。花期 5—8 月，果期 6—9 月。

▲毛茛植株

▲毛茛果实

▲重瓣毛茛花

生　　境　生于向阳山坡稍湿地、沟边、路旁等处，常聚集成片生长。

分　　布　黑龙江各地。吉林省各地。辽宁丹东市区、宽甸、凤城、东港、本溪、桓仁、新宾、清原、鞍山市区、岫岩、庄河、长海、大连市区、沈阳、昌图、开原、西丰、彰武、北镇、凌源、建昌等地。内蒙古额尔古纳、根河、牙克石、鄂温克旗、阿荣旗、扎兰屯、阿尔山、陈巴尔虎旗、新巴尔虎左旗、新巴尔虎右旗、科尔沁右翼前旗、科尔沁左翼中旗、扎赉特旗、科尔沁左翼后旗、扎鲁特旗、巴林左旗、巴林右旗、克什克腾旗、翁牛特旗、阿鲁科尔沁旗、东乌珠穆沁旗、西乌珠穆沁旗、阿巴嘎旗、苏尼特左旗、苏尼特右旗、镶黄旗、正蓝旗、正镶白旗等地。全国各地（除西藏外）。朝鲜、日本、俄罗斯（西伯利亚中东部）。

采　　制　夏、秋季采收全草，除去杂质，切段，洗净，鲜用或晒干。春、秋季采挖根，除去泥土，洗净，晒干。

性味功效 味辛、微苦，性温。有毒。有利湿、消肿、止痛、退翳、截疟、杀虫的功效。

主治用法 用于疟疾、黄疸、胃痛、偏头痛、风湿性关节痛、鹤膝风、翼状胬肉、哮喘、痈肿、痈疽恶疮、瘰疬、疥癣、牙痛、火眼、眼生翳膜、癣癞、骨结核及毒蛇咬伤等。外用鲜品捣烂敷患处。本品有毒，一般不作为内服。

用　　量 外用适量。

附　　方

（1）治胃痛：新鲜毛茛洗净，捣烂加红糖少许，调匀，置于有凹陷的橡皮瓶塞（如青霉素瓶塞）内，倒翻贴在胃俞、肾俞二穴（或配加梁丘、阿是穴），约 5 min，局部有蚁行感时弃去。如发生水疱，不要刺破（可自行吸收），然后挑破水疱，偶有感染可用消炎药外敷。

（2）治翼状胬肉：毛茛捣碎呈豆粒大小，敷手腕部桡动脉寸关尺的寸部，左眼敷右手，右眼敷左手，双眼敷双手，至起水疱起，然后挑破水疱，外敷消炎药膏预防感染。

▲白山毛茛植株

▲毛茛花

▲毛茛花（背）

（3）治淋巴结结核：鲜毛茛根捣烂，视结核大小而敷上药，每次敷约 15 min，或以患者有灼痛感为度，将敷药取下。

（4）治急性黄疸：毛茛全草洗净捣烂，团成丸（如黄豆大），敷于手臂三角肌下，经 8 ~ 12 h 起水疱，用针刺破，流出黄水后，用纱布包好。

（5）治风火牙痛：毛茛鲜品适量，捣烂放于患牙对侧耳根（尖）部，10 min 左右取下。又方：毛茛鲜根适量，加少许食盐捣烂，按下条治偏头痛的方法，敷于经渠穴，右边牙痛敷左手，左边牙痛敷右手。

（6）治偏头痛：毛茛鲜根，和食盐少许捣烂，敷于患侧太阳穴。敷法：将铜钱一个（或用厚纸剪成铜钱形亦可），将药放在钱孔内，

▲毛茛群落

▼毛茛花（侧）

▼毛茛幼株

外以布条扎护，约敷 1 h，起疱，即将药取去，不可久敷，以免发生大水疱。

（7）治鹤膝风：鲜毛茛根捣烂，如黄豆大一团，敷于膝眼（膝盖下两边有窝陷处），待发生水疱后，以消毒针刺破，放出黄水，再以清洁纱布覆之。

（8）治疟疾：鲜毛茛根 7 ~ 8 根捣碎，于发作前 6 h 左右敷在手腕脉搏上（本溪民间方）。或用鲜全草捣烂，敷大椎穴，局部有灼热感时弃去，如发生水疱，用消毒纱布覆盖。

附　注

（1）在东北尚有 1 变种、1 变型：

白山毛茛 var. *monticola* Kitag.，植株纤细矮小，叶较小，裂片狭，花小，花直径约 1 cm。生于高山苔原及亚高山岳桦林下。分布于吉林长白、抚松、安图。朝鲜。其他与原种同。

重瓣毛茛 f. *plena* Y. C. Chu et D. C.，花重瓣。生于山脚下、溪流边。其他与原种同。

（2）全草有毒，特别是花的毒性最强。人误食后会引起烦躁不安、口内灼热肿胀、恶心、呕吐、腹泻、疝痛、下痢、尿血、脉搏徐缓、呼吸困难、瞳孔放大、失去知觉，最后痉挛死亡。

▲毛茛花（7瓣）

◎参考文献◎

[1] 江苏新医学院．中药大辞典（上册）[M]．上海：上海科学技术出版社，1977: 437-438.

[2] 朱有昌．东北药用植物 [M]．哈尔滨：黑龙江科学技术出版社，1989: 397-400.

[3] 《全国中草药汇编》编写组．全国中草药汇编（上册）[M]．北京：人民卫生出版社，1975: 196-197.

▼毛茛花（8瓣）

▼毛茛花（9瓣）

▼毛茛花（12瓣）

▲毛茛花（13 瓣）

▼毛茛花（14 瓣）

▲唐松草群落

唐松草属 *Thalictrum* L.

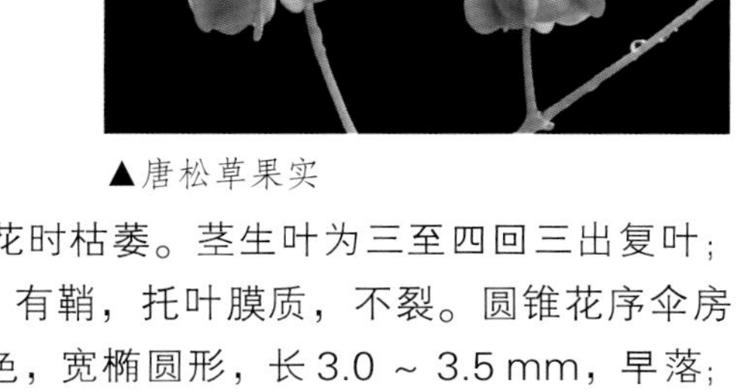
▲唐松草果实

唐松草 *Thalictrum aquilegifolium* L. var. *sibiricum* Regel et Tiling

别　　名　翼果唐松草　翼果白蓬草　翅果唐松草

俗　　名　狗爪子　猫爪子　牛波罗盖　黑汉腿　土黄连

药用部位　毛茛科唐松草的全草、根及根状茎。

原 植 物　多年生草本。茎粗壮，高 60 ~ 150 cm。基生叶在开花时枯萎。茎生叶为三至四回三出复叶；叶片长 10 ~ 30 cm；小叶草质，扁圆形；叶柄长 4.5 ~ 8.0 cm，有鞘，托叶膜质，不裂。圆锥花序伞房状，有多数密集的花；花梗长 4 ~ 17 mm；萼片白色或外面带紫色，宽椭圆形，长 3.0 ~ 3.5 mm，早落；雄蕊多数，长 6 ~ 9 mm，花药长圆形，长约 1.2 mm，顶端钝，上部倒披针形，比花药宽或稍窄，下部丝形；心皮 6 ~ 8，有长心皮柄，花柱短，柱头侧生。瘦果倒卵形，长 4 ~ 7 mm，有 3 条宽纵翅，基部突变狭，心皮柄长 3 ~ 5 mm，宿存柱头长 0.3 ~ 0.5 mm。花期 6—7 月，果期 7—8 月。

生　　境　生于山地阔叶林下、林缘湿草地及草坡等处，常聚集成片生长。

分　　布　黑龙江鹤岗、伊春、密山、虎林、集贤、勃利、富锦、尚志、北安、黑河市区、孙吴、呼玛等地。吉林长白山各地和双辽。辽宁宽甸、凤城、本溪、桓仁、西丰、岫岩、庄河等地。内蒙古额尔古纳、根河、牙克石、鄂伦春旗、鄂温克旗、扎兰屯、阿尔山、科尔沁右翼前旗、扎鲁特旗、扎赉特旗、克什克腾旗、巴林左旗、巴林右旗、阿鲁科尔沁旗、喀喇沁旗、宁城、东乌珠穆沁旗等地。河北、山东、山西、浙江。朝鲜、俄罗斯（西伯利亚）、日本。

采　　制　夏、秋季采收全草，除去杂质，切段，洗净，鲜用或晒干。春、秋季采挖根及根状茎，除去泥土，洗净，鲜用或晒干。

性味功效　味苦，性寒。有清热解毒的功效。

主治用法　用于肺热咳嗽、咽峡炎、黄疸型肝炎、腹泻、痈肿疮疖、痢疾、肠炎、淋巴结结核、肺热咳嗽及毒蛇咬伤等。水煎服。外用适量，煎水洗患处。

▲唐松草果穗

▲唐松草花序

▲唐松草花

用　　量　5 ～ 15 g。外用适量。

附　　方

（1）治咽峡炎：将唐松草制成质量分数为 100% 的糖浆剂，3 岁以上 15 ～ 20 ml。每日 3 ～ 4 次，食前服，3 d 为一个疗程。据临床报道，治疗 40 例，治愈 26 例，好转 8 例，无效 3 例，不明 3 例。治愈病例平均 1.5 d 退热。

（2）治小儿伤风发热、麻疹将出：唐松草、蝉蜕、菊花、大力子、防风、薄荷、甘草，水煎服。

（3）治痢疾、肠炎：唐松草 45 g，木香 15 g，共研细末，每次 5 ～ 10 g，一日服 3 次。

（4）治红肿疮痈：唐松草 10 g，水煎服及研末外敷或制成软膏外用。

（5）治渗出性皮炎（浸淫疮）：唐松草适量，焙干研末，撒患处；或与松花粉各等量同用。如撒后患处干燥起裂，可用芝麻油调敷。

◎参考文献◎

[1] 江苏新医学院．中药大辞典（下册）[M]．上海：上海科学技术出版社，1977: 1822.

[2] 朱有昌．东北药用植物 [M]．哈尔滨 黑龙江科学技术出版社，1989: 402-404.

[3] 中国药材公司．中国中药资源志要 [M]．北京：科学出版社，1994: 347.

▲唐松草植株

▲深山唐松草植株（岩生型）

▼深山唐松草花序

▲深山唐松草花序（背）

深山唐松草 *Thalictrum tuberiferum* Maxim.

别　　名 深山白蓬草

药用部位 毛茛科深山唐松草的根。

原植物 多年生草本。须根有纺锤形小块根。茎高 50 ~ 70 cm，上部分枝。基生叶 1，长 25 ~ 30 cm，常为三回三出复叶；叶片长 13 ~ 23 cm；小叶草质，顶生小叶有长柄，卵形或菱状椭圆形；叶柄长 11 ~ 19 cm。茎生叶 2，对生，有时 1，为三出复叶，长 3.5 ~ 6.0 cm，为一至二回三出复叶。花序圆锥状；下部苞片三出；萼片椭圆形，长约 2 mm，顶端钝，早落；花药椭圆形，长约 0.5 mm，花丝比花药宽达 3 倍，上部倒披针形，下部丝形；心皮 3 ~ 5，子房下部渐变狭成细柄，柱头小，头形，无花柱。瘦果斜狭椭圆形，长 3.5 mm，柄长 1.6 mm。花期6—7 月，果期7—8 月。

生　境　生于山地溪流旁石砬子上、阔叶林阴湿岩石上及沟边等有机质丰富阴湿处。

分　布　黑龙江东宁、宁安、尚志、五常等地。吉林长白山各地。辽宁丹东市区、凤城、宽甸、本溪、桓仁、新宾、清原、鞍山市区、岫岩、庄河等地。朝鲜、俄罗斯（西伯利亚中东部）、日本。

采　制　春、秋季采挖根，剪掉须根，除去泥土，洗净，晒干。

性味功效　有清热解毒的功效。

主治用法　用于水肿、肾结石、皮肤病等。水煎服。外用煎水洗患处。

用　量　适量。

◎参考文献◎

[1] 中国药材公司．中国中药资源志要 [M]. 北京：科学出版社，1994: 352.
[2] 江纪武．药用植物辞典 [M]. 天津：天津科学技术出版社，2005: 806.

▲深山唐松草植株（林下型）

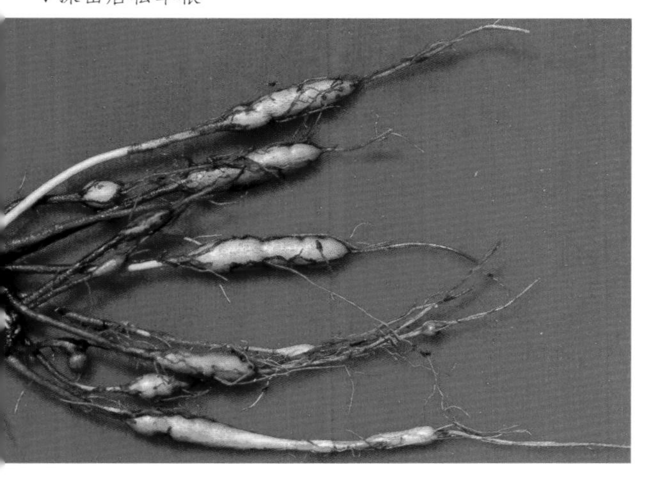
▼深山唐松草根

▼深山唐松草果实

▲瓣蕊唐松草群落

瓣蕊唐松草 *Thalictrum petaloideum* L.

别　　名　肾叶唐松草 肾叶白蓬草 花唐松草

俗　　名　猫爪子

药用部位　毛茛科瓣蕊唐松草的根及根状茎（入药称“花唐松草”）。

原 植 物　多年生草本。茎高 20 ~ 80 cm，上部分枝。基生叶数个，有短或稍长柄，为三至四回三出或羽状复叶；叶片长 5 ~ 15 cm；小叶草质，形状变异很大，顶生小叶倒卵形、菱形或近圆形，长 3 ~ 12 mm，宽 2 ~ 15 mm，小叶柄长 5 ~ 7 mm；叶柄长达 10 cm，基部有鞘。花序伞房状，有少数或多数花；花梗长 0.5 ~ 2.5 cm；萼片 4，白色，早落，卵形，长 3 ~ 5 mm；雄蕊多数，长 5 ~ 12 mm，花药狭长圆形，长 0.7 ~ 1.5 mm，顶端钝，花丝上部倒披针形，比花药宽；心皮 4 ~ 13，无柄，花柱短，腹面密生柱头组织。瘦果卵形，长 4 ~ 6 mm，有 8 条纵肋，宿存花柱长约 1 mm。花期 6—7 月，果期 7—8 月。

生　　境　生于灌丛、林缘及草甸等处，常聚集成片生长。

分　　布　黑龙江哈尔滨市区、牡丹江市区、尚志、五常、东宁、虎林、大庆市区、安达、肇东、肇源、塔河、呼玛等地。吉林镇赉、通榆、长岭、洮南、前郭、安图、辉南、柳河、吉林等地。辽宁宽甸、凤城、本溪、桓仁、新宾、清原等地。内蒙古额尔古纳、根河、牙克石、扎兰屯、阿尔山、科尔沁右翼前旗、扎赉特旗、克什克腾旗、巴林左旗、巴林右旗、喀喇沁旗、翁牛特旗、阿鲁科尔沁旗、宁城、东乌珠穆沁旗、西乌珠穆沁旗、多伦、镶黄旗等地。河北、河南、安徽、山西、陕西、四川、宁夏、甘肃、青海。朝鲜、俄罗斯（西伯利亚）。

采　　制　春、秋季采挖根及根状茎，除去泥土和地上部分，洗净，晒干。

▲瓣蕊唐松草花序

▼瓣蕊唐松草花序（背）

▲瓣蕊唐松草植株

▲瓣蕊唐松草果实

性味功效 味苦，性寒。有清热、利湿、解热毒的功效。

主治用法 用于黄疸、痢疾、腹泻、渗出性皮炎等。水煎服。

用　　量 4～9g。

◎参考文献◎

[1] 朱有昌. 东北药用植物 [M]. 哈尔滨：黑龙江科学技术出版社，1989: 408-409.

[2] 钱信忠. 中国本草彩色图鉴(第三卷) [M]. 北京：人民卫生出版社，2003: 46-47.

[3] 中国药材公司. 中国中药资源志要 [M]. 北京：科学出版社，1994: 350.

▲展枝唐松草幼株

▲展枝唐松草花

展枝唐松草 *Thalictrum squarrosum* Steph. ex Willd.

别　　名　展枝白蓬草　叉枝唐松草　歧序唐松草　坚唐松草

俗　　名　猫爪子　猫爪子菜　牛膝盖　猫蹄芹

药用部位　毛茛科展枝唐松草的根及根状茎。

原 植 物　多年生草本。茎高 60 ~ 100 cm，有细纵槽，通常自中部近二歧状分枝。基生叶在开花时枯萎。茎下部及中部叶有短柄，为二至三回羽状复叶；叶片长 8 ~ 18 cm；小叶坚纸质或薄革质；叶柄长 1 ~ 4 cm。花序圆锥状，近二歧状分枝；花梗细，长 1.5 ~ 3.0 cm，在结果时稍增长；萼片 4，淡黄绿色，狭卵形，长约 3 mm，宽约 0.8 mm，脱落；雄蕊 5 ~ 14，长 3 ~ 5 mm，花药长圆形，长约 2.2 mm，有短尖头，花丝丝形；心皮 1 ~ 5，无柄，柱头箭头状。瘦果狭倒卵球形或近纺锤形，稍斜，长 4.0 ~ 5.2 mm，有 8 条粗纵肋，柱头长约 1.6 mm。花期 7—8 月，果期 8—9 月。

生　　境　生于山坡、林缘、疏林下、草甸及灌丛中。

分　　布　黑龙江大兴安岭、小兴安岭、张广才岭、完达山、老爷

▼市场上的展枝唐松草幼株

▼展枝唐松草瘦果

岭、安达、肇东、肇源等地。吉林长白山各地。辽宁宽甸、桓仁、彰武等地。内蒙古陈巴尔虎旗、牙克石、鄂温克旗、新巴尔虎左旗、科尔沁右翼前旗、克什克腾旗、阿鲁科尔沁旗、巴林右旗、喀喇沁旗、敖汉旗、东乌珠穆沁旗、太仆寺旗、镶黄旗、正蓝旗、多伦等地。河北、山西、陕西。朝鲜、俄罗斯（西伯利亚）、蒙古。

采　　制　春、秋季采挖根及根状茎，剪掉须根，除去泥土，洗净，晒干。

性味功效　味苦，性平。有清热解毒、健胃、止酸、发汗的功效。

主治用法　用于肠炎、痢疾、头痛、头晕、吐酸水、烧心、目赤肿痛、痈肿疮疖、淋巴结炎及毒蛇咬伤。水煎服。

用　　量　5 ~ 15 g。

附　　方

（1）治夏季头痛、头晕：展枝唐松草 15 g，水煎服。

（2）治吐酸水、烧心：展枝唐松草适量，生吃。

◎参考文献◎

[1] 江苏新医学院．中药大辞典（下册）[M]．上海：上海科学技术出版社，1977：1962-1963.

[2] 朱有昌．东北药用植物 [M]．哈尔滨：黑龙江科学技术出版社，1989：411-412.

[3] 中国药材公司．中国中药资源志要 [M]．北京：科学出版社，1994：352.

▼展枝唐松草幼苗（后期

▲展枝唐松草果实

▲展枝唐松草幼苗（前期）

▲展枝唐松草植株

▲箭头唐松草群落

▼箭头唐松草圆锥花序

箭头唐松草 *Thalictrum simplex* L.

别　　名　箭头白蓬草　黄唐松草　水黄连

俗　　名　猫爪子

药用部位　毛茛科箭头唐松草的全草及根（入药称“硬水黄连”）。

原 植 物　多年生草本，茎高54～100 cm。茎生叶向上近直展，为二回羽状复叶；茎下部的叶片长达20 cm，小叶较大，圆菱形、菱状宽卵形或倒卵形，长2～4 cm，宽1.4～4.0 cm，茎上部叶渐变小，小叶倒卵形或楔状倒卵形，基部圆形、钝或楔形，裂片顶端急尖；茎下部叶有稍长柄，上部叶无柄。圆锥花序长9～30 cm，分枝与轴呈45°角斜上层；花梗长达7 mm；萼片4，早落，狭椭圆形，长约2.2 mm；雄蕊约15，长约5 mm，花药狭长圆形，长约2 mm，顶端有短尖头，花丝丝形；心皮3～6，无柄，柱头宽三角形。瘦果狭椭圆球形或狭卵球形，长约2 mm，有8条纵肋。花期7—8月，果期8—9月。

生　　境　生于林缘、灌丛及草甸等处。

分　　布　黑龙江伊春、牡丹江、鹤岗、鸡西、大庆市区、泰来、安达、肇源、肇东、杜尔伯特、齐齐哈尔市区、孙吴、黑河市区、呼玛等地。吉林长白山及西部草原各地。辽宁宽甸、东港、本溪、开原、鞍山、大连、沈阳、彰武、北镇等地。内蒙古额尔古纳、牙克石、鄂伦春旗、鄂温克旗、新巴尔虎左旗、科尔沁右翼前旗、科尔沁右翼中旗、科尔沁左翼后旗、克什克腾旗、喀喇沁旗、正蓝旗等地。河北、山西。朝鲜、俄罗斯(西伯利亚)、蒙古。

采　　制　夏、秋季采收全草，洗净，晒干。春、秋季采挖根，除去泥土和地上部分，洗净，晒干。

性味功效　全草：味苦，性寒。有清热、除湿、解毒的功效。根：味苦，性寒。有清热、解毒的功效。

主治用法　全草：用于黄疸、腹腔积液、痢疾、哮喘、麻疹合并肺炎、大叶性肺炎、肠炎、传染性肝炎、感冒、结膜炎、鼻疳、目赤红肿及疔疮肿毒等。水煎服。外用适量研末敷用。根：用于黄疸、痢疾、哮喘、麻疹合并肺炎、鼻疳、目赤、热疮等。水煎服。外用研末敷用。

▲短梗箭头唐松草花

▲箭头唐松草植株

用　　量　全草：25 ~ 50 g。根：5 ~ 15 g。外用适量。

附　　方

（1）治结膜炎：箭头唐松草、千里光、野菊花各 25 g，煎水熏洗。

（2）治大叶性肺炎：箭头唐松草 25 g（或根 15 g），葶苈子 15 g，甘草 10 g，水煎服。

（3）治小儿麻疹合并肺炎：箭头唐松草根、蝉蜕、旋覆花各 5 g，水煎服。

（4）治痢疾：箭头唐松草、马齿苋各 15 g，水煎服。

（5）治鼻疳：箭头唐松草 10 g，百部 15 g（切片晒干，炒，取净末 10 g），地骨（净炒）10 g，五倍子（炒）、黄檗（炒）、甘草（炒）各 10 g，水黄连（切片，炒）5 g，共为末。如鼻疳烂通孔者，以此调芝麻油搽。

附　注　在东北尚有 1 变种：短梗箭头唐松草 var. *brevipes* Hara，小叶多为楔形，小裂片狭三角形，顶端锐尖；花梗较短，长 1～5 mm。其他与原种同。

◎参考文献◎

[1] 江苏新医学院. 中药大辞典（下册）[M]. 上海：上海科学技术出版社，1977: 2336.

[2] 朱有昌. 东北药用植物 [M]. 哈尔滨：黑龙江科学技术出版社，1989: 409-411.

[3]《全国中草药汇编》编写组. 全国中草药汇编（上册）[M]. 北京：人民卫生出版社，1975: 189-190.

▲箭头唐松草幼株

▼箭头唐松草根

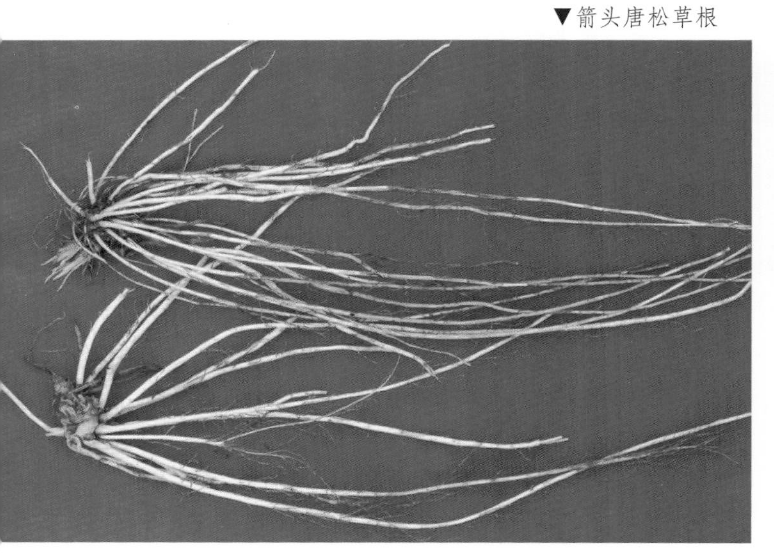

▼箭头唐松草瘦果

▲香唐松草花

香唐松草 *Thalictrum foetidum* L.

别　　名　腺毛唐松草　马尾黄连　土黄连　马尾连

药用部位　毛茛科香唐松草的根及根状茎。

原 植 物　多年生草本。高 20 ~ 50 cm，根状茎较粗，具多数须根。茎生叶三至四回三出复叶，基部叶具较长的柄，柄长 4 cm，叶柄基部两侧加宽，呈膜质鞘状；复叶轮廓宽三角形，长约 10 cm，小叶具短柄，小叶片卵形、宽倒卵形或近圆形，长 2 ~ 10 mm，宽 2 ~ 9 mm，基部微心形或圆状楔形，先端 3 浅裂，裂片全缘或具 2 ~ 3 个钝锯齿。圆锥花序伞疏松，花小，直径 5 ~ 7 mm，花梗长 5 ~ 12 mm；萼片 5，淡黄绿色，稍带暗紫色，卵形，长约 3 mm，宽约 1.5 mm；无花瓣；雄蕊多数，比萼片长 1.0 ~ 2.5 倍，花丝丝状，长 3 ~ 5 mm，花药黄色，条形，长 1.5 ~ 3.0 mm，比花丝短，花柱短，具短尖；心皮 4 ~ 9 或更多；子房无柄，柱头具翅，长三角形。瘦果扁，卵形或倒卵形，长 2 ~ 5 mm，有 8 条纵肋。花期 7—8 月，果期 8—9 月。

生　　境　生于山地草原及灌丛中。

分　　布　内蒙古额尔古纳、根河、牙克石、扎兰屯、阿尔山、新巴尔虎左旗、科尔沁右翼前旗、敖汉旗、阿巴嘎旗等地。河北、山西、陕西、四川、甘肃、新疆、西藏。俄罗斯（西伯利亚）、蒙古。欧洲等。

采　　制　夏、秋季采挖根及根状茎，除去杂质，洗净，鲜用或晒干。

性味功效　味苦，性寒。有清热燥湿、杀菌止痢、解毒的功效。

主治用法　用于痢疾、肠炎、传染性肝炎、感冒、麻疹、痈肿疮疖、结膜炎等。水煎服。外用研末调敷。

用　　量　3 ~ 10 g。外用适量。

◎参考文献◎

[1] 国家中医药管理局．中华本草：第 3 卷 [M]．上海：上海科学技术出版社，1999: 262-263.

[2] 巴根那．中国大兴安岭蒙中药植物资源志 [M]．赤峰：内蒙古科学技术出版社，2011: 151-152.

▲香唐松草植株

▲长瓣金莲花花

▼长瓣金莲花花（重瓣）

金莲花属 *Trollius* L.

长瓣金莲花 *Trollius macropetalus* Fr. Schmidt

药用部位 毛茛科长瓣金莲花的花。

原植物 多年生草本。茎高 70 ~ 100 cm，疏生叶 3 ~ 4。基生叶 2 ~ 4，长 20 ~ 38 cm，有长柄；叶片长 5.5 ~ 9.2 cm，宽 11 ~ 16 cm。花直径 3.5 ~ 4.5 cm；萼片 5 ~ 7，金黄色，干时变橙黄色，宽卵形或倒卵形，顶端圆形，生不明显小齿，长 1.5 ~ 2.5 cm，宽 1.2 ~ 1.5 cm；花瓣 14 ~ 22，在长度方面稍超过萼片或超出萼片达 8 mm，有时与萼片近等长，狭线形，顶端渐变狭，常尖锐，长 1.8 ~ 2.6 cm，宽约 1 mm；雄蕊长 1 ~ 2 cm，花药长 3.5 ~ 5.0 mm；心皮 20 ~ 40。蓇葖长约 1.3 cm，宽约 4 mm，喙长 3.5 ~ 4.0 mm；种子狭倒卵球形，长约 1.5 mm，黑色，具 4 棱角。花期 7—8 月，果期 8—9 月。

▲长瓣金莲花花（背）

▲长瓣金莲花种子

▲长瓣金莲花果实

生　　境　生于草甸、湿草地、林缘及林间草地等处。

分　　布　黑龙江阿城、伊春、集贤、尚志等地。吉林长白山各地。辽宁新宾。朝鲜、俄罗斯（西伯利亚中东部）。

采　　制　夏季花盛开时采摘，除去杂质，洗净，阴干。

性味功效　味苦，性寒。有清热解毒的功效。

主治用法　用于急性鼓膜炎、慢性扁桃体炎、咽炎、急性结膜炎、急性淋巴管炎、急性中耳炎、口疮及疔疮等。水煎服。外用适量，煎水含漱。

用　　量　3～6g。外用适量

◎参考文献◎

[1] 严仲铠，李万林．中国长白山药用植物彩色图志[M]．北京：人民卫生出版社，1997: 502-504.

[2] 中国药材公司．中国中药资源志要 [M]．北京：科学出版社，1994: 353.

[3] 江纪武．药用植物辞典 [M]．天津：天津科学技术出版社，2005: 825.

▲长瓣金莲花植株

▲长瓣金莲花群落

▲短瓣金莲花花（4 瓣）

短瓣金莲花 *Trollius ledebouri* Reichb.

药用部位 毛茛科短瓣金莲花的花。

原 植 物 多年生草本。茎高 60 ~ 100 cm，疏生叶 3 ~ 4。基生叶 2 ~ 3，长 15 ~ 35 cm，有长柄；叶片五角形，长 4.5 ~ 6.5 cm，宽 8.5 ~ 12.5 cm；叶柄长 9 ~ 29 cm，基部具狭鞘。茎生叶与基生叶相似，上部的较小。花单独顶生或 2 ~ 3 朵组成稀疏的聚伞花序，直径 3.2 ~ 4.8 cm；苞片无柄，3 裂；花梗长 5.5 ~ 15.0 cm；萼片 5 ~ 8，黄色，干时不变绿色，生少数不明显的小齿，长 1.2 ~ 2.8 cm，宽 1.0 ~ 1.5 cm；花瓣 10 ~ 22，长度超过雄蕊，但比萼片短，线形，顶端变狭，长 1.3 ~ 1.6 cm，宽约 1 mm；雄蕊长达 9 mm，花药长约 3.5 mm；心皮 20 ~ 28。蓇葖长约 7 mm，喙长约 1 mm。花期 7—8 月，果期 8—9 月。

▲短瓣金莲花花

▲短瓣金莲花植株（草甸型）

生　　境　生于灌丛、林缘、林间草地及沼泽地塔头墩子上等处。

分　　布　黑龙江呼玛、逊克、孙吴、伊春、集贤、安达、北安、嫩江、嘉荫、萝北、虎林、饶河等地。吉林长白、抚松、安图、敦化、汪清、和龙等地。辽宁宽甸、抚顺、铁岭等地。内蒙古额尔古纳、根河、牙克石、鄂伦春旗、鄂温克旗、阿尔山、科尔沁右翼前旗、扎赉特旗、东乌珠穆沁旗等地。朝鲜、俄罗斯（西伯利亚）。

采　　制　夏季花盛开时采摘花，除去杂质，洗净，阴干。

性味功效　味苦，性寒。有清热解毒的功效。

主治用法　用于急性鼓膜炎、慢性扁桃体炎、咽炎、急性结膜炎、急性淋巴管炎、急性中耳炎、口疮、疔疮等。水煎服。外用适量，煎水含漱。

用　　量　3～6g。外用适量。

▼短瓣金莲花花（背）

▲短瓣金莲花幼株

▲短瓣金莲花果实

▼市场上的短瓣金莲花花瓣（干）

▲市场上的短瓣金莲花花瓣（鲜）

◎参考文献◎

[1] 朱有昌．东北药用植物 [M]．哈尔滨：黑龙江科学技术出版社，1989: 416.

[2] 《全国中草药汇编》编写组．全国中草药汇编（上册）[M]．北京：人民卫生出版社，1975: 537-538.

[3] 中国药材公司．中国中药资源志要 [M]．北京：科学出版社，1994: 353.

短瓣金莲花植株（湿地型）

▲短瓣金莲花群落

▲金莲花花（重瓣）

▲市场上的金莲花花

金莲花 *Trollius chinensis* Bge.

别　　名　旱地莲　金芙蓉

药用部位　毛茛科金莲花的花。

原 植 物　多年生草本。茎高 30 ~ 70 cm，疏生叶 2 ~ 4。基生叶 1 ~ 4；叶片五角形，长 3.8 ~ 6.8 cm；叶柄长 12 ~ 30 cm。茎生叶似基生叶，下部的具长柄，上部的较小。花单独顶生或 2 ~ 3 朵组成稀疏的聚伞花序，花梗长 5 ~ 9 cm；苞片 3 裂；萼片 6 ~ 19，金黄色，最外层的椭圆状卵形，顶端疏生三角形牙齿，其他的椭圆状倒卵形，顶端圆形，生不明显的小牙齿；花瓣 18 ~ 21，稍长于萼片或与萼片近等长，狭线形，顶端渐狭，长 1.8 ~ 2.2 cm，宽 1.2 ~ 1.5 mm；雄蕊长 0.5 ~ 1.1 cm，花药长 3 ~ 4 mm；心皮 20 ~ 30。蓇葖果具喙；种子近倒卵球形，具棱角 4 ~ 5。花期 6—7 月，果期 8—9 月。

生　　境　生于山坡、草地或疏林下，常聚集成片生长。

分　　布　辽宁凌源、建昌、建平、喀左、北票等地。内蒙古克什克腾旗、巴林左旗、喀喇沁旗、翁牛特旗、阿鲁科尔沁旗、东乌珠穆沁旗、正蓝旗、正镶白旗、镶黄旗、太仆寺旗、多伦等地。河北、河南、山西。蒙古。

采　　制　夏季花盛开时采摘，除去杂质，洗净，阴干。

▲金莲花植株（草甸型）

▲金莲花群落

▲金莲花花 （背）

▲金莲花花

▲金莲花果实

性味功效 味苦，性寒。有清热解毒的功效。

主治用法 用于急性鼓膜炎、慢性扁桃体炎、咽炎、急性结膜炎、急性淋巴管炎、急性中耳炎、口疮及疔疮等。水煎服。外用适量，煎水含漱。

用　　量 5 ~ 10 g。外用适量。

附　　方

（1）治急、慢性扁桃体炎：金莲花 10 g，蒲公英 25 g，开水沏，当茶饮，并可口漱。又方：金莲花 5 g，作为茶经常饮用并含漱，对急性者用量加倍，或再加鸭跖草等量用。

（2）治急性淋巴管炎（红丝疔）、急性结膜炎（火眼）、急性中耳炎、急性鼓膜炎：金莲花 10 g，野菊花 15 g，甘草 5 g，水煎服。

◎参考文献◎

[1] 江苏新医学院．中药大辞典（上册）[M]．上海：上海科学技术出版社，1977: 1398-1399.

[2] 朱有昌．东北药用植物 [M]．哈尔滨：黑龙江科学技术出版社，1989: 413-414.

[3] 《全国中草药汇编》编写组．全国中草药汇编（上册）[M]．北京：人民卫生出版社，1975: 537-538.

▲金莲花植株（湿地型）

宽瓣金莲花 *Trollius asiaticus* L.

药用部位 毛茛科宽瓣金莲花的花。

原 植 物 多年生草本，茎高 25 ~ 50 cm。基生叶约 3，有长柄，叶片五角形，长达 4.5 cm，宽达 8.5 cm，基部心形，3 全裂。茎生叶 2 ~ 3，似基生叶，但变小，有短柄或无柄。花单独生于茎或分枝顶端，直径 2.0 ~ 4.5 cm；萼片黄色，10 ~ 20，宽椭圆形或倒卵形，长 0.7 ~ 2.3 cm，宽 0.5 ~ 1.7 cm，全缘，或顶端有不整齐小齿；花瓣比雄蕊长，比萼片稍短，匙状线形，长 0.4 ~ 1.6 cm，从基部向上渐变宽，中上部最宽，宽 2.0 ~ 3.5 mm，顶部向上渐变狭；雄蕊长达 10 mm，花药长达 3 mm；心皮约 30。蓇葖长 8 ~ 9 mm，喙长 0.5 ~ 1.5 mm。花期 6—7 月，果期 8—9 月。

生　　境 生于湿草甸、林间草地或林下等处。

分　　布 黑龙江阿城、尚志等地。吉林敦化。新疆。俄罗斯（西伯利亚）、蒙古。

采　　制 夏季花盛开时采摘，除去杂质，洗净，阴干。

性味功效 味苦，性寒。有清热解毒的功效。

主治用法 用于上呼吸道感染、扁桃体炎、咽炎、急性中耳炎、急性鼓膜炎、急性结膜炎、急性淋巴管炎、口疮、疔疮等。水煎服。外用适量，煎水含漱。

用　　量 3 ~ 6 g。外用适量。

◎参考文献◎

［1］中国药材公司．中国中药资源志要［M］．北京：科学出版社，1994: 352-353.

［2］江纪武．药用植物辞典［M］．天津：天津科学技术出版社，2005: 824-825.

▲宽瓣金莲花植株

▲市场上的宽瓣金莲花花瓣

▲宽瓣金莲花花

▲长白金莲花居群（花亮黄色）

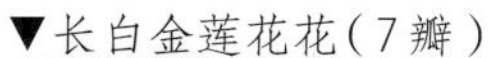

▼长白金莲花花（7瓣）

▼长白金莲花花（6瓣）

▲长白金莲花花（10瓣）

长白金莲花 *Trollius japonicus* Miq.

别　　名　山地金莲花

俗　　名　金莲花

药用部位　毛茛科长白金莲花的花。

原 植 物　多年生草本。茎高 26 ~ 55 cm，疏生叶 2 ~ 3。基生叶 3 ~ 5，长 8 ~ 25 cm；叶片五角形，长 2.7 ~ 4.5 cm，宽 5 ~ 9 cm，基部心形，3 全裂，叶柄长 5.5 ~ 20.0 cm，基部具狭鞘。茎下部叶与茎生叶相

▲长白金莲花植株

▼长白金莲花花（12 瓣）

▲长白金莲花花（8 瓣）

似，上部叶较小，具鞘状短柄。花单生，直径 2.7 ~ 3.2 cm；苞片似茎上部叶，渐变小，花梗长 2 ~ 6 cm；萼片 5，黄色，倒卵形或圆倒卵形，顶端圆形，生少数小齿，长 1.4 ~ 1.6 cm，宽 1.0 ~ 1.4 cm；花瓣约 9，与雄蕊近等长；雄蕊长 5.0 ~ 7.5 mm，花药长 2 ~ 3 mm；心皮 7 ~ 15。蓇葖长达 1.1 cm，宽约 3 mm，喙长 1.5 ~ 2.0 mm；种子椭圆球形，长约 1.5 mm，黑色，有光泽。花期 7—8 月，果期 9 月。

▲长白金莲花群落

▲长白金莲花花

▼长白金莲花幼苗

▼长白金莲花果实

生　　境　生于林边草地及高山苔原带上，常聚集成片生长。

分　　布　吉林安图、长白、抚松、临江等地。辽宁桓仁、新宾、本溪。朝鲜。

采　　制　夏季采摘花，洗净，阴干或鲜用。

性味功效　味苦，性凉。有清热解毒、明目的功效。

主治用法　用于急性中耳炎、急性结膜炎、扁桃体炎及急慢性淋巴管炎等。外用鲜品捣烂敷患处。

用　　量　3～6 g。外用适量。

◎参考文献◎

[1] 钱信忠．中国本草彩色图鉴（第一卷）[M]．北京：人民卫生出版社，2003: 575-576.

[2] 中国药材公司．中国中药资源志要 [M]．北京：科学出版社，1994: 353.

[3] 江纪武．药用植物辞典 [M]．天津：天津科学技术出版社，2005: 825.

长白金莲花居群（花橙黄色）

▲内蒙古自治区德尔布尔林业局大秃山森林秋季景观

▲西伯利亚小檗花

▼西伯利亚小檗果实

▼西伯利亚小檗针刺

小檗科 Berberidaceae

本科共收录 4 属、6 种。

小檗属 *Berberis* L.

西伯利亚小檗 *Berberis sibirica* Pall.

别　　名　刺叶小檗

俗　　名　酸狗奶子　三颗针

药用部位　小檗科西伯利亚小檗的根皮和茎皮。

原 植 物　落叶灌木。高 0.5 ~ 1.0 m。茎刺 3 ~ 7 分叉，细弱，长 3 ~ 11 mm。叶纸质，倒卵形，长 1.0 ~ 2.5 cm，宽 5 ~ 8 mm，先端圆钝，具刺尖，基部楔形，上面深绿色，叶缘有时略呈波状，每边具硬直刺状牙齿 4 ~ 7；叶柄长 3 ~ 5 mm。花单生；花梗长 7 ~ 12 mm，无毛；萼片 2 轮，外萼片长圆状卵形，长约 4 mm，宽 2 mm，内萼片倒卵形，长约 4.5 mm，宽约 2.5 mm；花瓣倒卵形，长约 4.5 mm，宽约 2.5 mm，先端浅缺裂，基部具 2 枚分离的腺体；雄蕊长 2.5 ~ 3.0 mm，药隔先端平截；胚珠 5 ~ 8。浆果倒卵形，红色，长 7 ~ 9 mm，直径 6 ~ 7 mm，顶端无宿存花柱，不被白粉。花期 5—7 月，果期 8—9 月。

生　　境　生于高山碎石坡、陡峭山坡、荒漠地及林下等处。

分　　布　黑龙江漠河、塔河等地。内蒙古额尔古纳、根河、牙克石、阿尔山、科尔沁右翼前旗、正蓝旗等地。河北、山西、新疆。俄罗斯（西伯利亚）、蒙古。

采　　制　春、秋季采挖根和刈割茎，剥去外皮，洗净，晒干。

性味功效　味苦，性寒。有清热、解毒、止泻、止血、明目的功效。

主治用法　用于痛风、麻风、皮肤瘙痒、吐血、毒热、痢疾、泄泻等。水煎服。外用适量研末敷用，也可软膏调敷或熬水洗涤，湿敷。

用　　量　5 ~ 15 g。外用适量。

◎参考文献◎

[1] 中国药材公司. 中国中药资源志要 [M]. 北京：科学出版社，1994: 361.

[2] 江纪武. 药用植物辞典 [M]. 天津：天津科学技术出版社，2005: 104.

▲西伯利亚小檗植株

▲西伯利亚小檗枝条

▲西伯利亚小檗花（侧）

▲黄芦木群落

▲黄芦木花

▲市场上的黄芦木根

▼黄芦木种子

▲市场上的黄芦木果实

黄芦木 *Berberis amurensis* Rupr.

别　　名　大叶小檗 阿穆尔小檗 小檗

俗　　名　狗奶子 狗奶根 三颗针

药用部位　小檗科黄芦木的根。

原 植 物　落叶灌木，高 2.0 ~ 3.5 m。茎刺三分叉，稀单一，长 1 ~ 2 cm。叶纸质，倒卵状椭圆形，长 5 ~ 10 cm，宽 2.5 ~ 5.0 cm，先端急尖或圆形，基部楔形；叶柄长 5 ~ 15 mm。总状花序具花 10 ~ 25，长 4 ~ 10 cm，总梗长 1 ~ 3 cm；花梗长 5 ~ 10 mm；花黄色；萼片 2 轮，外萼片倒卵形，内萼片与外萼片同形，花瓣椭圆形，长 4.5 ~ 5.0 mm，宽 2.5 ~ 3.0 mm，先端浅缺裂，基部稍呈爪，具 2 枚分离腺体；雄蕊长约 2.5 mm，药隔先端不延伸，平截；胚珠 2。浆果长圆形，长约 10 mm，直径约 6 mm，红色，顶端不具宿存花柱，不被白粉或仅基部微被霜粉。花期 5—6 月，果期 8—9 月。

生　　境　生于山麓、山腹的开阔地、阔叶林的林缘及溪边灌丛中。

▲黄芦木植株（果期）

分　　布　黑龙江双城、阿城、宾县、五常、尚志、宁安、海林、牡丹江市区、东宁、密山、林口、穆棱、虎林、鸡西市区、鸡东、饶河、宝清、桦南、勃利、延寿、方正、巴彦、木兰、依兰、通河、汤原、伊春市区、铁力、萝北等地。吉林长白山各地。辽宁本溪、凤城、盖州、桓仁、宽甸、抚顺、新宾、清原、庄河、大连市区、营口市区、阜新、凌源、建平、建昌、朝阳等地。内蒙古科尔沁左翼后旗、克什克腾旗、喀喇沁旗、宁城、正镶白旗、正蓝旗、镶黄旗、太仆寺旗、多伦等地。河北、山东、河南、山西、陕西、甘肃。朝鲜、俄罗斯（西伯利亚）、日本。

采　　制　春、秋季采挖根，除去泥土，洗净，晒干。

性味功效　味苦，性寒。有清热解毒、清肝泻火的功效。

主治用法　用于肠炎、泄泻、痢疾、急性肝炎、肝硬化腹腔积液、黄疸、目赤、口疮、口腔炎、咽喉肿痛、支气管炎、乳腺炎、尿道炎、急性肾炎、湿疹疮疖、丹毒、烫火伤、外伤感染、疮疖肿毒、血崩、白带异常、骨蒸、盗汗、关节肿痛、黄水疮及结膜炎等。水煎服。外用适量研末敷用，也可软膏调敷或熬水洗涤，湿敷。

用　　量　5 ~ 15 g。外用适量。

附　　方

（1）治细菌性痢疾、胃肠炎：黄芦木 25 g，水煎服。

（2）治副伤寒：黄芦木 2 000 g，

▼黄芦木枝条

▼黄芦木植株（花期）

▲黄芦木果实

▼黄芦木花序

切碎，加水10 L，煎至 5 L，每服 70 ~ 100 ml，日服 2 ~ 3 次。

（3）治慢性气管炎：黄芦木 50 g，桑皮 25 g，麻黄 20 g，桔梗 15 g（1 d 量）。制成浸膏片 18 片，分 3 次服，10 d 为一疗程。

附　　注

（1）小檗碱（小檗碱）对溶血性链球菌、脑膜炎球菌、肺炎双球菌、霍乱球菌、炭疽杆菌及金黄色葡萄球菌等都有较强的抑制作用，并具有降压、利胆、抗癌及抗辐射等作用。

（2）在民间把本品（土名“狗奶子”）根浸泡在水中当茶饮，可治疗咽喉肿痛等，在个别乡镇用它作为黄檗或黄连的代用品。

（3）在民间许多人将其叶泡在水中当茶饮，用于治疗肠炎、痢疾、肝炎及咽喉肿痛等。

◎参考文献◎

[1] 江苏新医学院．中药大辞典（上册）[M]．上海：上海科学技术出版社，1977: 244-246.
[2] 朱有昌．东北药用植物 [M]．哈尔滨：黑龙江科学技术出版社，1989: 416-417.
[3] 《全国中草药汇编》编写组．全国中草药汇编（上册）[M]．北京：人民卫生出版社，1975: 98-100.

▲细叶小檗植株

细叶小檗 *Berberis poiretii* Schneid.

别　　名　泡小檗　波氏小檗　小檗

俗　　名　狗奶子

药用部位　小檗科细叶小檗的根。

原 植 物　落叶灌木，高 1 ~ 2 m。老枝灰黄色，幼枝紫褐色；茎刺缺如或单一，叶纸质，倒披针形至狭倒披针形，长 1.5 ~ 4.0 cm，宽 5 ~ 10 mm，先端渐尖或急尖，全缘，近无柄。穗状总状花序具花 8 ~ 15，长 3 ~ 6 cm，包括总梗长 1 ~ 2 cm，常下垂；花梗长 3 ~ 6 mm；花黄色；苞片条形，长 2 ~ 3 mm；小苞片 2，披针形，长 1.8 ~ 2.0 mm；萼片 2 轮，外萼片椭圆形或长圆状卵形，内萼片长圆状椭圆形，花瓣倒卵形或椭圆形，长约 3 mm，宽约 1.5 mm，先端锐裂，基部微缩，略呈爪，具 2 枚分离腺体；雄蕊长约 2 mm，药隔先端不延伸；胚珠通常单生，有时 2 枚。浆果长圆形，红色，长约 9 mm。花期 5—6 月，果期 7—9 月。

生　　境　生于山地灌丛、砾质地、山沟河岸或林下等处。

分　　布　吉林长白山各地。辽宁本溪、凤城、桓仁、宽甸、鞍山、

▼细叶小檗种子

▼市场上的细叶小檗根

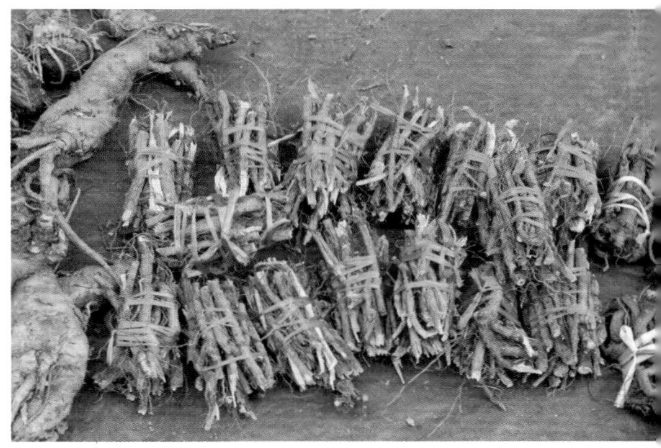

▲细叶小檗枝条

▲细叶小檗花（背）

▼细叶小檗花

大连、沈阳、锦州、昌图、凌源、建昌等地。内蒙古克什克腾旗、喀喇沁旗、宁城、西乌珠穆沁旗、镶黄旗、正镶白旗、太仆寺旗、正蓝旗等地。河北、山西、陕西、青海。朝鲜、俄罗斯（西伯利亚中东部）、蒙古。

采　　制　春、秋季采挖根，除去泥土，洗净，晒干。

性味功效　味苦，性寒。有清热燥湿、泻火解毒、健胃的功效。

主治用法　用于吐泻、消化不良、

▲细叶小檗果实

▲细叶小檗花序

细菌性痢疾、胃肠炎、副伤寒、咳嗽、支气管肺炎、黄疸、肝硬化腹腔积液、泌尿系统感染、口腔炎、急性肾炎、扁桃体炎、胆囊炎、中耳炎、目赤肿痛、结膜炎、急性咽炎、无名肿毒、湿疹、烧烫伤、高血压、淋巴结结核及跌打损伤等。水煎服。外用适量研末敷用，也可软膏调敷或熬水洗涤，湿敷。

用　　量　5～15 g。外用适量。

附　　方

（1）治眼结膜炎：细叶小檗根状茎磨水点眼角。

（2）治刀伤：细叶小檗根研末，敷伤口。

（3）治跌打损伤：细叶小檗根 50 g，泡酒内服并外敷。

（4）治瘰疬：鲜细叶小檗根 25～50 g，水煎或调酒服。

（5）消炎、去火：鲜小檗根一段长约 3 cm，切碎泡水一碗，煎服（辽宁东部山区民间方）。

附　　注　本品为《中华人民共和国药典》（2020 年版）收录的药材。

◎参考文献◎

[1] 江苏新医学院．中药大辞典（上册）[M]．上海：上海科学技术出版社，1977: 244-246.

[2] 朱有昌．东北药用植物 [M]．哈尔滨：黑龙江科学技术出版社，1989: 417-419.

[3]《全国中草药汇编》编写组．全国中草药汇编（上册）[M]．北京：人民卫生出版社，1975: 98-100.

▲红毛七植株

▼红毛七种子

▲市场上的红毛七根状茎及根

▼红毛七根状茎及根

红毛七属 *Caulophyllum* Michx.

红毛七 *Caulophyllum robustum* Maxim.

别　名　类叶牡丹　葳严仙

俗　名　参舅子　狗宝豆　棒槌幌子　赤芍幌子　鹿以子菜　铁秆菜

▲红毛七幼株

▼红毛七花

▼红毛七花（背）

灯笼草 老鸹爪子 药鸡豆子

药用部位 小檗科红毛七的根状茎及根（称“葳严仙”）。

原 植 物 多年生草本，植株高达 80 cm。根状茎粗短。茎生叶 2，互生，二至三回三出复叶，下部叶具长柄；小叶卵形，长圆形或阔披针形，长 4 ~ 8 cm，宽 1.5 ~ 5.0 cm，先端渐尖，基部宽楔形，全缘。圆锥花序顶生；花淡黄色，直径 7 ~ 8 mm；苞片 3 ~ 6；萼片 6，倒卵形，花瓣状，长 5 ~ 6 mm，宽 2.5 ~ 3.0 mm，先端圆形；花瓣 6，远较萼片小，基部缢缩呈爪；雄蕊 6，长约 2 mm，花丝稍长于花药；雌蕊单一，子房 1 室，具 2 枚基生胚珠，花后子房开裂，露出 2 枚球形种子。果熟时柄增粗，长 7 ~ 8 mm。种子浆果状，直径 6 ~ 8 mm，微被白粉，熟后蓝黑色，外被肉质假种皮。花期 5—6 月，果期 7—9 月。

生　　境 生于山坡阴湿肥沃地或针阔叶混交林下。

分　　布 黑龙江尚志、五常、牡丹江市区、东宁、宁安、密山、虎林等地。吉林长白山各地。辽宁宽甸、凤城、本溪、桓仁、清原、新宾、西丰、鞍山市区、岫岩、庄河、海城、

▲红毛七幼苗

附　　方

（1）治风湿关节炎、跌打损伤：葳严仙 15 g，用 300 ml 酒浸泡一周。每次饮用 10 ml，每日 2 次。

（2）治月经不调：葳严仙、白芍、川芎、茯苓各 15 g，用黄酒或水煎服。

（3）治胃病：葳严仙 5 g，研末，用酒吞服。

（4）治风湿疼痛、跌打损伤：葳严仙 100 g，白酒 500 ml，浸 3 ~ 5 d，每次服 10 ml，每日 3 次。

◎参考文献◎

[1] 江苏新医学院. 中药大辞典（上册）[M]. 上海：上海科学技术出版社，1977: 998-999.

[2] 朱有昌. 东北药用植物 [M]. 哈尔滨：黑龙江科学技术出版社，1989: 419-421.

[3] 《全国中草药汇编》编写组. 全国中草药汇编（上册）[M]. 北京：人民卫生出版社，1975: 383-384.

盖州等地。河北、山西、陕西、河南、湖南、湖北、安徽、浙江、四川、甘肃、云南、贵州、西藏。朝鲜、俄罗斯（西伯利亚中东部）、日本。

采　　制　春、秋季采挖根状茎及根，剪掉须根，除去泥土，洗净，晒干。

性味功效　味苦、辛，性温。有小毒。有祛风通络、活血调经、散瘀止痛的功效。

主治用法　用于关节炎、跌打损伤、劳伤、胃腹疼痛、失眠、扁桃体炎、高血压、尿道炎、月经不调、崩漏带下、不孕、子宫无力及产后瘀血疼痛等。水煎服或泡酒。水熬含漱可治咽炎，洗剂可治淋病白带。

用　　量　15 ~ 25 g。

▼红毛七花序

▲朝鲜淫羊藿植株（果期）

▼市场上的朝鲜淫羊藿植株（干）

▼市场上的朝鲜淫羊藿植株（鲜）

淫羊藿属 *Epimedium* L.

朝鲜淫羊藿 *Epimedium koreanum* Nakai

别　　名　淫羊藿

俗　　名　三枝九叶草　羊藿叶　广东幌子

药用部位　小檗科朝鲜淫羊藿的干燥地上部分及根状茎。

原 植 物　多年生草本。植株高 15 ~ 40 cm。根状茎横走。花茎基部被有鳞片。二回三出复叶，基生和茎生，通常小叶 9 枚；花茎仅 1 枚，二回三出复叶。总状花序顶生，具花 4 ~ 16，长 10 ~ 15 cm；花梗长 1 ~ 2 cm。花大，直径 2.0 ~ 4.5 cm，白色或淡黄色；萼片 2 轮，外萼片长圆形，长 4 ~ 5 mm，带红色，内萼片狭卵形至披针形，急尖，扁平，长 8 ~ 18 mm，宽 3 ~ 6 mm；花瓣通常远较内萼片长，向先端渐细呈钻状，距长 1 ~ 2 cm，基部具花瓣状瓣片；雄蕊长约 6 mm，花药长约 4.5 mm，花丝长约 1.5 mm；雌蕊长约 8 mm，子房长约 4.5 mm。蒴果狭纺锤形，宿存花柱。种子 6 ~ 8。花期 4—5 月，果期 5—6 月。

生　　境　生于山坡阴湿肥沃地或针阔叶混交林下，常聚集成片生长。

▲朝鲜淫羊藿植株（花期）

分　　布　黑龙江东宁、宁安等地。吉林临江、集安、通化、抚松、长白、靖宇、柳河、敦化等地。辽宁本溪、桓仁、丹东市区、凤城、宽甸、庄河、岫岩等地。朝鲜、俄罗斯（西伯利亚中东部）、日本。

采　　制　春末夏初割取地上部分，除去杂质，切段，洗净，晒干。春、秋季采挖根状茎，剪掉须根，除去泥土，洗净，晒干。

性味功效　全草：味辛、甘，性温。有温肾壮阳、强筋骨、祛风寒的功效。根状茎：味辛、甘，性温。有清热解毒、活血的功效。

主治用法　全草：用于阳痿、遗精、早泄、小便失禁、腰膝冷痛、风寒湿痹、关节冷痛、四肢麻木、肾虚咳喘、胸痛、手足拘挛、慢性气管炎、月经不调及更年期高血压等。水煎服或入丸、散。阴虚火旺者不宜服。根状茎：用于虚淋、白浊、白带异常、月经不调、小儿雀斑、痈疽成脓不溃等。水煎服或研末为散。

用　　量　全草：15 ~ 20 g。根状茎：25 ~ 50 g。

附　　方

（1）治阳痿、早泄：朝鲜淫羊藿 500 g，白酒 1.5 L，浸泡一周，密闭，前 4 d 温度控制在 50℃以上，后 3 d 温度保持在 5 ~ 8℃内，过滤备用。每次服 10 ~ 20 ml，每日 3 次。

（2）治慢性气管炎：朝鲜淫羊藿、紫金牛以 4:1（质量比）的比例，

▼朝鲜淫羊藿果实

共研细粉，加蜂蜜 1 倍制成丸，每丸 15 g（含朝鲜淫羊藿 6 g，紫金牛 1.5 g）。每日 2 次，每次服 2 丸，10 d 为一个疗程。

（3）治更年期高血压：朝鲜淫羊藿、仙茅、当归、巴戟、知母、黄檗各 15 g，水煎服，每日 1 剂。或用 7 d 的药量，浓煎成 500 ml，每次服 30 ml，每日 2 次。

（4）防治冠心病心绞痛：淫羊藿 15 ~ 25 g，当茶饮用。

（5）治痈疽成脓不溃：淫羊藿干根 50 g，水煎，调酒和红糖服。

（6）治小儿雀盲眼：淫羊藿根 25 g，晚蚕蛾 25 g（微炒）。射干 0.5 g，甘草 0.5 g（炙微赤，锉），捣细罗为散。用羊肝 1 枚，切开，掺药 10 g 在内，以线绑定，用黑豆 100 g，米泔一大碗，煮熟取出，分为 2 服，以汁下之。

▲市场上的朝鲜淫羊藿种子

▲朝鲜淫羊藿幼苗

▼朝鲜淫羊藿根状茎

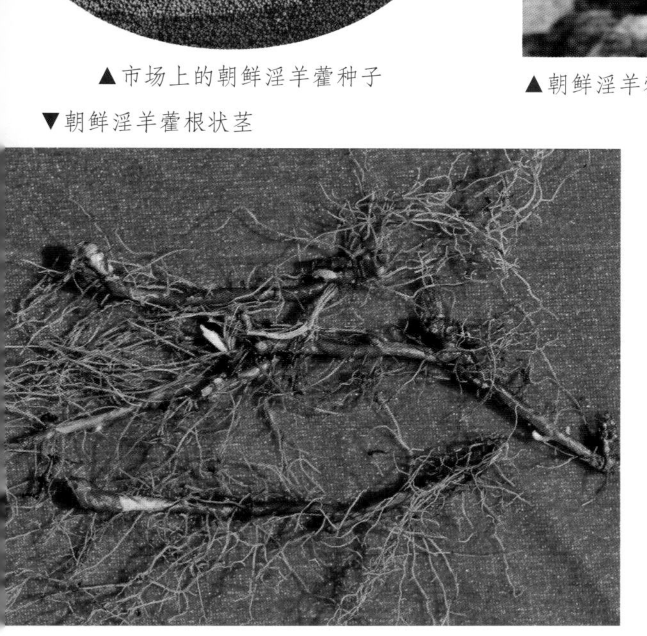

▼朝鲜淫羊藿种子

▲朝鲜淫羊藿幼株

附　注

（1）本品为《中华人民共和国药典》（2020 年版）收录的药材。

（2）本品是一种非常具有开发利用价值的中药，其全草中黄酮的含量位居同属入药种类之冠，目前临江市已申报了原产地的保护，通化修正药业以它为主要原料生产的系列中成药已远销到了国际市场。据现代科学研究，其主要功效有扩张冠状动脉血管、降血压、雄性激素样、镇咳、祛痰、平喘、抗菌、抗病毒及抗炎等作用。在民间人们用其全草熬水当茶饮用来治疗阳痿早泄、风湿性关节炎及妇科疾病等。

◎参考文献◎

[1] 朱有昌. 东北药用植物 [M]. 哈尔滨：黑龙江科学技术出版社，1989: 421-422.

[2]《全国中草药汇编》编写组. 全国中草药汇编(上册)[M]. 北京：人民卫生出版社，1975: 729-730.

[3] 中国药材公司. 中国中药资源志要 [M]. 北京：科学出版社，1994: 366.

▼朝鲜淫羊藿花

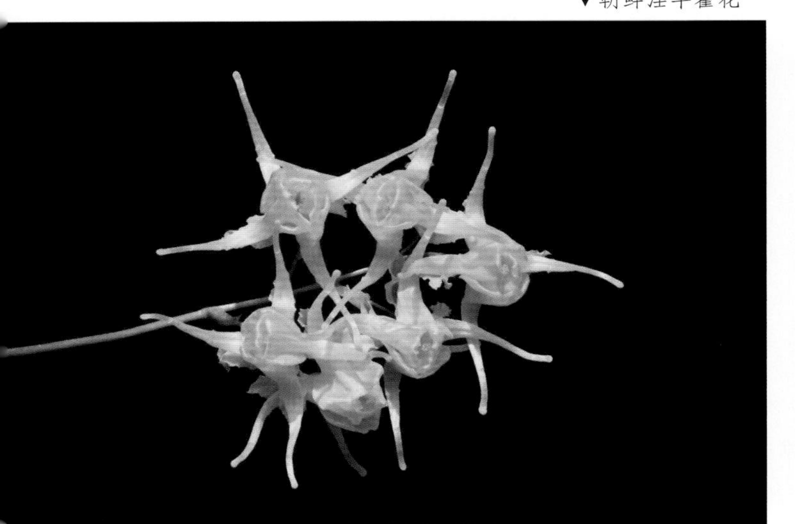

▼朝鲜淫羊藿花（侧）

▲鲜黄连植株（花期）

▼鲜黄连种子

▼鲜黄连果实

鲜黄连属 *Plagiorhegma* Maxim.

鲜黄连 *Plagiorhegma dubium* Maxim.

别　　名　洋虎耳草

俗　　名　细辛幌子　假细辛　毛黄连　铁丝草

药用部位　小檗科鲜黄连的根及根状茎。

原 植 物　多年生草本，植株高 10 ~ 30 cm，光滑无毛。根状茎细瘦，密生细而有分枝的须根，横切面鲜黄色，基生叶 4 ~ 6；单叶，膜质，叶片轮廓近圆形，长 6 ~ 8 cm，宽 9 ~ 10 cm，全缘，掌状脉 9 ~ 11，背面灰绿色；叶柄长 10 ~ 30 cm，无毛。花葶长 15 ~ 20 cm；花单生，淡紫色；萼片 6，花瓣状，紫红色，长圆状披针形，早落；花瓣 6，倒卵形，基部渐狭，长约 1 cm，宽约 0.6 cm；雄蕊 6，花丝扁平，花药长约 4 mm；雌蕊长约 4 mm，无毛，

▼鲜黄连根

▲鲜黄连植株（花期，侧）

▲鲜黄连植株（果期，后期）

▼鲜黄连幼株

▲鲜黄连花（4 瓣）

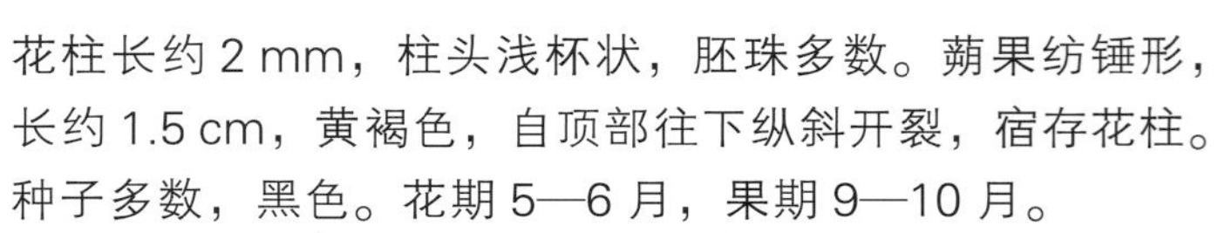

花柱长约 2 mm，柱头浅杯状，胚珠多数。蒴果纺锤形，长约 1.5 cm，黄褐色，自顶部往下纵斜开裂，宿存花柱。种子多数，黑色。花期 5—6 月，果期 9—10 月。

生　境　生于山坡灌丛间、针阔叶混交林下及阔叶林下。

分　布　黑龙江尚志、东宁、宁安等地。吉林长白山各地。辽宁本溪、凤城、桓仁、宽甸、丹东市区、岫岩、抚顺、庄河、清原等地。朝鲜、俄罗斯（西伯利亚中东部）。

采　制　春、秋季采挖根及根状茎，剪掉须根，除去泥土，洗净，晒干。

性味功效　味苦，性寒。有清热解毒、健胃止泻、凉血止血、燥湿的功效。

主治用法　用于肠炎、痢疾、结膜炎、扁桃体炎、消化不良、食欲减退、恶心呕吐、口舌生疮、咽喉肿痛、发热烦躁、吐血、衄血、头晕、目赤、泄泻、痈疽、疖肿、外伤感染、腹泻等。水煎服。外用适量，熬汁洗敷患处。

用　　量　5 ~ 10 g。外用适量。

附　　方

（1）治胃热吐酸：鲜黄连 10 g，苍术 15 g，甘草 5 g，水煎服。

（2）治眼结膜炎：鲜黄连适量，煎汁洗眼。

◎参考文献◎

[1] 江苏新医学院. 中药大辞典(下册)[M]. 上海: 上海科学技术出版社, 1977: 2568-2569.

[2] 朱有昌. 东北药用植物 [M]. 哈尔滨: 黑龙江科学技术出版社, 1989: 423-424.

[3] 中国药材公司. 中国中药资源志要 [M]. 北京: 科学出版社, 1994: 367.

▲鲜黄连花

▲鲜黄连花（背）

▼鲜黄连花（白色）

▲鲜黄连植株（果期，前期）

▼鲜黄连花（重瓣）

▲黑龙江省黑河市爱辉区桦皮窑林场森林秋季景观

▲木防己植株

▼木防己枝条

防己科 Menispermaceae

本科共收录 2 属、2 种。

木防己属 *Cocculus* DC.

木防己 *Cocculus orbiculatus*（L.）DC.

别　　名　防己

俗　　名　青藤　青藤香

药用部位　防己科木防己的根（入药称“黑皮青木香”）及茎叶（入药称“青檀香”）。

原 植 物　木质藤本。叶片纸质至近革质，形状变异极大，顶端短尖或钝而有小凸尖，边全缘或 3 裂，通常长 3 ~ 8 cm；掌状脉 3；叶柄长 1 ~ 3 cm。聚伞花序少花，腋生，或排成多花，狭窄聚伞圆锥花序，顶生或腋生，长可达 10 cm 或更长；雄花：小苞片 1 或 2，紧

▲木防己花

贴花萼；萼片 6，外轮卵形或椭圆状卵形，长 1.0 ~ 1.8 mm，内轮阔椭圆形至近圆形，长达 2.5 mm；花瓣 6，长 1 ~ 2 mm，下部边缘内折，抱着花丝，顶端 2 裂，裂片叉开，渐尖或短尖；雄蕊 6，比花瓣短；雌花：萼片和花瓣与雄花相同；退化雄蕊 6，微小；心皮 6，无毛。核果近球形，红色至紫红色果核骨质。花期 6—7 月，果期 8—9 月。

生　境　生于灌丛、村边及林缘等处。

分　布　辽宁大连市区、长海等地。华北、华东、华南、西南。亚洲（东南部和东部）。

采　制　春、秋季采挖根，除去须根和泥沙，洗净，切片，晒干。夏、秋季采收茎叶，洗净，晒干。

性味功效　根：味苦、辛，性温。有祛风止痛、行水消肿、解毒、降血压的功效。茎叶：味苦，性温。无毒。有除湿、消肿的功效。

主治用法　根：用于风湿痹痛、肋间神经痛、肾炎水肿、

▼木防己花（侧）

▲木防己果实

急性肾炎、尿路感染、高血压、跌打损伤、毒蛇咬伤、癣疥痈肿。水煎服。外用捣烂敷患处。茎叶：用于诸风麻痹、脚膝瘙痒、胃疼及发痧气痛等。水煎服。外用捣烂敷患处或煎水洗。

用　　量　根：15 ~ 35 g。外用适量。茎叶：10 ~ 15 g。外用适量。

附　　方　治水肿：木防己、黄芪、茯苓各 15 g，桂枝 10 g，甘草 5 g，水煎服。

▲木防己种子

◎参考文献◎

[1] 江苏新医学院．中药大辞典（上册）[M]．上海：上海科学技术出版社，1977: 981-985.

[2] 江苏新医学院．中药大辞典（下册）[M]．上海：上海科学技术出版社，1977: 2392.

[3] 朱有昌．东北药用植物 [M]．哈尔滨：黑龙江科学技术出版社，1989: 424-425.

[4] 《全国中草药汇编》编写组．全国中草药汇编（上册）[M]．北京：人民卫生出版社，1975: 173.

▲蝙蝠葛植株

▼蝙蝠葛雌花（侧）

▲蝙蝠葛种子

蝙蝠葛属 *Menispermum* L.

蝙蝠葛 *Menispermum dauricum* DC.

别　　名　山豆根　北豆根　蝙蝠藤

俗　　名　山地瓜秧　爬山秧子　大布衫子　狗葡萄秧　疯狗藤子　黄根　药鸡豆子　光棍耍　棺材盖叶　咣咣喳　狗屎豆　媳妇尖　小

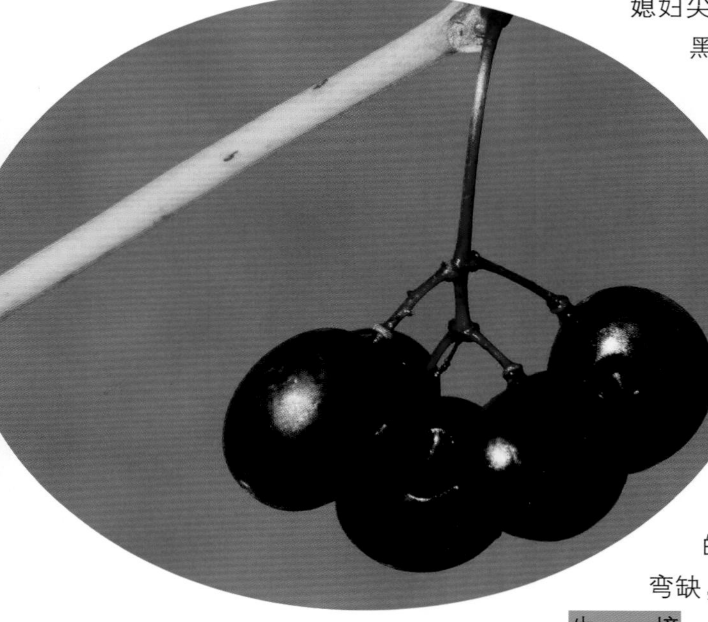

▲蝙蝠葛果实

媳妇尖 小媳妇菜 魔鬼藤 臭葡萄秧 磨石豆 山豆秧根 苦豆根 黑老婆蔓子

药用部位 防己科蝙蝠葛的根（称“北豆根”）。

原 植 物 草质藤本。根状茎褐色，一年生茎纤细，有条纹。叶纸质或近膜质，轮廓通常为心状扁圆形，长和宽均 3 ~ 12 cm，边缘有 3 ~ 9 角或 3 ~ 9 裂，基部心形至近截平；掌状脉 9 ~ 12。圆锥花序单生或有时双生，有细长的总梗，有花数朵至 20 余朵。雄花：萼片 4 ~ 8，膜质，绿黄色，倒披针形至倒卵状椭圆形，长 1.4 ~ 3.5 mm，自外至内渐大；花瓣 6 ~ 8 或 9 ~ 12，肉质，凹成兜状，有短爪，长 1.5 ~ 2.5 mm；雄蕊通常 12。雌花：退化雄蕊 6 ~ 12，长约 1 mm，雌蕊群具长 0.5 ~ 1.0 mm 的柄。核果紫黑色；果核宽约 10 mm，高约 8 mm，基部弯缺，深约 3 mm。花期 6—7 月，果期 8—9 月。

生　　境 生于山沟、路旁、灌丛、林缘及向阳草地等处，常聚集成片生长。

▲蝙蝠葛群落

▲蝙蝠葛幼苗

分　　布　黑龙江尚志、五常、牡丹江市区、东宁、宁安、密山、虎林、伊春、大庆市区、安达、肇东、肇源、五大连池等地。吉林长白山和西部草原各地。辽宁丹东市区、宽甸、凤城、本溪、桓仁、清原、鞍山市区、岫岩、大连、北镇、彰武等地。内蒙古牙克石、鄂伦春旗、鄂温克旗、扎兰屯、科尔沁右翼前旗、奈曼旗、科尔沁左翼后旗、喀喇沁旗、宁城等地。河北、山西。朝鲜、俄罗斯（西伯利亚）、蒙古、日本。

采　　制　春、秋季采挖根，除去须根和泥沙，洗净，切片，晒干。

性味功效　味苦、辛，性寒。有小毒。有清热解毒、祛风止痛、理气化湿的功效。

主治用法　用于扁桃体炎、喉炎、咽喉肿痛、牙龈肿痛、腮腺炎、肺炎、黄疸、痢疾、脚气、肠

▲蝙蝠葛雌花

▲蝙蝠葛雄花序（白色）

▼蝙蝠葛雄花序

▼蝙蝠葛雄花序（背）

炎、高血压、毒蛇咬伤、瘰疬、腰痛、风寒痹痛等。水煎服。外用捣烂敷患处。

用　　量　5 ~ 10 g。外用适量。

附　　方

（1）治牙痛：北豆根 15 g，玄参、地骨皮各 10 g，甘草 5 g。水煎服。

（2）治扁桃体炎、咽喉肿痛：北豆根、桔梗各 250 g，马勃 75 g，共研细粉，每服 3 g，每日 3 次。又方：蝙蝠葛 6 份，甘草 1 份，共研细粉，压片，每片含 0.1 g，每服 3 ~ 6 g，每日 3 ~ 4 次；或北豆根、射干、玄参、桔梗、板蓝根各 15 g，水煎服。

（3）治慢性扁桃体炎：北豆根 15 g，金莲花 5 g，生甘草 10 g，水煎服。

（4）治慢性气管炎、咽喉肿痛、关节炎：北豆根（总碱）注射液，肌肉注射，每次 2 ml，每日 2 次。或内服北豆根片，每日 3 次，每次 4 片，儿童酌减。

（5）治牙龈肿痛：北豆根 25 g，煎汁，含于口中，数分钟后吐出。

（6）治痢疾、肠炎：北豆根 25 ~ 50 g；或北豆根 25 g，徐长卿 15 g，水煎服。

（7）治胃痛腹胀：北豆根或其藤茎 10 ~ 15 g，水煎服。

（8）治妇女产后受风、腰腿痛：北豆根 15 g，水煎服（黑龙江民间方）。

附　注

（1）藤茎入药，可治疗腰痛和淋巴结结核。

（2）本品为《中华人民共和国药典》（2020 年版）收录的药材，也为东北地道药材。

◎参考文献◎

[1] 江苏新医学院. 中药大辞典(下册) [M]. 上海：上海科学技术出版社，1977: 2612-2613.

[2] 《全国中草药汇编》编写组. 全国中草药汇编（上册）[M]. 北京：人民卫生出版社，1975: 105-107.

[3] 中国药材公司. 中国中药资源志要 [M]. 北京：科学出版社，1994: 378.

▲市场上的蝙蝠葛根

▲蝙蝠葛幼株（后期）

▼蝙蝠葛根

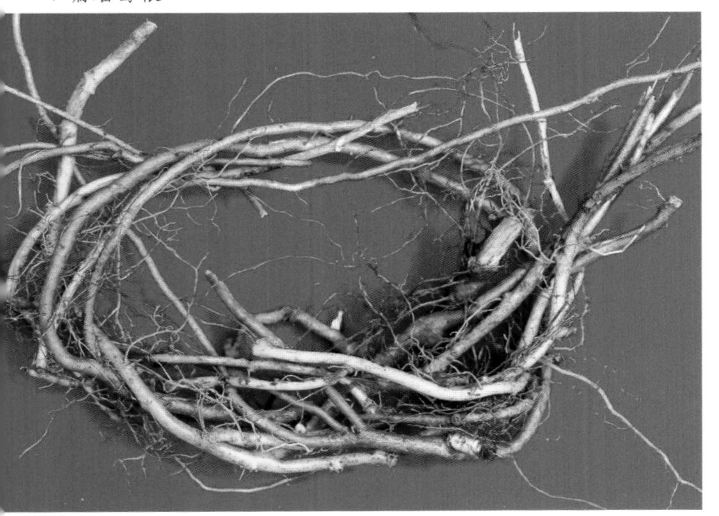

▼蝙蝠葛幼株（前期）

▲内蒙古自治区阿尔山国家地质公园湿地秋季景观

▲芡实群落

▼芡实植株（果期）

睡莲科 Nymphaeaceae

本科共收录 4 属、4 种。

▼芡实根

芡属 *Euryale* Salisb. ex DC.

芡实 *Euryale ferox* Salisb. ex K. D. Koenig & Sims

别　　名　芡

俗　　名　鸡头米　鸡头莲　鸡头

药用部位　睡莲科芡实的种仁、叶、花茎及根。

原 植 物　一年生大型水生草本，具白色须根。沉水叶箭形或椭圆肾形，长 4 ~ 10 cm，两面无刺；叶柄无刺；浮水叶革质，椭圆肾形至圆形，直径 10 ~ 130 cm，盾状，全缘，下面带紫色，

▲芡实花

两面在叶脉分枝处有锐刺；叶柄及花梗粗壮，长可达25 cm，皆有硬刺。花长约5 cm；萼片披针形，长1.0 ~ 1.5 cm，内面紫色，外面密生稍弯硬刺；花瓣多数，长圆状披针形或披针形，长1.5 ~ 2.0 cm，呈3 ~ 5轮排列，向内渐变成雄蕊；外轮鲜紫红色，中层紫红色，具白斑，内层内面白色；雄蕊多数，花丝白色；子房下位，柱头椭圆形，红色。浆果球形，外面密生硬刺；种子球形，直径约10 mm，黑色。花期7—8月，果期8—9月。

生　境　生于池沼、湖泊及水泡子中，常聚集成片生长。

分　布　黑龙江五常、木兰、延寿、密山、虎林、饶河、肇源、肇东、肇州、兰西、泰来、宾县、杜尔伯特、望奎、呼兰、双城、阿城等地。吉林通榆、镇赉、大安、前郭、敦化、珲春、通化等地。辽宁沈阳市区、新民、法库、铁岭、辽中、辽阳、黑山、彰武、海城、庄河等地。河北、山西、山东、江苏、福建、安徽、广东、广西等地。朝鲜、日本、俄罗斯（西伯利亚中东部）、印度。

芡实种子▶

▲芡实幼株

▲芡实花（侧）

采　　制　秋季用镰刀割取成熟果实，待其外之刺皮烂去，压碎硬壳，取出种仁晒干；或再去掉红棕色内种皮后晒干。生用或麸炒用，用时捣碎。秋季采挖根，洗净，晒干。夏、秋季采收花茎及叶，洗净，晒干。

性味功效　种仁：味甘、涩，性平。有益肾固精，补脾止泻、祛湿止带的功效。根：味咸、甘，性平。有清热解毒的功效。花茎：味咸、甘，性平。有止烦渴、除虚热的功效。叶：味咸、甘，性平。有行气、和血、止血的功效。

主治用法　种仁：用于梦遗、滑精、遗尿、尿频、脾虚久泻、白浊、带下病等。水煎服。根：用于疝气、白带异常、无名肿毒等。水煎服。花茎：用于心烦、口渴等。水煎服。叶：用于吐血、胎衣不下等。水煎服。

用　　量　种仁：15 ~ 25 g。根：10 ~ 25 g。花茎：50 ~ 100 g。叶：10 ~ 25 g。

附　　方

（1）治脾虚久泻：芡实、莲子肉、白术各20 g，党参25 g，茯苓15 g，共研细粉，每服5 ~ 10 g，每日2 ~ 3次；或用芡实、山药各

15 g，白术 12 g，共研细末，每次 10 g，日服 2 次。又方：芡实 25 g，莲子（去心）20 g，大枣 5 个，水煎服；或上方加小米适量，熬粥吃。

（2）治梦遗、滑精：芡实、枸杞各 20 g，补骨脂、韭菜子各 15 g，牡蛎 40 g（先煎），水煎服。又方：沙苑蒺藜（炒）、芡实（蒸）、莲须各 100 g，龙骨（酥炙）、牡蛎（盐水煮 24 h）、白术粉各 50 g，共研细末，莲子粉糊为丸，盐汤下。

（3）治白带：芡实 25 g，海螵蛸 20 g，菟丝子 40 g。水煎服。又方：炒芡实、炒山药各 50 g，盐黄檗、车前子各 15 g，白果 10 g，水煎服，每日 1 剂。

（4）治妇女产后胎衣不下、吐血：芡叶 1 枚，烧灰和开水或兑酒吞下。

（5）治产后胎衣不下：芡叶、荷叶各 25 g，水煎服。

（6）治白带、脾肾虚弱、白浊：芡实根 250 g，炖鸡服。

（7）治糖尿病：芡实 50 g，猪肝 1 个，共煮食，适量日服 1 次，忌盐酱。

附　注　本品为《中华人民共和国药典》（2020 年版）收录的药材。

▲芡实果实

▼芡实植株（花期）

◎参考文献◎

[1] 江苏新医学院．中药大辞典（上册）[M]．上海：上海科学技术出版社，1977: 1074-1075.

[2] 朱有昌．东北药用植物 [M]．哈尔滨：黑龙江科学技术出版社，1989: 346-348.

[3]《全国中草药汇编》编写组．全国中草药汇编（上册）[M]．北京：人民卫生出版社，1975: 450-451.

▲莲幼株

莲属 *Nelumbo* Adens.

▲莲种子

▼莲根状茎

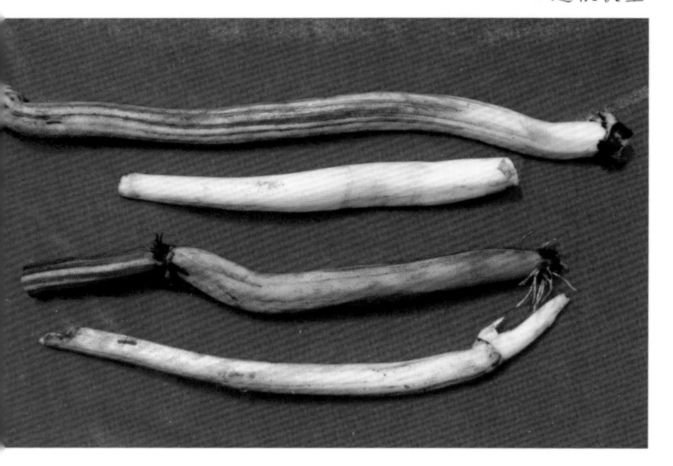

莲 *Nelumbo nucifera* Gaertn.

别　　名　芙蕖（《尔雅》） 芙蓉（《古今注》） 菡萏（《诗经》）

俗　　名　荷花 莲花

药用部位　睡莲科莲的根状茎（入药称“藕节”）、叶基部（入药称“荷叶蒂”）、叶柄（入药称“荷梗”）、叶（入药称“荷叶”）、花蕾（入药称“莲花”）、花托（入药称“莲房”）、雄蕊（入药称“莲须”）、种皮（入药称“莲衣”）、种子（入药称“莲子”）、胚芽（入药称“莲子心”）。

原 植 物　多年生水生草本。根状茎横生，肥厚，节间膨大，内有多数纵行通气孔道，节部缢缩，上生黑色鳞叶，下生须状不定根。叶圆形，盾状，直径 25 ~ 90 cm，全缘，稍呈波状；叶柄粗壮，长 1 ~ 2 m，中空，外面散生小刺。花梗和叶柄等长或稍长，也散生小刺；花直径 10 ~ 20 cm，美丽，芳香；花瓣红色、粉红色或白色，长 5 ~ 10 cm，宽 3 ~ 5 cm，花药条形，花丝细长，着生在花托之下；花柱极短，柱头顶生；花托（莲房）直径 5 ~ 10 cm。坚果椭圆形或卵形，长 1.8 ~ 2.5 cm，果皮革质，坚硬，熟时黑褐色；种子（莲子）卵形或椭圆形，

▲莲植株（密生型）

▼市场上的莲根状茎

长 1.2 ~ 1.7 cm，种皮红色或白色。花期 7—8 月，果期 9—10 月。

生　　境　生于池沼、水泡子中，常聚集成片生长。

分　　布　黑龙江饶河、宝清、富锦、汤原、依兰、方正、木兰、宁安、东宁、五常、虎林、桦川、肇源等地。吉林镇赉、通榆、磐石、梅河口、珲春、集安、长白等地。辽宁桓仁、大连、海城、辽阳、辽中、新民、绥中、台安、彰武、沈阳市区等地。全国绝大部分地区。朝鲜、俄罗斯、日本、印度、越南。大洋洲。

采　　制　春、秋季采挖根状茎，除去泥沙，洗净，鲜用或晒干。秋季用镰刀割取果实，剥去果皮，获取种子，除去杂质，晒干。夏季采摘叶、花蕾、雄蕊及花托，洗净，药用。

性味功效　根状茎（藕节）：味甘、涩，性平。有止血、散瘀的功效。叶基部（荷叶蒂）：味苦，性平。有清暑祛湿、止血、安胎的功效。叶（荷叶）：味苦、涩，性平。有解暑清热、升发清阳、散瘀止血、凉血的功效。花蕾（莲花）：味苦、甘，性凉。有清热、散瘀止血的功效。花托（莲房）：味苦、涩，性温。有化瘀止血的功效。雄蕊（莲须）：味甘、涩，性平。有清心固肾、涩精止血的功效。种子（莲子）：味甘、涩，性平。有补脾止泻、益肾涩精、养心安神的功效。胚芽（莲子心）：味苦，性寒。有清心安神、交通心肾、涩精止血的功效。

主治用法　根状茎：用于吐血、咯血、尿血、崩漏、衄血、便血等。水煎服，捣汁或入散。叶（荷叶）：用于暑热烦渴、暑湿泄泻、血热吐衄、便血崩漏。花蕾：用于感受暑邪、烦热口渴、喘嗽带血。花托：

▲莲花

用于崩漏、月经过多、产后恶露不尽、瘀血腹痛、血痢、血淋。胚芽：用于温热病烦热神昏、吐血、遗精。

用　　量　根状茎：15 ~ 25 g。叶基部：10 ~ 15 g。叶：3 ~ 10 g。花蕾：5 ~ 15 g。花托：5 ~ 10 g。雄蕊：2 ~ 5 g。种子：5 ~ 15 g。幼叶及胚根：2 ~ 5 g。

附　　方

（1）治脾虚腹泻：莲子（莲干燥种子）、茯苓、补骨脂、六曲各 15 g，山药 25 g，水煎服。

（2）治心烦不眠：莲心（莲子中间绿色胚芽）5 g，炒酸枣仁 20 g，夜交藤 25 g，茯神 20 g，水煎服。

（3）治高血压：莲心 15 g，远志 10 g，酸枣仁 20 g，水煎服。

（4）治功能性子宫出血、尿血：莲房（莲的干燥花托）炭、荆芥炭、牡丹皮各 15 g，小蓟 20 g，白茅根 50 g，水煎服。

（5）治遗精：莲须（莲的干燥雄蕊）、金樱子各 15 g，水煎服。

（6）治伤暑：鲜荷叶（莲的叶片和残存的叶柄基部）、鲜芦根各 50 g，扁豆花 10 g，水煎服。又方：荷叶、青蒿各 15 g，甘草 5 g，滑石 25 g，水煎服。

（7）治吐血：荷叶炭 30 g，研细粉，每服 10 g，每日 3 次。

（8）治中暑烦渴：荷梗（莲的叶柄）、香薷、扁豆花各 15 g，莲心 5 g，绿豆衣 20 g，水煎服。

▲市场上的莲果实

▲莲植株（疏生型）

（9）治胃出血：鲜藕（莲的根状茎）汁、鲜萝卜汁各20～30 ml，调匀服下，每日2次，可连服数天。

（10）久痢不止：老莲子100 g（去心），研细末，每服5 g，陈米汤调下。

（11）治下痢饮食不入（噤口痢）：鲜莲肉60 g，黄连25 g，人参25 g，水煎汁，慢服。

（12）治黄水疮：荷叶烧炭、研细末，芝麻油调匀，敷患处，每日2次。

▲莲果实

附　注

（1）莲的细瘦根状茎（入药称"藕蔤"）入药，有解烦毒、下瘀血的功效。

（2）本品为《中华人民共和国药典》（2020年版）收录的药材。藕加工成的淀粉入药（入药称"藕粉"），可治疗虚损失血、泻痢食少等。

◎参考文献◎

[1] 江苏新医学院．中药大辞典（下册）[M]．上海：上海科学技术出版社，1977：1803-1806，1811-1812，2690-2691.

[2] 朱有昌．东北药用植物 [M]．哈尔滨：黑龙江科学技术出版社，1989：348-351.

[3] 《全国中草药汇编》编写组．全国中草药汇编（上册）[M]．北京：人民卫生出版社，1975：689-691.

▲莲群落

▲萍蓬草植株

▼萍蓬草果实

萍蓬草属 *Nuphar* Smith.

萍蓬草 *Nuphar pumila*（Timm）DC.

别　　名　萍蓬莲

俗　　名　水栗子 水栗

药用部位　睡莲科萍蓬草的干燥根状茎及种子。

原 植 物　多年水生草本。根状茎横卧，肥厚肉质，直径 2 ~ 3 cm，略呈扁柱形。叶生于根状茎先端，漂浮水面，叶片纸质，宽卵形或卵形，长 6 ~ 17 cm，宽 6 ~ 12 cm，先端圆钝，中央主脉明显，侧脉羽状，几次二歧分枝；叶柄扁柱形，长 20 ~ 50 cm，有柔毛。顶生一花，直径 3 ~ 4 cm；花梗长 40 ~ 50 cm；萼片 5，

▲萍蓬草居群

▼萍蓬草花（背）

呈花瓣状，黄色，外面中央绿色，长圆状椭圆形或椭圆状倒卵形，长 1 ~ 2 cm；花瓣多数，短小，倒卵状楔形，长 5 ~ 7 mm，先端微凹；雄蕊多数，花丝扁平，子房广卵形，柱头盘状，常 10 浅裂，淡黄色或带红色。浆果卵形，长约 3 cm，种子长圆形，褐色，有光泽。花期 6—7 月，果期 8—9 月。

生　境　生于水泡子或池塘中，常聚集成片生长。

分　布　黑龙江宁安、密山、虎林、饶河、五常、东宁、抚远、同江、富锦、宝清、绥滨、桦川、依兰、通河、汤原、萝北、嘉荫、逊克、黑河市区、呼玛、孙吴、五大连池、林甸、富裕、齐齐哈尔市区、杜尔伯特、肇东、肇源、哈尔滨市区等地。吉林珲春、梅河口、集安、安图、延吉、蛟河、德惠、九台、榆树、扶余、桦甸等地。

衰弱、月经不调、消化不良等。水煎服。

用　　量　根状茎：15 ~ 25 g。种子：15 ~ 25 g。

◎参考文献◎

[1] 江苏新医学院．中药大辞典（下册）[M]．上海：上海科学技术出版社，1977: 2013-2015.

[2] 朱有昌．东北药用植物 [M]．哈尔滨：黑龙江科学技术出版社，1989: 351-352.

[3] 钱信忠．中国本草彩色图鉴（第四卷）[M]．北京：人民卫生出版社，2003: 367-368.

▲萍蓬草花（柱头黄色）

辽宁凤城、桓仁、本溪、清原、铁岭、抚顺、开原等地。内蒙古鄂伦春旗、科尔沁右翼前旗、扎赉特旗、科尔沁左翼后旗等地。河北、江苏、浙江、江西、福建、广东、广西。朝鲜、俄罗斯、日本。欧洲。

采　　制　春、秋季采挖根状茎，除去泥沙和不定根，洗净，晒干。秋季用镰刀割取果实，加工获取种子，晒干。

性味功效　根状茎：味甘，性寒。有清虚热、补虚健胃、止汗、止咳、止血、祛瘀调经的功效。种子：味甘、涩，性平。滋补强壮，有助脾厚肠、健胃、调经的功效。

主治用法　根状茎：用于体虚衰弱、骨蒸劳热、肺痨咳嗽、盗汗、消化不良、神经衰弱、月经不调、腰腿疼、刀伤等。水煎服。种子：用于体虚

▼萍蓬草花（柱头红色）

▲睡莲幼株

▼睡莲花（花瓣长圆形）

睡莲属 *Nymphaea* L.

睡莲 *Nymphaea tetragona* Georgi

别　　名　子午莲　茈碧花

俗　　名　莲蓬花　睡莲菜

药用部位　睡莲科睡莲的根状茎及花。

原 植 物　多年水生草本。根状茎短粗，生多数须根及叶。叶浮于水面，心状卵形或卵状椭圆形，长 5 ~ 12 cm，宽 3.5 ~ 9.0 cm，基部具深弯缺，约占叶片全长的 1/3，裂片急尖，全缘，上面光亮，下面带红色或紫色，叶柄长达 60 cm。花直径 3 ~ 5 cm；花梗细长；花萼基部四棱形，萼片革质，宽披针形或窄卵形，长 2.0 ~ 3.5 cm，宿存；花瓣白色，宽披针形、长圆形或倒卵形，长 2.0 ~ 2.5 cm，

▲睡莲植株

内轮不变成雄蕊；雄蕊比花瓣短，花药条形，长 3 ~ 5 mm；子房短圆锥状，柱头盘状，具 5 ~ 8 辐射线。浆果球形，直径 2.0 ~ 2.5 cm，为宿存萼片包裹；种子椭圆形，长 2 ~ 3 mm，黑色。花期 6—7 月，果期 8—10 月。

▲睡莲花（侧）

生　境　生于水泡子或池塘中，常聚集成片生长。

分　布　黑龙江双城、肇东、肇源、阿城、尚志、五常、海林、牡丹江市区、东宁、穆棱、方正、延寿、通河、巴彦、呼兰、绥化市区、绥棱、依兰、汤原、佳木斯市区、集贤、桦川、富锦、抚远、同江、萝北、嘉荫、克山、富裕、林甸、齐齐哈尔市区、北安、五大连池、孙吴、逊克、呼玛、宁安、密山、虎林、饶河、塔河等地。吉林珲春、敦化、长白、靖宇、汪清、图们、抚松、舒兰、桦甸、蛟河、九台、榆树、德惠等地。辽宁昌图、新民、沈阳市区、铁岭、辽中、盘山、台安、营口、开原、抚顺、本溪等地。内蒙古额尔古纳、根河、鄂伦春旗、阿尔山、科尔沁右翼前旗、扎

▲睡莲花（花瓣宽披针形）

赉特旗、科尔沁左翼后旗等地。全国绝大部分地区。朝鲜、日本、俄罗斯、越南、印度、美国。

采　制　春、秋季采挖根状茎。夏季采摘花，洗净药用。

性味功效　根状茎：有消暑、强壮、收敛的功效。花：有消暑解酲的功效。

主治用法　根状茎：用于肾炎及中暑等。花：用于小儿急慢惊风。

用　量　根状茎：适量。花：适量。

◎参考文献◎

[1] 江苏新医学院．中药大辞典（下册）[M]．上海：上海科学技术出版社，1977: 2472.

[2] 朱有昌．东北药用植物 [M]．哈尔滨：黑龙江科学技术出版社，1989: 352-354.

[3] 中国药材公司．中国中药资源志要 [M]．北京：科学出版社，1994: 386.

睡莲花（背）

▲睡莲群落

▲辽宁省新宾龙岗山省级自然保护区森林秋季景观

▲银线草植株（花期）

▼银线草果实

金粟兰科 Chloranthaceae

本科共收录 1 属、1 种。

金粟兰属 *Chloranthus* Sw.

银线草 *Chloranthus japonicus* Sieb.

别　　名　灯笼花　四块瓦　鬼督邮　独摇草

俗　　名　灯笼菜　灯笼菜花　假细辛　杨梅菜　山油菜　苏叶蒿　雨伞菜　孢子腚　分叶芹　四叶七

药用部位　金粟兰科银线草的全草、根及根状茎。

原 植 物　多年生草本，高 20 ~ 49 cm。根状茎多节，横走，有香气；茎直立，不分枝，叶对生，通常4片生于茎顶，呈假轮生，宽椭圆形或倒卵形，长8 ~ 14 cm，宽 5 ~ 8 cm，顶端急尖，基部宽楔形，边缘有齿牙状锐锯齿，齿尖有一腺体；叶柄长 8 ~ 18 mm。穗状花序单一，顶生，连总花梗长 3 ~ 5 cm；苞片三角形或近半圆形；花白色；雄蕊 3，药隔基部连合，着生于子房上部外侧；中央

▲银线草植株（果期）

药隔无花药，两侧药隔各有 1 个 1 室的花药；药隔延伸成线形，长约 5 mm，水平伸展或向上弯，药室在药隔的基部；子房卵形，无花柱，柱头截平。核果近球形或倒卵形，绿色。花期 4—5 月，果期 5—7 月。

生　境　生于山坡或山谷腐殖土层厚、疏松、阴湿而排水良好的杂木林下，常聚集成片生长。

分　布　黑龙江阿城、尚志、五常、宾县、宁安、海林、东宁、穆棱、密山、虎林、饶河、桦川、林口、方正、延寿、依兰、通河、汤原、伊春市区、铁力、庆安、绥棱等地。吉林长白山各地及九台。辽宁丹东市区、宽甸、凤城、本溪、鞍山市区、岫岩、海城、庄河、大连市区、营口、沈阳、铁岭、西丰、开原、义县、北镇、凌源等地。内蒙古科尔沁左翼后旗大青沟。河北、山西、山东、安徽、江西、四川、广西、陕西、甘肃。朝鲜、俄罗斯（西伯利亚中东部）、日本。

采　制　夏、秋季采收全草，除去杂质，洗净，鲜用或晒干。春、秋季采挖根及根状茎，除去泥土，洗净，

▼银线草果核

▲银线草植株（花期，侧）

▲银线草花

银线草花序（前期）

鲜用或晒干。

性味功效　全草：味苦、辛，性温。有小毒。有活血行瘀、散寒祛风、除湿、解毒的功效。根及根状茎：味苦、辛，性温。有小毒。有祛风胜湿、活血理气的功效。

主治用法　全草：用于感冒、风寒咳嗽、风湿痛、胃气痛、经闭、白带异常、跌打损伤、瘀血肿痛、疮疖、皮肤瘙痒及毒蛇咬伤。水煎服或浸酒。外用鲜品捣烂敷患处。根及根状茎：用于风湿痛、劳伤、感冒、胃气痛、经闭、白带异常、跌打损伤、疖肿。水煎服，浸酒或研末。外用鲜品捣烂敷患处。

用　　量　全草：2.5 ~ 5.0 g，外用适量。根及根状茎：2.5 ~ 5.0 g，外

▲银线草根状茎

▲市场上的银线草植株

▼银线草花序（后期）

用适量。

附　　方

（1）治跌打损伤：鲜银线草叶一把，洗净，加烧酒捣烂，搓搽或敷伤处。或用银线草根 1.5 ~ 2.0 g，研粉，用热黄酒送服，能促进骨折愈合。又方：银线草 50 g，白酒 250 ml，泡 3 ~ 5 d，每服 5 ml，每日 2 次。

（2）治蛇咬伤：鲜银线草叶 3 ~ 5 片，加些雄黄捣烂，贴在伤处。

（3）治痈肿疮疖、无名肿毒：银线草鲜根，洗净捣烂，加少许黄酒，调敷患处。

（4）治皮肤瘙痒症：银线草适量煎水洗。

（5）治乳腺炎：银线草、芦根各适量，加红糖捣敷患处。

（6）治劳伤、风湿痛：银线草根 15 ~ 25 g，白酒 500 ml，浸泡 3 ~ 5 d，每次服用 2 ~ 3 酒盅，每日 1 ~ 2 次。

◎参考文献◎

[1] 江苏新医学院. 中药大辞典(下册)[M]. 上海：上海科学技术出版社，1977: 2169.

[2] 朱有昌. 东北药用植物 [M]. 哈尔滨：黑龙江科学技术出版社，1989: 198-199.

[3] 《全国中草药汇编》编写组. 全国中草药汇编（上册）[M]. 北京：人民卫生出版社，1975: 267-268.

▲吉林长白山国家级自然保护区森林秋季景观

▲木通马兜铃植株

▼木通马兜铃藤茎

马兜铃科 Aristolochiaceae

本科共收录 2 属、4 种。

马兜铃属 *Aristolochia* L.

木通马兜铃 *Aristolochia manshuriensis* Kom.

别　　名　木通　东北木通　关木通　马木通　苦木通

俗　　名　细木通　山木通　万年藤　空心木

药用部位　马兜铃科木通马兜铃的干燥藤茎（称“关木通”）。

原 植 物　落叶木质藤本。茎皮灰色，老茎基部直径 2 ~ 8 cm，表面散生淡褐色长圆形皮孔，具纵皱纹。叶革质，心形，长

▲木通马兜铃幼株

▲木通马兜铃花（黄色）

15 ~ 29 cm，宽 13 ~ 28 cm，基出脉 5 ~ 7；叶柄长 6 ~ 8 cm。花单朵，花梗长 1.5 ~ 3.0 cm，常向下弯垂，中部具小苞片；小苞片卵状心形或心形，长约 1 cm，绿色，近无柄；花被管中部马蹄形弯曲，下部管状，长 5 ~ 7 cm，直径 1.5 ~ 2.5 cm，外面粉红色，具绿色纵脉纹；喉部圆形并具领状环；花药长圆形；子房圆柱形，长 1 ~ 2 cm，具 6 棱；合蕊柱顶端 3 裂；裂片顶端尖。蒴果长圆柱形，暗褐色，有 6 棱，长 9 ~ 11 cm；种子三角状心形。花期 5—6 月，果期 8—9 月。

▼木通马兜铃果实（后期）

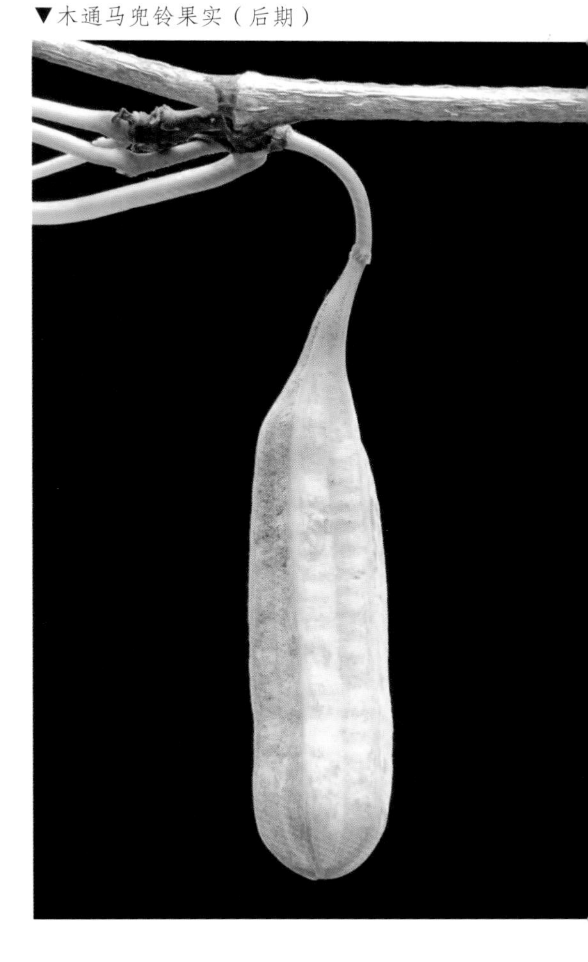

▲木通马兜铃花（黄褐色）

附　　方

（1）治疗尿道涩痛、口舌生疮：（导赤散）木通马兜铃 15 g，生地黄 25 g，甘草、竹叶各 5 g，水煎服。

（2）治心力衰竭性水肿：木通马兜铃注射液，肌肉注射，每次 2 ml，有明显利尿消肿作用。

（3）治肝硬化腹腔积液及心性、肾性水肿：复方木通马兜铃注射液，每日肌肉注射 1 ~ 2 次，每次 2 ml。

（4）治乳汁不通：木通马兜铃 10 g，王不留行 20 g，天花粉 10 g，猪蹄煮汤，用汤煎药服。

（5）治热淋：木通马兜铃 10 g，黄芩 15 g，甘草 25 g，水煎，日服 2 次。

木通马兜铃种子

▼木通马兜铃花（紫色）

生　　境　生于较潮湿的山坡杂木林内、林缘或河流附近潮湿地等处。

分　　布　黑龙江五常、海林、宁安、林口、东宁、密山、虎林等地。吉林长白山各地。辽宁清原、新宾、本溪、桓仁、宽甸、凤城、抚顺等地。山西、陕西、湖北、甘肃、四川。朝鲜、俄罗斯（西伯利亚中东部）。

采　　制　春、秋季（秋季为最佳）采收藤茎，除去粗皮，晒干，切片，生用。

性味功效　味苦，性寒。有泻热、降火、通经下乳的功效。

主治用法　用于口舌生疮、心烦尿赤、小便赤涩、膀胱炎、尿道炎、带下病、排尿淋痛、闭经、乳汁不通、湿热痹痛及水肿等。水煎服。孕妇不宜。

用　　量　2.5 ~ 7.5 g。

▲木通马兜铃枝条

▲市场上的木通马兜铃果实

▼市场上的木通马兜铃藤茎

▼木通马兜铃果实（前期）

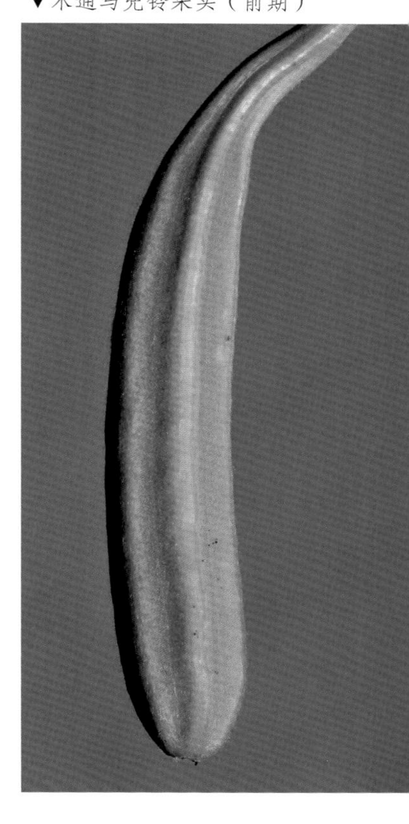

附　注　本品中的马兜铃酸具有一定的毒性，据报道，有人服用含有木通马兜铃的中药后发生中毒，引起急性肾功能衰竭，甚至需要进行肾脏移植。应用时要特别注意，不宜久服。

◎参考文献◎

[1] 江苏新医学院. 中药大辞典（上册）[M]. 上海：上海科学技术出版社，1977: 956-957.

[2] 朱有昌. 东北药用植物 [M]. 哈尔滨：黑龙江科学技术出版社，1989: 257-258.

[3]《全国中草药汇编》编写组. 全国中草药汇编（上册）[M]. 北京：人民卫生出版社，1975: 312-313.

▲北马兜铃植株

▼市场上的北马兜铃根

▼北马兜铃种子

北马兜铃 *Aristolochia contorta* Bge.

俗　　名　后老婆罐根 葫芦罐 臭铃铛 挑筐 山挑筐 疤瘌罐 料斗子 狗卵瓜 臭老婆罐 落斗 干谷子根

药用部位　马兜铃科北马兜铃的未成熟果实（入药称“马兜铃”）、茎叶（入药称“天仙藤”）及根（入药称“土青木香”）。

原 植 物　草质藤本，茎长 2 m 以上。叶纸质，卵状心形或三角状心形，长 3 ~ 13 cm，宽 3 ~ 10 cm，叶柄柔弱，长 2 ~ 7 cm。总状花序有花 2 ~ 8；花梗长 1 ~ 2 cm，小苞片卵形，长约 1.5 cm；花被片长 2 ~ 3 cm，基部膨大呈球形，直径达 6 mm，向上收狭呈一长管，管长约 1.4 cm，绿色，管口扩大呈漏斗状；檐部一侧极短，另一侧渐扩大成舌片；顶端弯扭成尾尖，黄绿色，花药长圆形；子房圆柱形；合蕊柱顶端 6 裂，裂片渐尖。蒴果宽倒卵形或椭圆状倒卵形，长 3.0 ~ 6.5 cm，6 棱；果梗下垂，长约 2.5 cm，

▲北马兜铃花序

随果开裂；种子三角状心形，灰褐色，长宽均 3 ~ 5 mm。花期 6—7 月，果期 8—10 月。

生　境　生于山沟灌丛间、林缘溪旁灌丛中。

分　布　黑龙江尚志、五常、牡丹江市区、东宁、宁安、阿城、宾县、方正、依兰、通河、富锦、林口、密山、虎林、饶河、穆棱、延寿、勃利、桦南、海林、呼兰、嫩江、拜泉等地。吉林长白山各地。辽宁铁岭、西丰、新宾、清原、抚顺、沈阳市区、鞍山、辽阳、盖州、凤城、宽甸、长海、法库、辽中、阜新、北镇、义县、兴城、营口市区、绥中等地。内蒙古扎鲁特旗、科尔沁左翼后旗、喀喇沁

▼北马兜铃果实

▲北马兜铃幼苗

主治用法 根：用于胸腹胀满、风湿性关节炎、肠炎、下痢、高血压、疝气、毒蛇咬伤、痈肿、疔疮等。水煎服。茎叶：用于胃痛、疝气痛、妊娠水肿、产后瘀血腹痛、风湿疼痛等。水煎服。果实：用于肺热咳嗽、咯血、痰中带血、失音及痔瘘肿痛等。水煎服。

用　　量 根：5 ~ 15 g。茎叶：7.5 ~ 15.0 g。果实：5 ~ 15 g。

附　　方

（1）治肺热咳嗽：马兜铃果实、杏仁、甘草、桑白皮各 10 g，水煎服。

（2）治百日咳：马兜铃果实、百部各 10 g，大蒜 3 头，放碗内加水适量，蒸后取汁去渣服。

（3）治胃疼：土青木香 50 ~ 100 g，白酒 250 ml，浸泡 4 ~ 7 d，每服 5 ml，每日 2 ~ 3 次。又方：土青木香、刺梨根、樟树根皮各等量，共研细粉，压片，每片 0.5 g，每日 3 次，每次 3 ~ 4 片，温开水送服。

（4）治高血压：土青木香 50 g，加水 200 ml，煎至 100 ml，每日 1 剂，分 3 次口服；或用土青木香粉 3.0 ~ 7.5 g，装入胶囊，分 3 次吞服；或用土青木香鲜根 100 g，水煎服，红糖为引。

旗、宁城等地。河北、河南、山东、山西、陕西、湖北、甘肃。朝鲜、俄罗斯（西伯利亚中东部）、日本。

采　　制 夏、秋季采挖根，剪去须根，除去泥土，切段，洗净，晒干。夏、秋季采收茎叶，除去杂质，晒干，生用。秋季果实由绿变黄时采摘，除去杂质，晒干，生用或蜜炙用。

性味功效 根：味辛、苦，微寒。有清肺降气、止咳平喘的功效。茎叶：味苦，性温。有行气化湿、活血止痛的功效。果实：味苦、微辛，性寒。有清肺降气、止咳平喘、清肠消痔的功效。

▼北马兜铃根

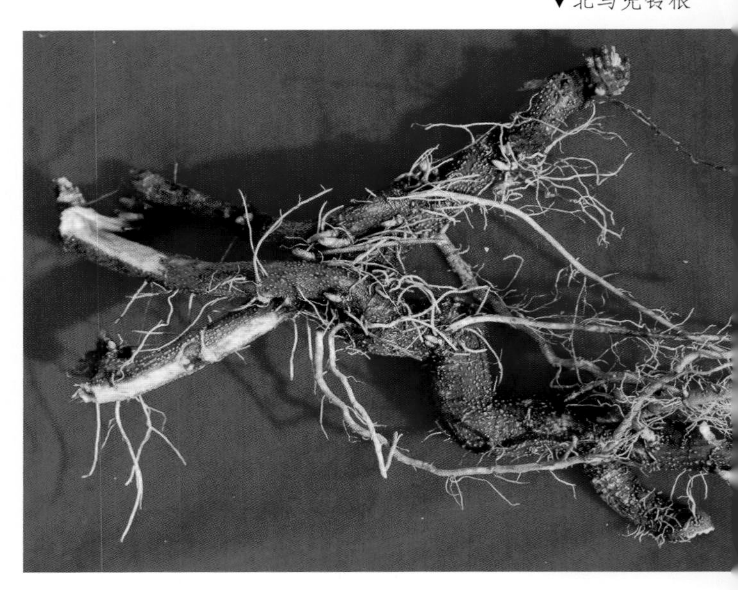

（5）治慢性气管炎、咳嗽、气喘：马兜铃15 g，生甘草10 g，水煎服。
（6）治皮肤湿烂疮：土青木香适量，研成细末，用芝麻油调擦。
（7）治疔疮、肿毒、急性炎症：土青木香鲜根适量，捣烂外敷。
（8）治肠炎、腹痛下痢：土青木香15 g，槟榔、黄连各7.5 g，共研细末。每次1.5 ~ 3.0 g，开水冲服。
（9）治毒蛇咬伤：土青木香50 g，香白芷100 g。共研末，每用15 g，甜酒或温开水送服；外用不拘量，调敷伤口处。
（10）治小儿痄疮：土青木香研粉，黄色家蚕焙干压面，再用芝麻油将以上两种药面调匀外敷（集安民间方）。
（11）治小儿口疮（烂嘴丫子）：土青木香焙成灰，外敷患处（凤城民间方）。根煎水内服消炎祛火很有效（桓仁及凤城民间方）。

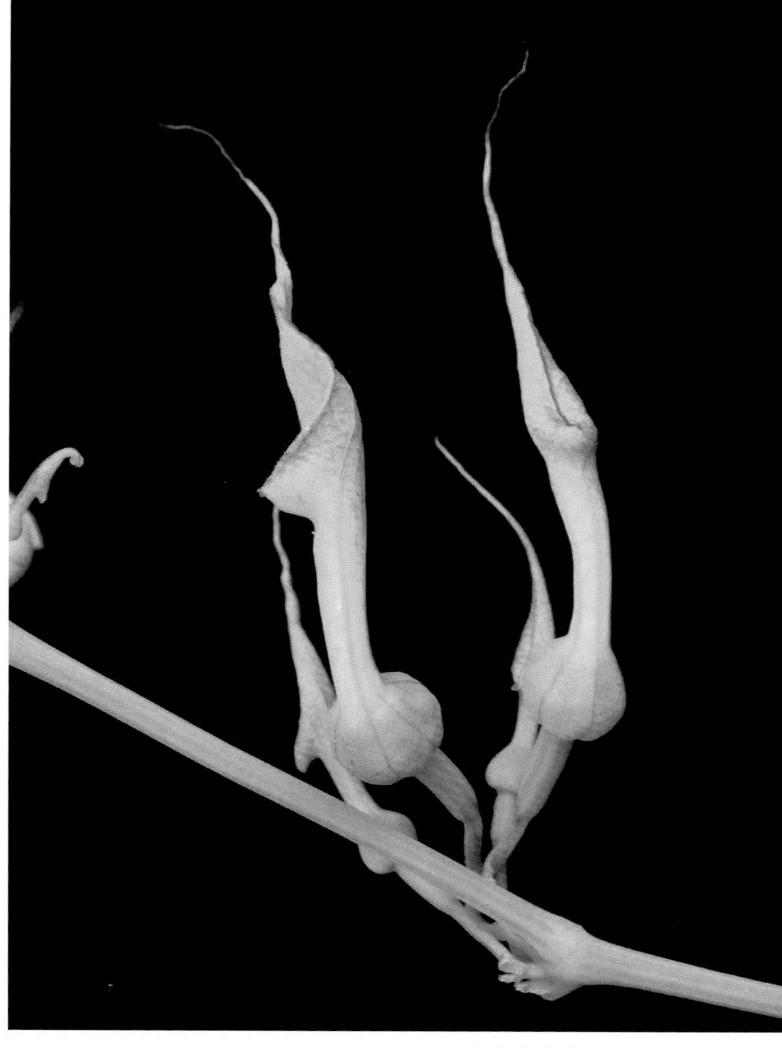

▲北马兜铃花

▲北马兜铃果实（果皮开裂）

附　注　《中华人民共和国药典》（2020年版）未收录。近来有研究认为，本品含有马兜铃酸，可引起肝、肾损害等不良反应，使用时需谨慎。

◎参考文献◎

[1] 江苏新医学院．中药大辞典(上册)[M]．上海：上海科学技术出版社，1977: 294-296，323-324，1232-1233.

[2] 朱有昌．东北药用植物[M]．哈尔滨：黑龙江科学技术出版社，1989: 254-257.

[3] 《全国中草药汇编》编写组．全国中草药汇编（上册）[M]．北京：人民卫生出版社，1975: 83-84，476-477.

市场上的辽细辛植株

▲辽细辛植株

▼辽细辛种子

▼辽细辛根

细辛属 *Asarum* L.

辽细辛 *Asarum heterotropoides* Fr. var. *manshuricum*（Maxim.）Kitag.

别　　名　东北细辛　细辛　北细辛

俗　　名　烟袋锅花　细参　万病草

药用部位　马兜铃科辽细辛的全草。

原 植 物　多年生草本。根状茎横走，根细长。叶卵状心形或近肾形，长 4 ~ 9 cm，宽 5 ~ 13 cm，先端急尖或钝，基部心形，两侧裂片长 3 ~ 4 cm，宽 4 ~ 5 cm，顶端圆形。花紫棕色，稀紫绿色；花梗长 3 ~ 5 cm，花期在顶部呈直角弯曲，果期直立；花被管壶状或半球状，直径约 1 cm，喉部稍缢缩，内壁有纵行脊皱，花被裂片三角状卵形，长约 7 mm，宽约 9 mm，由基部向外反折，贴靠于花被管上；雄蕊着生于子房中部，花丝常较花药稍短，药隔不伸出；子房半下位或几近上位，近球形，花柱 6，顶端 2 裂，柱头侧生。果半球状，长约 10 mm，直径约 12 mm。花期 4—5 月，果期 5—6 月。

生　　境　生于针叶林及针阔叶混交林下、岩阴下腐殖质肥沃且排水良好的地方。

▲辽细辛植株（侧）

分　　布　黑龙江尚志、五常、牡丹江市区、东宁、宁安、密山、虎林、阿城、延寿、方正、通河、依兰、木兰、宾县、绥棱、林口等地。吉林长白山各地及九台、伊通等地。辽宁鞍山市区、本溪、凤城、桓仁、瓦房店、庄河、兴城、西丰、新宾、清原、抚顺、盖州、海城、辽阳、营口市区、开原、铁岭、昌图等地。朝鲜、俄罗斯（西伯利亚中东部）。

采　　制　5—8 月采收全草，除去杂质，洗净，阴干。

性味功效　味辛，性温。有小毒。有祛风散寒、通窍止痛、温肺化饮的功效。

主治用法　用于风寒感冒、头痛、鼻渊、痰饮咳逆、肺寒喘咳、风湿痹痛及牙痛等。水煎服。本品反藜芦，气虚多汗、血虚头痛、阴虚咳嗽者禁用。

用　　量　1.5 ~ 5.0 g。

附　　方

（1）治小儿口疮糜烂（口腔溃疡、口疳）：辽细辛 7.5 g，研成细末，分 5 包。每日 1 包以米醋调如糊状，敷于肚脐眼，外贴膏药。每日一换，连用 4 ~ 5 d。敷后一般不出 4 d 多能痊愈。

（2）治风寒头痛：辽细辛 5 g，川芎、菊花、白芷各 10 g，水煎服。又方：取 2 ~ 3 个辽细辛根剪碎（亦可加入 5 ~ 6 粒花椒），和烧

▼辽细辛幼苗

酒及面粉成饼，贴于太阳穴及前额（凤城、本溪民间方）。另方：辽细辛50 g（净），川芎50 g，附子（炮）25 g（净），麻黄0.5 g，细切，入连根葱白、姜、枣，每服25 g，水一盏半，煎至一盏，连进3服。

（3）治偏头痛：雄黄（研）、辽细辛（去苗叶为末）等量，两味研匀，每服0.25 g，左边痛吸入右鼻，右边痛吸入左鼻。

（4）治伤风鼻塞：辽细辛、紫苏、防风、杏仁、桔梗、薄荷、桑白皮，水煎服；或用辽细辛末少许，吹入鼻中。

（5）治牙痛：辽细辛、花椒、白芷、防风各3 g，水煎20 min后去渣，待温漱口，不要咽下，漱完吐出。一次3～4回，每日2～3次。

▲辽细辛花

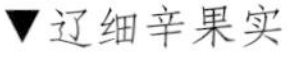

▼辽细辛果实

▼辽细辛花（背）

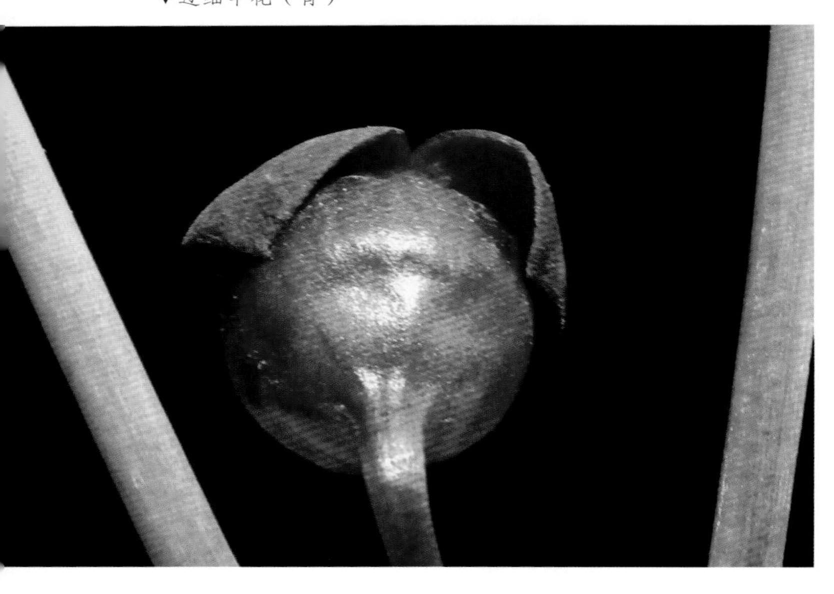

附　注

（1）本品为《中华人民共和国药典》（2020年版）收录的药材，为东北地道药材。

（2）全草有毒，一次服用15 g会引起恶心、呕吐、出汗、烦躁不安、口渴、面色红赤、呼吸急促、血压升高、颈项强直、神志模糊、牙关紧闭、角弓反张、瞳孔散大、四肢抽搐及小便闭塞等。民间有“细辛不过钱，过钱命相连”的说法。

（3）在民间将本品全株熬水漱口，主治牙龈肿痛或捣碎与面和在一起敷在头部治疗偏头痛。

◎参考文献◎

[1] 江苏新医学院．中药大辞典（上册）[M]．上海：上海科学技术出版社，1977：1477-1481.

[2] 朱有昌．东北药用植物 [M]．哈尔滨：黑龙江科学技术出版社，1989：258-260.

[3] 《全国中草药汇编》编写组．全国中草药汇编（上册）[M]．北京：人民卫生出版社，1975：562-563.

市场上的汉城细辛根

▲汉城细辛植株（花被片黄褐色）

▲汉城细辛种子

汉城细辛 *Asarum sieboldii* Miq.

俗　　名　烟袋锅花　细参　万病草

药用部位　马兜铃科汉城细辛的根。

原 植 物　多年生草本。根状茎的节间密，生多数长须根，具特异辛香味，顶端分枝，着生 2 ~ 3 枚鳞片及 2 枚有长柄的叶。叶柄长 12 ~ 20 cm，绿色，全部或在基部及上部生有糙毛；叶片卵状心形或心状肾形，长 5.5 ~ 10.0 cm，宽 5.5 ~ 10.0 cm，基部心状耳形，先端急尖或钝尖，表面绿色或黄绿色，脉上密生极短纤毛，背面色较淡，密生或疏生较长毛。花单一、顶生；花梗直立，长 4 ~ 5 cm，绿色；花被筒壶状杯形，深绛红色，顶端 3 裂，裂片卵状心形或广卵形，长约 12 mm，宽约 13 mm，先端急尖或钝尖，不反卷；雄蕊 12；花柱 6。蒴果肉质，半球形。种子卵状圆锥形。花期 5 月，果期 6 月。

▼汉城细辛根

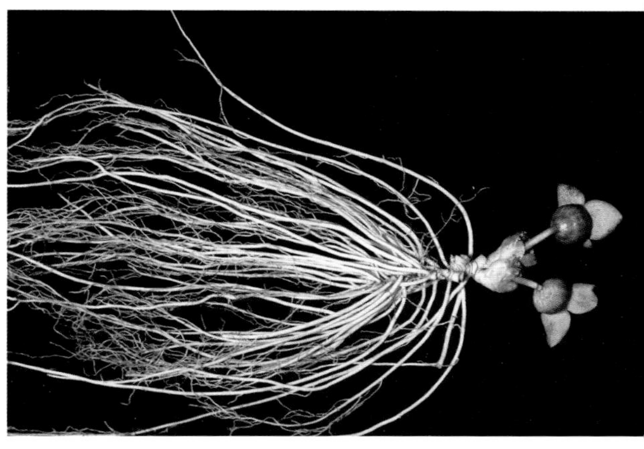

▲汉城细辛植株

◀汉城细辛果实

▲汉城细辛花（花被片 4）

生　境　生于山沟湿润地、杂木林下及沟谷灌丛间。

分　布　吉林集安、通化、临江、柳河、辉南等地。辽宁宽甸、桓仁、岫岩、本溪、东港、庄河等地。朝鲜。

附　注

（1）其采制、性味功效、主治用法、用量同辽细辛。

（2）本品为《中华人民共和国药典》（2020年版）收录的药材。

▲汉城细辛植株（花被片紫色）

汉城细辛花▶

◎参考文献◎

[1] 江苏新医学院. 中药大辞典(上册) [M]. 上海: 上海科学技术出版社, 1977: 1477-1481.

[2] 朱有昌. 东北药用植物 [M]. 哈尔滨: 黑龙江科学技术出版社, 1989: 261-262.

[3]《全国中草药汇编》编写组. 全国中草药汇编(上册) [M]. 北京: 人民卫生出版社, 1975: 562-563.

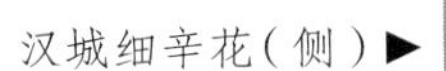

汉城细辛花(侧)▶

▲内蒙古自治区陈巴尔虎旗莫日格勒河草原夏季景观

▲草芍药花

▲草芍药花（侧）

芍药科 Paeoniaceae

本科共收录 1 属、3 种。

芍药属 *Paeonia* L.

草芍药 *Paeonia obovata* Maxim.

别　　名　卵叶芍药

俗　　名　山芍药　野芍药　白芍　参幌子

药用部位　芍药科草芍药的干燥根。

原 植 物　多年生草本，高 30 ～ 60 cm。根状茎粗大，横走，长圆形或纺锤状。叶近纸质，二回三出复叶，小叶倒卵形或椭圆形，长 6 ～ 15 cm，宽 3 ～ 9 cm，先端短尖，

▲草芍药果实

基部楔形，全缘，上面暗绿色，无毛，下面灰绿色，沿叶脉疏被短柔毛或近无毛，有长柄。花单生茎顶，直径 7 ~ 9 cm；萼片 3 ~ 5，不等大，卵形或卵状披针形，长约 1.5 cm；花瓣 6，粉红色或淡紫红色，倒卵形，长 4 ~ 6 cm，宽 2 ~ 3 cm；雄蕊长 1.0 ~ 1.5 cm，柱头长，旋卷，心皮 2 ~ 4，无毛；花盘浅杯状。蓇葖果卵圆形或长圆形，长 3 ~ 5 cm；成熟时开裂，果皮反卷呈鲱绛红色。种子近球形，蓝黑色。花期 6 月，果期 8—9 月。

生　　境　生于针阔混交林、针叶林及杂木林下、林缘及灌丛间等处。

分　　布　黑龙江伊春、尚志、牡丹江市区、东宁、宁安、密山、虎林、饶河、萝北、嘉荫、呼玛等地。吉林省山区各地。辽宁抚顺、新宾、清原、西丰、岫岩、本溪、宽甸、桓仁、凤城、丹东市区、庄河、营口、凌源、鞍山市区等地。内蒙古克什克腾旗、宁城等地。河北、浙江、安徽、江西、湖北、湖南、山西、陕西、宁夏、四川、贵州。朝鲜、俄罗斯（西伯利亚中东部）、日本。

采　　制　春、秋季采挖，以秋季效果最佳，除去须根和泥土，洗净，晒干。

性味功效　味酸、苦，性凉。有活血散瘀、清肝、止痛的功效。

主治用法　用于瘀血腹痛、经闭、痛经、胸肋疼痛、胃病、目赤、吐血、衄血、痈肿、跌打损伤等，水煎服或入丸、散。

用　　量　7.5 ~ 15.0 g。

▼市场上的草芍药根

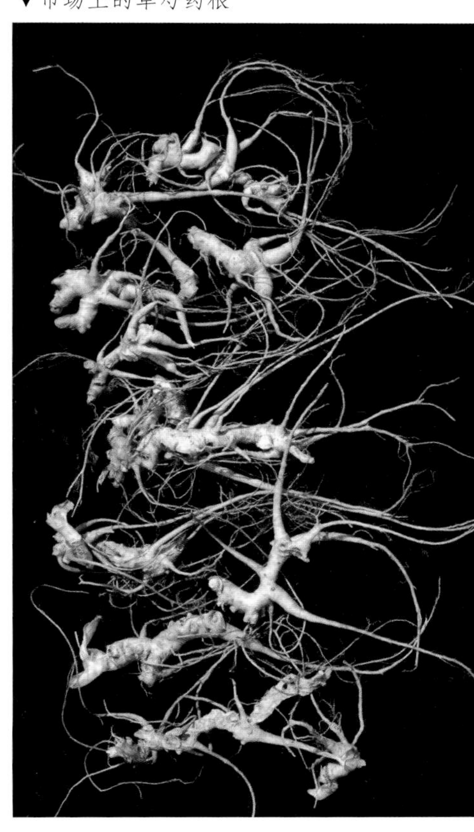

▲草芍药植株

▲草芍药根

▼草芍药幼株

附　方

（1）治痛经：草芍药、乌药、香附各15g，当归20g，延胡索10g，水煎服。

（2）治心绞痛：（赤槐丸）草芍药、槐花各20g，丹参15g，桃仁10g，没药5g，一日量，制成水丸，每日服20～30g。

◎参考文献◎

［1］江苏新医学院．中药大辞典（上册）[M]．上海：上海科学技术出版社，1977：706-709，1093-1095.

［2］朱有昌．东北药用植物[M]．哈尔滨：黑龙江科学技术出版社，1989：391-392.

［3］《全国中草药汇编》编写组．全国中草药汇编（上册）[M]．北京：人民卫生出版社，1975：398-399.

▲山芍药植株（花期）

▲山芍药种子

▲山芍药植株（花期，侧）

山芍药 *Paeonia japonica*（Makino）Miyabe et Takeda

别　　名　白花草芍药

俗　　名　野芍药

药用部位　芍药科山芍药的干燥根。

原 植 物　多年生草本，高 40 ～ 60 cm。根粗壮，有分枝，长圆形或纺锤状，褐色。茎直立，无毛，基部生数枚鞘状鳞片。叶 2 ～ 3，纸质，最下部为二回三出复叶，柄长 7 ～ 14 cm，上部为三出复叶或单叶，顶生小叶大，倒卵形或宽椭圆形，长 1.2 ～ 1.5 cm，下面无毛或沿脉疏生柔毛，侧生小叶较小，椭圆形。花瓣 6，白色，倒卵形，长 2.5 ～ 4.0 cm；雄蕊多数；心皮 2 ～ 5，无毛，柱头大，

▼山芍药幼株

▲山芍药植株（果期）

▲山芍药花（双花）

▲山芍药花 （背）

▼山芍药花

扁平。蓇葖果长圆形，长 3 ~ 4 cm，呈弓形弯曲，熟时开裂，反卷。种子红色或蓝黑色。花期 5 月，果期 8—9 月。

生　　境　生于阔叶林和针阔叶混交林下、林缘及灌丛等处。

分　　布　黑龙江尚志、海林、五常、宁安、东宁等地。吉林长白山各地。辽宁本溪、桓仁、宽甸、凤城、鞍山、庄河等地。华北、西北、华东。朝鲜、俄罗斯（西伯利亚中东部）。

采　　制　春、秋季采挖，以秋季效果最佳，除去须根和泥土，洗净，晒干。

性味功效　味苦，性微寒。有活血散瘀、泻肝清热、利尿、止

▲山芍药花（淡黄色）

▲山芍药果实

▼山芍药幼苗

痛的功效。

主治用法 用于经闭痛经、肝火头痛、眩晕、痈肿疼痛及小便不利等。水煎服或入丸、散。

用　　量 10 ~ 15 g。

◎参考文献◎

[1] 江苏新医学院．中药大辞典（上册）[M]．上海：上海科学技术出版社，1977: 706-709，1093-1095.

[2] 朱有昌．东北药用植物 [M]．哈尔滨 黑龙江科学技术出版社，1989: 391-392.

[3] 江纪武．药用植物辞典 [M]．天津：天津科学技术出版社，2005: 563.

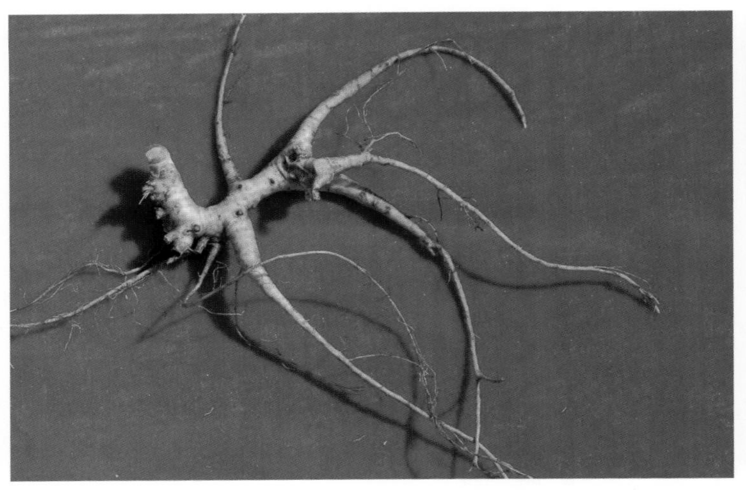
▲山芍药根

▲山芍药根

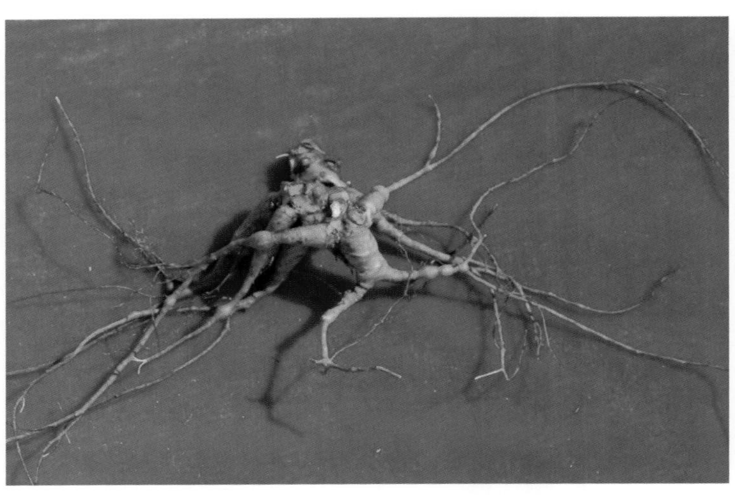
▲山芍药根

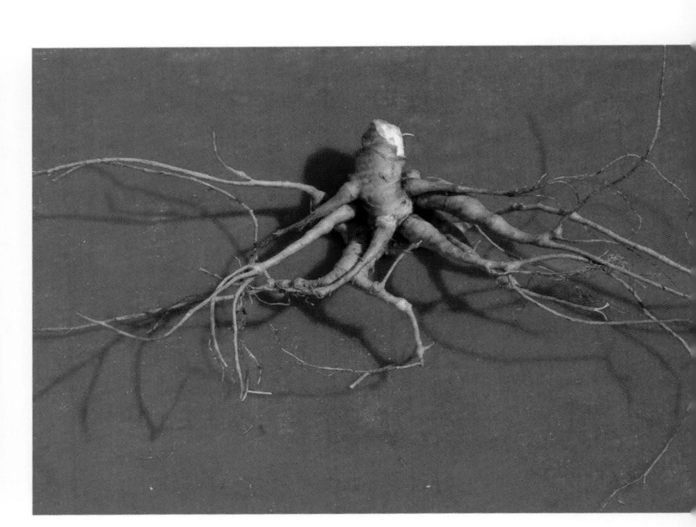
▲山芍药根

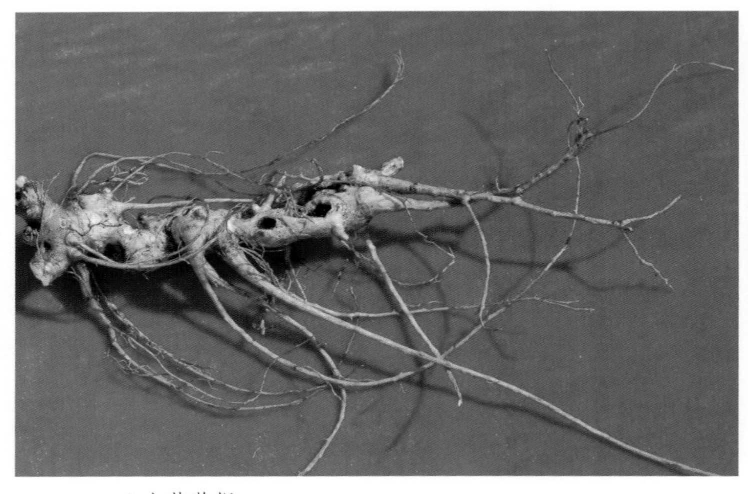
▲山芍药根

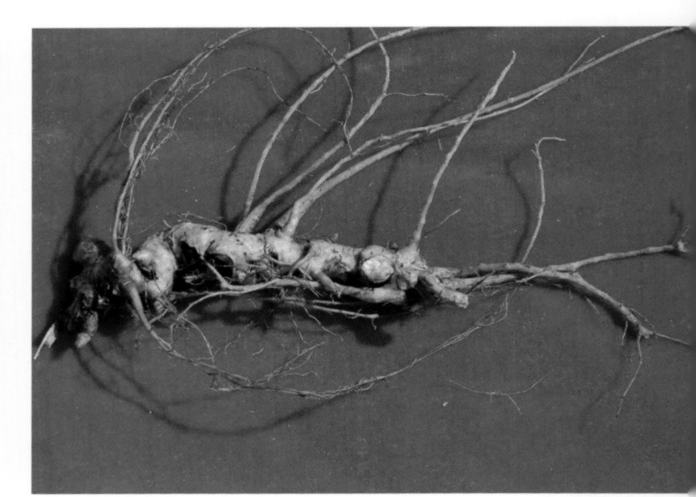
▲山芍药根

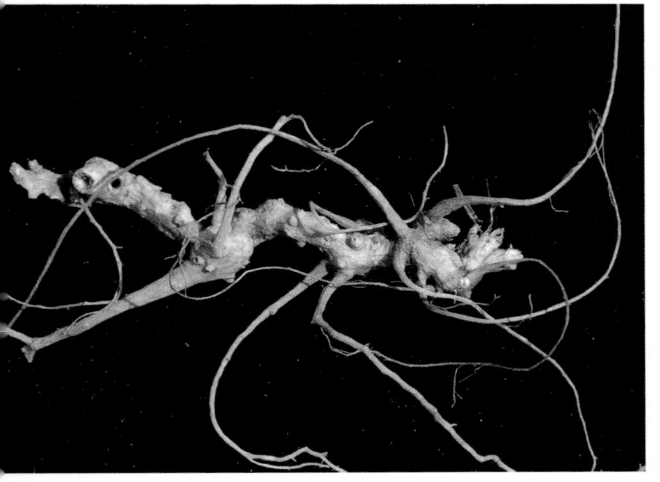

▲山芍药根

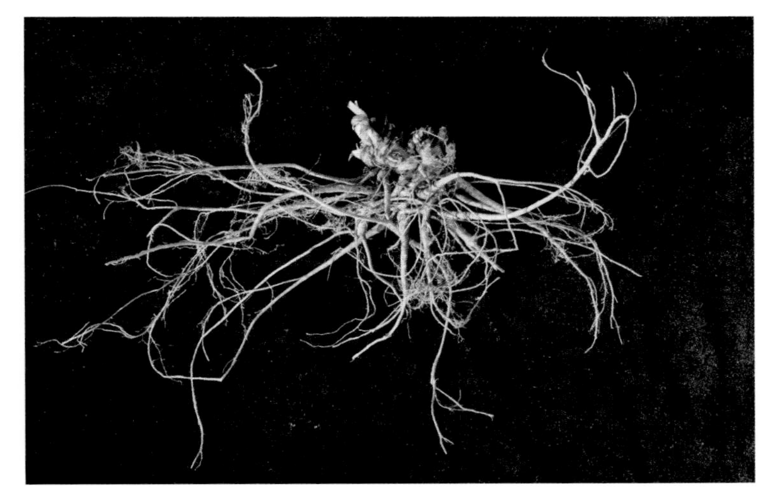

▲山芍药根

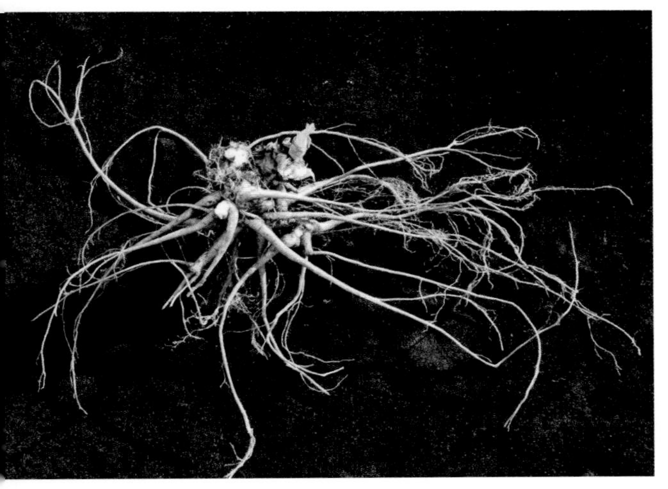

▲山芍药根

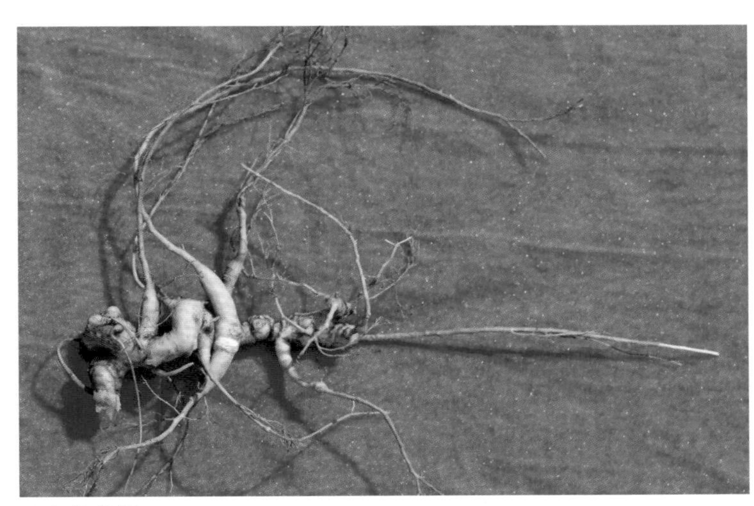

▲山芍药根

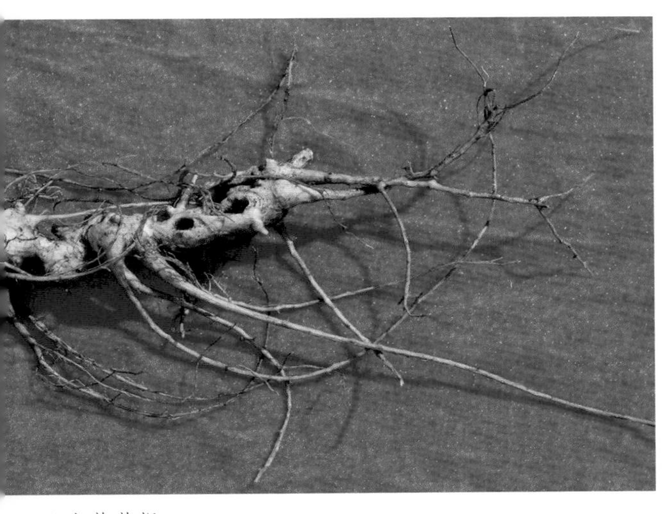

▲山芍药根

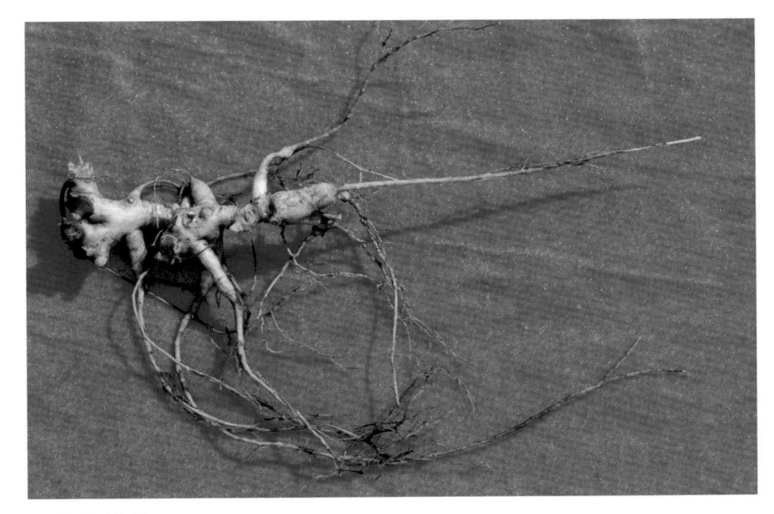

▲山芍药根

▲芍药植株

▼芍药根

▼市场上的芍药根

芍药 *Paeonia lactiflora* Pall.

别　　名　赤芍药　白芍药

俗　　名　山芍药　野芍药　芍药花

药用部位　芍药科芍药的干燥根。

原 植 物　多年生草本。茎高 40 ~ 70 cm，无毛。下部茎生叶为二回三出复叶，上部茎生叶为三出复叶；小叶狭卵形，椭圆形或披针形，顶端渐尖，基部楔形或偏斜，边缘具白色骨质细齿。花数朵，生茎顶和叶腋，而近顶端叶腋处有发育不好的花芽，直径 8.0 ~ 11.5 cm；苞片 4 ~ 5，披针形，大小不等；萼片 4，宽卵形或近圆形，长 1.0 ~ 1.5 cm，宽 1.0 ~ 1.7 cm；花瓣 9 ~ 13，倒卵形，长 3.5 ~ 6.0 cm，宽 1.5 ~ 4.5 cm，白色，有时基部具深紫色斑块；花丝黄色；花盘浅杯状，包裹心皮基部，顶端裂片钝圆；心皮 2 ~ 5。蓇葖长 2.5 ~ 3.0 cm，直径 1.2 ~ 1.5 cm，顶端具喙。花期 5—6 月，果期 8—9 月。

生　　境　生于山坡、山沟阔叶林下、林缘、灌丛间及草甸上。

分　　布　黑龙江双城、阿城、宾县、五常、尚志、宁安、海林、牡丹江市区、东宁、密山、林口、穆棱、虎林、鸡西市区、鸡东、饶河、富锦、集贤、宝清、桦南、勃利、延寿、方正、巴彦、木兰、依兰、通河、汤原、伊春市区、铁力、庆安、绥棱、绥化、望奎、北安、克山、五大连池、讷河、孙吴、嫩江、龙江、泰来、甘南、富裕、黑河市区、呼玛等地。

▲芍药花（粉色）

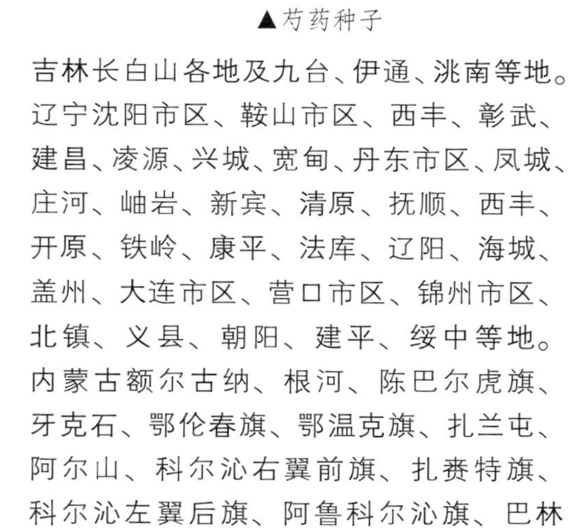

▲芍药种子

▼芍药花（白色）

吉林长白山各地及九台、伊通、洮南等地。辽宁沈阳市区、鞍山市区、西丰、彰武、建昌、凌源、兴城、宽甸、丹东市区、凤城、庄河、岫岩、新宾、清原、抚顺、西丰、开原、铁岭、康平、法库、辽阳、海城、盖州、大连市区、营口市区、锦州市区、北镇、义县、朝阳、建平、绥中等地。内蒙古额尔古纳、根河、陈巴尔虎旗、牙克石、鄂伦春旗、鄂温克旗、扎兰屯、阿尔山、科尔沁右翼前旗、扎赉特旗、科尔沁左翼后旗、阿鲁科尔沁旗、巴林

▲芍药群落（花杂色）

▲芍药植株（侧）

左旗、巴林右旗、克什克腾旗、翁牛特旗、敖汉旗、东乌珠穆沁旗、西乌珠穆沁旗、多伦、太仆寺旗等地。河北、山西、甘肃。朝鲜、俄罗斯（西伯利亚中东部）、日本等。

采　　制　春、秋季采挖，以秋季效果最佳，除去须根和泥土，洗净，晒干。

性味功效　味苦、酸，性凉、微寒。有清热凉血、祛瘀止痛、清泻肝火、敛阴收汗的功效。

主治用法　用于血瘀痛经、自汗盗汗、阴虚发热、月经不调、瘀血腹痛、崩漏、血痢、吐血、衄血、肠风下血、带下、肝火目赤、痈肿疮痒及跌打损伤等，水煎服。反藜芦。孕妇禁忌。虚寒腹痛、大便泄泻者慎用。

用　　量　10 ~ 20 g。

附　　方

（1）治腹肌痉挛疼痛、腓肠肌痉挛疼痛（小腿抽筋）：芍药 25 ~ 40 g，炙甘草 15 ~ 25 g，水煎服。

（2）治痛经：芍药、乌药、香附各 15 g，当归 20 g，延胡索 10 g，水煎服。

（3）治心绞痛：（赤槐丸）芍药、槐花各 20 g，丹参 15 g，桃仁 10 g，没药 5 g，一日量，制成水丸，每日服 20 ~ 30 g。

（4）治妇人血崩不止、赤白带下：香附子、赤芍各等量，研为末，盐 1 捻，加水 2 碗，煎至 1 碗，除去药渣，食前顿服。

（5）治急性乳腺炎：赤芍 50 ~ 100 g，生甘草 10 g，水煎服。另用适量白蔹根、食盐少许捣烂敷患处。如发热加黄芩。

（6）治妇女经闭发热：赤芍 15 g，柴胡 10 g，水煎，日服 2 次。

（7）治血痢腹痛：赤芍、黄蘖（去粗皮、炙）、地榆各 50 g。上三味捣筛，每服 5 g，以浆水一盏，煎至七分，去滓，不拘时温服。

▼芍药花（侧）

▲芍药花（浅粉色）

▼芍药幼株

附　注

（1）本品为《中华人民共和国药典》（2020年版）收录的药材。

（2）芍药炮制方法：将采挖芍药根拣去杂质，分开大小条，用水洗泡七八成透，捞出，晾晒，润至内外湿度均匀，切片，晒干。炒芍药：取赤芍药片置锅内炒至微有焦点为度，取出凉透。

（3）芍药是一种非常重要的药用植物。据现代科学研究，其主要作用有增强体力和免疫功能、扩张冠状动脉、解痉、抑制胃酸分泌、镇痛、镇静、抗惊厥、抗炎、抗菌及解热作用。另外，芍药还具有活血化瘀作用，对治疗蝴蝶斑、雀斑及色素沉着等有一定效果。

◎参考文献◎

[1] 江苏新医学院．中药大辞典（上册）[M]．上海：上海科学技术出版社，1977: 706-709，1093-1095.

[2] 朱有昌．东北药用植物 [M]．哈尔滨：黑龙江科学技术出版社，1989: 388-391.

[3] 《全国中草药汇编》编写组．全国中草药汇编（上册）[M]．北京：人民卫生出版社，1975: 281-282.

▲芍药群落（花白色）

▲内蒙古汗马国家级自然保护区森林秋季景观

▲软枣猕猴桃植株（夏季）

▼软枣猕猴桃藤茎

猕猴桃科 Actinidiaceae

本科共收录 1 属、3 种。

猕猴桃属 *Actinidia* Lindl.

软枣猕猴桃 *Actinidia arguta* （Sieb. et Zucc）Planch. ex Miq.

俗　　名　软枣子　软枣　圆枣子　元枣子

药用部位　猕猴桃科软枣猕猴桃的干燥根（入药称“猕猴梨”）及果实（入药称“软枣子”）。

原 植 物　大型落叶藤本，髓片层状。叶阔卵形至近圆形，长 6 ~ 12 cm，宽 5 ~ 10 cm，顶端急短尖，基部圆形至浅心形，边缘具繁密的锐锯齿；叶柄长 3 ~ 6 cm。花序腋生或腋外生，为一至二回分枝，花 1 ~ 7，苞片线形，花绿白色或黄绿色，芳香，直径 1.2 ~ 2.0 cm；萼片 4 ~ 6；卵圆形至长圆形，花瓣 4 ~ 6，楔状倒卵形或瓢状倒

▲软枣猕猴桃枝条（果期）

阔卵形，长 7 ~ 9 mm，1 花 4 瓣的其中有 1 片二裂至半；花丝丝状，花药黑色或暗紫色，长圆形箭头状，子房瓶状，花柱长 3.5 ~ 4.0 mm。果圆球形至柱状长圆形，长 2 ~ 3 cm，有喙或喙不显著，成熟时绿黄色或紫红色。种子纵径约 2.5 mm。花期 6—7 月，果期 9—10 月。

生　境　生于阔叶林或针阔叶混交林中。

分　布　黑龙江尚志、五常、海林、宁安、东宁、通河、木兰、依兰等地。吉林长白山各地。辽宁丹东市区、西丰、清原、新宾、桓仁、凤城、本溪、岫岩、庄河、绥中等地。山东、河北、陕西、甘肃、浙江、江苏、安徽、江西、湖北、湖南。朝鲜、俄罗斯（西伯利亚中东部）、日本。

采　制　春、夏、秋三季均可挖根，洗净，切片晒干药用。秋季采摘成熟果实，晒干。

性味功效　根：味淡、微涩，性凉。有清热解毒、健胃、活血、止血、祛风除湿的功效。果实：味甘，性寒。有解烦热、下石淋的功效。

主治用法　根：用于风湿关节痛、腹泻、黄疸、呕吐、消化不良、食管癌等。水煎服。果实：用于消化不良、食欲不振、烦热、消渴、小便不利等。水煎服。

用　量　根：25 ~ 100 g。果实：5 ~ 15 g。

▲软枣猕猴桃果实

▼软枣猕猴桃果实（形状扁平）

▲软枣猕猴桃枝条（花期）

▲软枣猕猴桃幼株

▲市场上的软枣猕猴桃果实（前期）

附　方

（1）试治食管癌：软枣猕猴桃根、水杨梅根各 100 g，野葡萄根 50 g，半枝莲、半边莲、凤尾草、白茅根各 25 g，水煎服，每日 1 剂。

（2）试治胃癌：猕猴梨根 200 g，水杨梅根 150 g，蛇葡萄根、并头草各 50 g，白茅根、凤尾草、半边莲各 25 g，水煎服，每日 1 剂。

（3）试治乳腺癌：猕猴梨、野葡萄根各 50 g，八角金盘、生南星各 5 g，水煎服，每日 1 剂。

（4）治丝虫病：猕猴梨 50 ~ 100 g，水煎取汁，调猪瘦肉汤或鸡汤服。

（5）治消化不良、呕吐、腹泻：猕猴梨 50 ~ 100 g，水煎服。

（6）治黄疸：猕猴梨 50 g，茜草 25 g，淡竹叶 10 g，苍耳子根 15 g，小蓟 25 g，水煎服。

（7）治风湿关节痛：猕猴梨、木防己各 25 g，荭草、虎杖各 15 g，水煎服。

▲软枣猕猴桃花序

▲软枣猕猴桃花（背）

▲软枣猕猴桃花（7瓣）

▼软枣猕猴桃花（侧）

◎参考文献◎

[1] 江苏新医学院．中药大辞典（下册）[M]．上海：上海科学技术出版社，1977：2210-2211.

[2] 朱有昌．东北药用植物 [M]．哈尔滨：黑龙江科学技术出版社，1989：739-740.

[3] 钱信忠．中国本草彩色图鉴（第三卷）[M]．北京：人民卫生出版社，2003：257-258.

▲市场上的软枣猕猴桃果实（中期）

▲市场上的软枣猕猴桃果实（后期）

软枣猕猴桃植株（秋季）

▲狗枣猕猴桃花

▼狗枣猕猴桃果实（后期）

▲狗枣猕猴桃种子

狗枣猕猴桃 *Actinidia kolomikta*（Maxim. et Rupr.）Maxim.

别　　名　深山木天蓼

俗　　名　狗枣子

药用部位　猕猴桃科狗枣猕猴桃的成熟果实。

原 植 物　大型落叶藤本。小枝紫褐色，有较显著的带黄色的皮孔。叶长方卵形至长方倒卵形，长 6 ~ 15 cm，宽 5 ~ 10 cm，顶端

▲狗枣猕猴桃植株（夏季）

▲狗枣猕猴桃植株（秋季）

急尖至短渐尖，基部心形，上部往往变为白色，后渐变为紫红色。聚伞花序，雄性的有花3，雌性的通常1花单生，花序柄和花柄纤弱，苞片小，钻形，花白色或粉红色，芳香，直径15～20 mm；萼片5，长方卵形，长4～6 mm；花瓣5，长方倒卵形，花丝丝状，花药黄色；子房圆柱状。果柱状长圆形、卵形或球形，有时为扁体长圆形，长达2.5 cm，未熟时暗绿色，成熟时淡橘红色，并有深色的纵纹；果熟时花萼脱落。种子长约2 mm。花期6—7月，果熟期9—10月。

生　　境　生于阔叶林或红松针阔叶混交林中。

分　　布　黑龙江五常、尚志、海林、东宁、宁安、穆棱、勃利、桦川等地。吉林长白山各地。辽宁宽甸、桓仁、凤城、本溪、西丰、鞍山市区、新宾、清原等地。华北、华中、华南。朝鲜、俄罗斯（西伯利亚中东部）、日本。

采　　制　秋季采摘成熟果实，鲜食或晒干。

性味功效　味酸、甘，性平。有滋补强壮的功效。

主治用法　用于维生素C缺乏症、病后身体虚弱，水煎服。

用　　量　10～15 g。

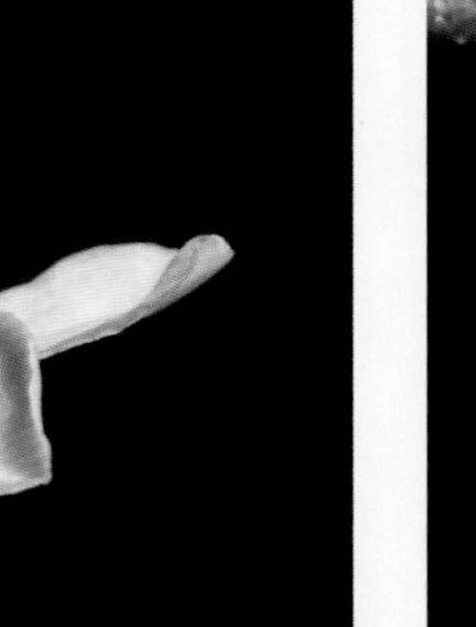

▼狗枣猕猴桃花（侧）

▼狗枣猕猴桃果实（前期）

▲狗枣猕猴桃枝条

▲市场上的狗枣猕猴桃果实

▼狗枣猕猴桃幼株

◎参考文献◎

[1] 朱有昌. 东北药用植物 [M]. 哈尔滨：黑龙江科学技术出版社，1989: 740-741.
[2] 钱信忠. 中国本草彩色图鉴（第三卷）[M]. 北京：人民卫生出版社，2003: 327-328.
[3] 中国药材公司. 中国中药资源志要 [M]. 北京：科学出版社，1994: 406-407.

▲葛枣猕猴桃植株

▲葛枣猕猴桃花（侧）

▲葛枣猕猴桃花（背）

▼市场上的葛枣猕猴桃果实

葛枣猕猴桃 *Actinidia polygama* （Sieb. et Zucc.）Maxim.

别　　名　木天蓼

俗　　名　葛枣子　马枣子　麻枣子

药用部位　猕猴桃科葛枣猕猴桃的根、枝叶及带虫瘿的果实(入药称“木天蓼”）。

原 植 物　大型落叶藤本。着花小枝细长，一般 20 cm 以上，皮孔不很显著；髓白色，实心。叶膜质至薄纸质，卵形或椭圆卵形，长 7 ~ 14 cm。花序具花 1 ~ 3，花序柄长 2 ~ 3 mm，花柄长 6 ~ 8 mm；苞片小，长约 1 mm；花白色，芳香，直径 2.0 ~ 2.5 cm；萼片 5，卵形至长方卵形，长 5 ~ 7 mm；花瓣 5，倒卵形至长方倒卵形，长 8 ~ 13 mm，最外 2 ~ 3 枚的背面有时略被微茸毛；花丝线形，长 5 ~ 6 mm，花药黄色，卵形箭头状，长 1.0 ~ 1.5 mm；子房瓶状，长 4 ~ 6 mm，花柱长 3 ~ 4 mm。果成熟时淡橘色，卵珠形或柱状卵珠形，长 2.5 ~ 3.0 cm，顶端有喙，基部有宿存萼片。种子长 1.5 ~ 2.0 mm。花期 6—7 月，果期 9—10 月。

生　境　生于阔叶林、杂木林、林缘及灌丛中。

分　布　黑龙江东宁、宁安等地。吉林安图、抚松、长白、和龙、靖宇、集安、江源等地。辽宁凤城、本溪、宽甸、岫岩、鞍山市区等地。内蒙古敖汉旗、喀喇沁旗、宁城等地。河北、河南、山东、陕西、湖北、湖南、四川、甘肃、云南、贵州。朝鲜、俄罗斯（西伯利亚中东部）、日本。

采　收　春、夏、秋三季均可采挖根，以秋季效果最佳，晒干药用。夏、秋季采收枝叶。秋季采摘成熟果实，去杂质，晒干。

▲葛枣猕猴桃枝条

性味功效　根：味辛，性温。有小毒。有理气止痛的功效。枝叶：味辛，性温。有小毒。有理气止痛的功效。果实：味辛，性温。有小毒。有理气止痛的功效。

主治用法　根：用于风虫牙痛、腰痛等。水煎服。枝叶：用于癞疾、症积、久痢、麻风、疝气等。水煎服，研末或酿酒。果实：用于疝气、腰痛、中风口眼㖞斜。水煎服或入散。

用　法　根：适量。枝叶：适量。果实：5 ~ 10 g。

附　方

（1）治久痢不止：葛枣猕猴桃枝叶晒干，研成细末，饭前以粥做引调服 5 g。

（2）治风虫牙痛：葛枣猕猴桃根适量捣丸塞之，连易 4 ~ 5 d，勿咽汁。

（3）治腰痛：葛枣猕猴桃根 50 g，水煎服。

▼葛枣猕猴桃花

◎参考文献◎

[1] 江苏新医学院. 中药大辞典（上册）[M]. 上海：上海科学技术出版社，1977: 360-361，371.

[2] 朱有昌. 东北药用植物 [M]. 哈尔滨：黑龙江科学技术出版社，1989: 741-743.

[3] 钱信忠. 中国本草彩色图鉴（第一卷）[M]. 北京：人民卫生出版社，2003: 421-422.

▼葛枣猕猴桃果实

▼葛枣猕猴桃花序

▲黑龙江新青白头鹤国家级自然保护区湿地夏季景观

▲黄海棠花

▼黄海棠幼苗

金丝桃科 Hypericaceae

本科共收录 2 属、3 种。

金丝桃属 *Hypericum* L.

黄海棠 *Hypericum ascyron* L.

别　名　长柱金丝桃　红旱莲　黄花刘寄奴　小连翘

俗　名　牛心菜　鸡心菜　元宝草　金丝蝴蝶　牛心茶　鸡心茶　筷子菜　老牛筋　老牛心　老牛肝　山辣椒　牛尾巴吊　连翘　山茶　山辣椒　步步登高

药用部位　金丝桃科黄海棠的干燥全草（入药称“红旱莲”）。

原 植 物 多年生草本，高 0.5 ~ 1.3 m。叶无柄，叶片披针形或狭长圆形，长 2 ~ 10 cm，全缘，坚纸质。花序具花 1 ~ 5，顶生，近伞房状至狭圆锥状，后者包括多数分枝。花直径 2.5 ~ 8.0 cm，平展或外翻；花蕾卵珠形，先端圆形或钝形。萼片卵形，长 3 ~ 25 mm，宽 1.5 ~ 7.0 mm。花瓣金黄色，倒披针形，长 1.5 ~ 4.0 cm，宽 0.5 ~ 2.0 cm，十分弯曲。雄蕊极多数，束 5，每束有雄蕊约 30，花药金黄色。子房宽卵珠形至狭卵珠状三角形，5 室，具中央空腔；花柱 5，长为子房的 1/2 至其 2 倍。蒴果，长 0.9 ~ 2.2 cm，宽 0.5 ~ 1.2 cm，棕褐色。种子棕色或黄褐色，圆柱形。花期 7—8 月，果期 8—9 月。

生　　境 生于山坡、林缘、草丛、向阳山坡溪流及河岸湿草地等处。

分　　布 黑龙江山地和森林草原带的各地。吉林长白山各地及通榆、洮南、镇赉等地。辽宁丹东市区、宽甸、凤城、本溪、桓仁、抚顺、清原、西丰、沈阳市区、岫岩、鞍山市区、庄河、瓦房店、大连市区、北镇、绥中、凌源、彰武等地。内蒙古额尔古纳、根河、牙克石、科尔沁右翼前旗、扎鲁特旗、科尔沁右翼中旗、扎赉特旗、阿鲁科尔沁旗、克什克腾旗、东乌珠穆沁旗、西乌珠穆沁旗等地。全国各地（除新疆及青海外）。朝鲜、俄罗斯（西伯利亚）、日本、越南、美国、加拿大。

采　　制 夏、秋季开花时采集全草，除去杂质，切段，洗净，鲜用或晒干。

▲黄海棠幼株

▼黄海棠果实

性味功效 味微苦、微辛，性寒。有清热解毒、平肝、止血凉血、消肿的功效。

主治用法 用于吐血、咯血、衄血、子宫出血、疮疖肿毒、肝火疼痛、疟疾、黄疸、痢疾、头痛、水火烫伤、湿疹疮疖、黄水疮、外伤出血及跌打损伤等。水煎服或浸酒，外用适量鲜草捣烂或干粉敷在患处。

用　　量 7.5 ~ 15.0 g。外用适量。

▲黄海棠花（背）

◎参考文献◎

[1] 江苏新医学院．中药大辞典（上册）[M]．上海：上海科学技术出版社，1977：1002-1003.

[2] 朱有昌．东北药用植物[M]．哈尔滨：黑龙江科学技术出版社，1989：745-746.

[3]《全国中草药汇编》编写组．全国中草药汇编（上册）[M]．北京：人民卫生出版社，1975：388-389.

附　方

（1）治湿疹、黄水疮：红旱莲适量，研成细粉，加菜油调成糊状，微火烤热，用棉签蘸药涂患处。

（2）治黄疸、肝炎：红旱莲、车前草各25 g，栀子20 g，决明子10 g，香附15 g，水煎服。又方：黄海棠100 g，萆薢、胡颓子根各50 g，茅根20 g，水灯芯15 g，白马骨、阴行草各10 g，车前子5 g，瘦猪肉100 g，水煎服。

（3）治疟疾寒热：红旱莲嫩头7个，煎汤服。

（4）治便血：五倍子5 g，研末，红旱莲25 g，艾叶5 g，煎汤送下，日服1次。

（5）治跌打损伤：鲜黄海棠适量，捣烂敷患处。

（6）治痢疾：红旱莲20 g，白糖50 g，水煎服，日服2次。

▼黄海棠花（4瓣）

▲黄海棠植株

▲黄海棠群落

▲赶山鞭花

▲赶山鞭种子

赶山鞭 *Hypericum attenuatum* Choisy

别　　名　乌腺金丝桃 野金丝桃

俗　　名　小便草 牛心菜 鸡心茶 旱莲草 小连翘 娘娘拳 灯笼花

▼赶山鞭花（背）

药用部位　金丝桃科赶山鞭的干燥全草。

原 植 物　多年生草本，高 15 ~ 74 cm。茎直立，全面散生黑色腺点。叶无柄；叶片卵状长圆形，长 0.8 ~ 3.8 cm，宽 0.3 ~ 1.2 cm，全缘。圆锥花序顶生，苞片长圆形，长约 0.5 cm。花直径 1.3 ~ 1.5 cm，平展；花蕾卵珠形；萼片卵状披针形，表面及边缘散生黑腺点；花瓣淡黄色，长圆状倒卵形，表面及边缘有稀疏的黑腺点，宿存。雄蕊束 3，每束有雄蕊约 30，花药具黑腺点；子房卵珠形，3 室；花柱 3。蒴果卵珠形或长圆状卵珠形。种子黄绿、浅灰黄或浅棕色，圆柱形，微弯，长 1.2 ~ 1.3 mm，宽约 0.5 mm，两端钝形且具小尖突，表面有细蜂窝纹。花期 7—8 月，果期 8—9 月。

生　　境　生于石质山坡、灌丛、林缘及半湿草地等处。

▲赶山鞭植株

▲市场上的赶山鞭植株

分　　布　黑龙江黑河市区、呼玛、双城、阿城、五常、尚志、宾县、海林、东宁、穆棱、林口、密山、虎林、饶河、富锦、集贤、桦南、方正、木兰、延寿、依兰、通河、汤原、嘉荫、萝北、伊春市区、铁力、庆安、绥棱、巴彦、北安、五大连池、孙吴等地。吉林长白山各地及伊通、长春市区、九台等地。辽宁丹东市区、宽甸、凤城、本溪、桓仁、抚顺、沈阳、岫岩、鞍山市区、阜新、北镇、建平、大连市区、营口市区、西丰、开原、铁岭、庄河、海城、盖州、瓦房店、凌源、建昌、绥中等地。内蒙古额尔古纳、牙克石、阿尔山、扎鲁特旗、科尔沁右翼中旗、扎赉特旗、阿鲁科尔沁旗、克什克腾旗、东乌珠穆沁旗、西乌珠穆沁旗等地。河北、山西、陕西、山东、江苏、安徽、浙江、江西、河南、广东、广西、甘肃。朝鲜、俄罗斯（西伯利亚中东部）、蒙古、日本。

采　　制　夏、秋季开花时采集全草，洗净，晒干。

性味功效　味苦，性平。有止血、镇痛、通乳的功效。

主治用法　用于咯血、吐血、崩漏、子宫出血、风湿性关节痛、神经痛、跌打损伤、乳汁不足、乳腺炎、多汗症、创伤出血、疔疮肿毒等。水煎服。外用鲜草捣烂或干粉敷在患处。

用　　量　15 ~ 25 g。外用适量。

◎参考文献◎

[1] 江苏新医学院．中药大辞典（下册）[M]．上海：上海科学技术出版社，1977: 1823.

[2] 朱有昌．东北药用植物 [M]．哈尔滨：黑龙江科学技术出版社，1989: 746-747.

[3] 钱信忠．中国本草彩色图鉴（第四卷）[M]．北京：人民卫生出版社，2003: 183-184.

▼赶山鞭果实

▲红花金丝桃花

三腺金丝桃属 *Triadenum* Raf.

红花金丝桃 *Tridenum japonicum*(Bl.) Makino

▼红花金丝桃花（侧）

别　　名　地耳草

药用部位　金丝桃科红花金丝桃的干燥全草。

原 植 物　多年生草本，高 15 ~ 90 cm。茎通常红色。叶无柄，叶片长圆状披针形，长 1 ~ 8 cm，宽 0.5 ~ 3.0 cm，稍抱茎，全缘而内卷。聚伞花序小，具花 1 ~ 3，比叶短，顶生及腋生，具梗；总梗长 0.5 ~ 1.0 cm；苞片小，线状披针形；花开放时直径约 1 cm；花梗长 1 ~ 3 mm。萼片卵状披针形；花瓣粉红色，狭倒卵形，长 6 ~ 7 mm，先端圆形，基部渐狭。雄蕊束 3，花丝连合至 1/2，

▲红花金丝桃果实

（3）预防感冒：红花金丝桃草25 g，水煎2次，混匀，早晚分2次服，连服6 d。

（4）治毒蛇咬伤：鲜红花金丝桃100 g，捣烂取汁加醋15 g，温开水调服；或水煎加酒少许温服。其渣加水酒少许再捣烂外敷伤口周围。

▼红花金丝桃幼株

花药丁字着生，顶端有一个囊状透明腺体。下位腺体3，鳞片状，卵形至圆形。子房卵珠形，3室；花柱3，分离，直伸。蒴果长圆锥形，长0.8～1.0 cm，先端急尖，3片裂。种子黑褐色，短圆柱形。花期7—8月，果期8—9月。

生　　境　生于草甸湿地及沼泽地中。

分　　布　黑龙江尚志、宁安、东宁、牡丹江市区、鸡西市区、密山、虎林、饶河等地。吉林长白山各地及柳河、辉南、江源、靖宇、磐石、敦化、珲春、汪清等地。内蒙古阿荣旗、莫力达瓦旗、科尔沁右翼中旗、扎赉特旗等地。朝鲜、俄罗斯（西伯利亚中东部）、日本。

采　　制　夏、秋季开花时采集全草，除去杂质，洗净，晒干。

性味功效　味苦、甘，性凉。有清热解毒、止血止痛、止咳祛痰、通乳的功效。

主治用法　用于传染性肝炎、目赤、泄痢、小儿惊风、疳积、喉蛾、肠痈、湿疹、乳痈、咯血、吐血、血崩、乳汁缺乏、疖肿、毒蛇咬伤、烧烫伤及跌打损伤等。水煎服。外用捣烂敷患处。孕妇禁忌。

用　　量　10～15 g。外用适量。

附　　方

（1）治急性单纯性阑尾炎：红花金丝桃、半边莲各25 g，泽兰、土青木香各15 g，蒲公英50 g，水煎服。

（2）治急性结膜炎：红花金丝桃50～100 g，熬水熏洗患眼，每日3次。

▲红花金丝桃植株

▲内蒙古额尔古纳国家级自然保护区月亮湾湿地秋季景观

▲圆叶茅膏菜叶

▼圆叶茅膏菜果实

茅膏菜科 Droseraceae

本科共收录 1 属、2 种。

茅膏菜属 *Drosera* L.

圆叶茅膏菜 *Drosera rotundifolia* L.

俗　　名 捕虫草

药用部位 茅膏菜科圆叶茅膏菜的全草。

原 植 物 多年生草本，茎短。叶基生，密集，具长柄；叶片圆形或扁圆形，长 3 ~ 9 mm，宽 5 ~ 12 mm，叶缘具长头状黏腺毛，叶柄扁平，长 1 ~ 6 cm；托叶膜质，长约 6 mm。螺状聚伞花序，腋生，长 8.5 ~ 21.0 cm，具花 3 ~ 8，苞片小，钻形；花萼下部合生，上部 5 裂，裂片卵形或狭卵形，边缘疏具小腺齿；花瓣 5，

▲圆叶茅膏菜植株（花期）

▲圆叶茅膏菜幼株（红色）

白色，长 5 ~ 6 mm，匙形；雄蕊 5；子房椭圆球形，1 室，侧膜胎座 3，胚球多数，花柱 3，每个 2 深裂至基部，棒状，顶端稍扩大。蒴果，熟后开裂为 3 果室；种子多数，椭圆球形，微具网状脉纹，外面包以囊状、疏松、两端延伸渐尖的外种皮。花期 7—8 月，果期 8—9 月。

▼圆叶茅膏菜花（侧）

生　　境　生于水甸子或沼泽湿地，常聚集成片生长。

分　　布　黑龙江五常、尚志、呼玛等地。吉林安图、抚松、长白、和龙、靖宇、柳河等地。朝鲜。欧洲（中部和北部）、亚洲和北美洲。

采　　制　夏、秋季采收全草，除去杂质，洗净，晒干。

性味功效　味甘，性平。有镇咳祛痰、止痢、祛风

▲圆叶茅膏菜幼株（绿色）

▲圆叶茅膏菜花

通络、活血止痛、解痉的功效。

主治用法　用于流行性感冒、支气管炎、咳嗽痰喘、咯血、衄血、肠炎、痢疾、小儿疳积等。水煎服。

用　　量　5 ~ 10 g。外用适量。

◎参考文献◎

[1] 朱有昌. 东北药用植物 [M]. 哈尔滨: 黑龙江科学技术出版社, 1989: 475-476.

[2] 中国药材公司. 中国中药资源志要 [M]. 北京: 科学出版社, 1994: 426.

[3] 江纪武. 药用植物辞典 [M]. 天津: 天津科学技术出版社, 2005: 277.

▼圆叶茅膏菜植株（果期）

▲线叶茅膏菜幼株

▲线叶茅膏菜捕虫叶（腹） ▼线叶茅膏菜捕虫叶（侧）

▲线叶茅膏菜花

线叶茅膏菜 *Drosera anglica* Huds.

俗　　名 捕虫草

药用部位 茅膏菜科线叶茅膏菜的全草。

原 植 物 多年生草本。根系不发达；线状匙形叶丛生，叶片密被腺毛，腺毛尖端具有黏性的小液滴，用来俘获昆虫，叶片长1.5 ~ 3.5 cm，叶柄长，半直立支撑着叶片，使整个叶的长度达到95 mm。总花梗长6 ~ 18 cm，小花数朵，白色，单独开放；萼片、花瓣和雄蕊各5，花瓣长8 ~ 12 mm，花柱2裂，花无味，无蜜腺，自花授粉。蒴果，种子黑色卵形，长1.0 ~ 1.5 mm。花期7—8月，果期8—9月。

生　境　生于水甸子或沼泽湿地，常聚集成片生长。

分　布　吉林抚松、长白等地。日本、美国、加拿大。欧洲。

采　制　夏、秋季采收全草，除去杂质，洗净，晒干。

性味功效　味甘，性平。有解痉、镇咳祛痰、消炎平喘、抗菌止痢的功效。

主治用法　用于支气管炎、喉炎、百日咳、咳嗽、赤白痢疾等。水煎服。

用　量　5 ~ 10 g。外用适量。

◎参考文献◎

[1] 朱有昌．东北药用植物 [M]．哈尔滨：黑龙江科学技术出版社，1989: 475-476.

[2] 江纪武．药用植物辞典 [M]．天津：天津科学技术出版社，2005: 277.

▲线叶茅膏菜植株

▼线叶茅膏菜捕虫叶（背）

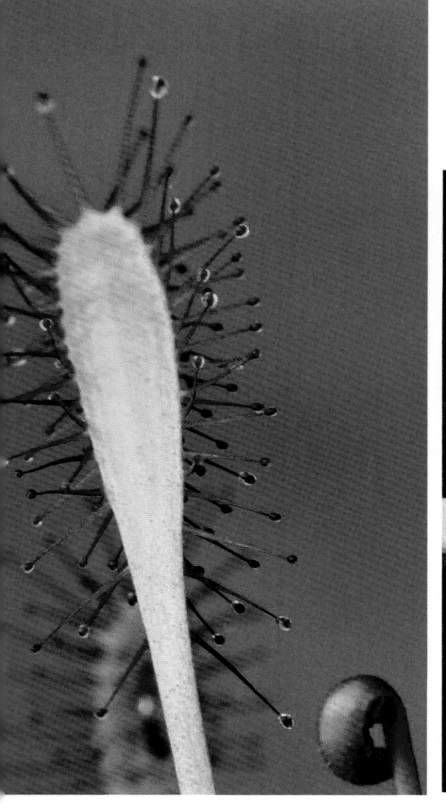

▼线叶茅膏菜捕虫叶

▲吉林长白山国家级自然保护区森林秋季景观

▲荷包藤植株

罂粟科 Papaveraceae

本科共收录 6 属、21 种、1 变种、6 变型。

荷包藤属 *Adlumia* Rafin.

▲荷包藤幼株

荷包藤 *Adlumia asiatica* Ohwi

别　　名　藤荷包牡丹　合瓣花

▲荷包藤花序（花瓣白色）

药用部位　罂粟科荷包藤的全草。

原 植 物　多年生草质藤本。茎细，长达 3 m，具分枝。基生叶多数，开花期枯死；茎生叶多，轮廓卵形或三角形，二至三回近羽状全裂，先端钝，基部楔形。圆锥花序腋生，总花梗长 1 ~ 15 cm，具花 5 ~ 20；苞片狭披针形，长 1.5 ~ 2.5 mm，膜质；花梗细，长 6 ~ 8 mm；花纵轴两侧对称，下垂，长 1.5 ~ 1.7 cm；萼片卵形，长 2 ~ 3 mm，早落；花瓣 4，外面 2 枚先端分离部分披针形，淡紫红色，里面 2 枚分离部分圆匙形，花瓣近圆形，爪近条形；雄蕊束宽扁，花药椭圆形，黄色；子房线状椭圆形，柱头 2 裂。蒴

▲荷包藤花序（花瓣粉色）

果线状椭圆形，长 1.5 ~ 2.0 cm，成熟时 2 瓣裂。种子多数，肾形。花期 7—8 月，果期 8—9 月。

生　境　生于针叶林内、林边、稀疏柞树林内等处。

分　布　黑龙江伊春、绥棱等地。吉林长白、抚松、安图、珲春等地。朝鲜、俄罗斯（西伯利亚中东部）。

采　制　夏、秋季采收全草，除去杂质，洗净，晒干。

性味功效　味苦，性寒。有镇痛的功效。

主治用法　用于头痛、腰痛、腹痛等各种疼痛。水煎服。

用　量　3 ~ 9 g。

▼荷包藤花序（花瓣白色，侧）

◎参考文献◎

[1] 严仲铠，李万林．中国长白山药用植物彩色图志 [M]．北京：人民卫生出版社，1997: 189-190.

[2] 中国药材公司．中国中药资源志要 [M]．北京：科学出版社，1994: 426.

[3] 江纪武．药用植物辞典 [M]．天津：天津科学技术出版社，2005: 22.

▲白屈菜居群

▲白屈菜种子

▼白屈菜幼株

白屈菜属 *Chelidonium* L.

白屈菜 *Chelidonium majus* L.

俗　　名　土黄连 山黄连 地黄连 断肠草 八步紧 断肠散 假黄连

药用部位　罂粟科白屈菜的干燥全草及根。

原 植 物　多年生草本，高 30 ~ 100 cm。茎多分枝，基生叶少，早凋落，叶片倒卵状长圆形或宽倒卵形，长 8 ~ 20 cm，羽状全裂，全裂片 2 ~ 4 对，倒卵状长圆形，叶柄长 2 ~ 5 cm，基部扩大成鞘，茎生叶叶片渐小。伞形花序多花；花梗纤细，长 2 ~ 8 cm；苞片小，卵形，长 1 ~ 2 mm。花芽卵圆形，直径 5 ~ 8 mm；萼片卵圆形，舟状，长 5 ~ 8 mm，早落；花瓣黄色，倒卵形，长约 1 cm，全缘；花丝丝状，黄色，花药长圆形，子房线形，绿色，无毛，柱头 2 裂。蒴果狭圆柱形，长 2 ~ 5 cm，粗 2 ~ 3 mm，具通常比

▲白屈菜植株

果短的柄。种子卵形，暗褐色，具光泽及蜂窝状小格。花期5—8月，果期6—9月。

生　　境　生于山谷湿润地、水沟边、住宅附近，常聚集成片生长。

分　　布　东北地区广泛分布。全国绝大部分地区。朝鲜、俄罗斯（西伯利亚地区）、日本。欧洲。

采　　制　夏、秋季采集全草，除去杂质，切段，洗净，晒干。春、秋季采挖根，除去泥沙，洗净，晒干。

性味功效　全草：味苦、辛，性微温。有毒。有清热解毒、镇痛止咳、消肿疗疮的功效。根：味苦、涩，性温。有毒。有破瘀消肿、止血止痛的功效。

主治用法　全草：用于痢疾、肠炎、急慢性胃炎、胃溃疡、胃痛、黄疸、肝硬化腹腔积液、气管炎、支气管哮喘、百日咳、化脓性感染、稻田性皮炎、疥癣痈肿、蜂螫、毒蛇咬伤、皮肤结核、月经不调及痛经等。水煎服。外用捣烂敷患处。根：用于劳伤瘀血、月经不调、痛经、消化性溃疡及毒蛇咬伤等。水煎服。外用捣烂敷患处。

用　　量　全草：2.5 ~ 10.0 g。外用适量。根：5 ~ 15 g。外用适量。

▼白屈菜果实

▲白屈菜群落

▼白屈菜花

▼白屈菜花（背）

附　　方

（1）治肠炎、痢疾：白屈菜 5 ~ 10 g，水煎服。

（2）治水田皮炎：白屈菜、黄檗各 100 g，狼毒 50 g，樟脑 10 g。将前三味药加适量水煮 1 h，过滤，反复 3 次，制成膏状，再加入樟脑，涂患处。

（3）治胃炎、胃溃疡、腹痛：白屈菜 10 g，水煎服；或用质量分数为 20% 的白屈菜注射液，肌肉注射，每次 2 ml，每日 2 次；或将白屈菜制成酊剂，治疗慢性胃炎及胃肠道痉挛所引起的疼痛，每服 5 ml，每日 3 次。

（4）治胃痛、泻痢腹痛、咳嗽：白屈菜 2.5 ~ 10.0 g，水煎服。

（5）治顽癣：鲜白屈菜用体积分数为 50% 的酒精浸泡，擦患处。

（6）治支气管哮喘：白屈菜根 210 g，枯矾 90 g，共研细末，每日 3 次，每服 3 g。

（7）治月经不调、痛经：白屈菜根 5 g，甜酒煎服。

（8）治百日咳：将白屈菜用冷水浸过药面，煮沸 1 h，过滤，连煮 3 次，合并滤液，浓缩至 100%，加入质量分数为 65% 的糖水，再行浓缩，待温度降至 80℃时加入质量分数为 0.3% 的苯甲酸钠。6 个月内的儿童每服 5 ~ 8 ml，6 个月至 1 岁者每服 8 ~ 10 ml，1 ~ 3 岁者 10 ~ 15 ml，3 ~ 6 岁者 15 ~ 20 ml，6 岁以上者

▲白屈菜花（6 瓣）

▲白屈菜花（7 瓣）

▼白屈菜花（5 瓣）

20 ~ 30 ml，每日 3 次，饭前服。单纯型 8 d，混合型 12 d 为一个疗程。除混合型并用中药抗炎治疗外，均单服本药。

附 注

（1）全草有毒，所含的橘黄色乳汁，味苦辣，对皮肤有刺激作用，会引起嘴唇肿大。误食后会引起呕吐、腹痛、抽搐、痉挛和昏睡等。

（2）本品为《中华人民共和国药典》（2020 年版）收录的药材。

◎参考文献◎

[1] 江苏新医学院．中药大辞典(上册）[M]．上海：上海科学技术出版社，1977: 726-727, 749.

[2] 朱有昌．东北药用植物 [M]．哈尔滨：黑龙江科学技术出版社，1989: 432-434.

[3]《全国中草药汇编》编写组．全国中草药汇编（上册）[M]．北京：人民卫生出版社，1975: 293-294.

▲东紫堇植株

紫堇属 *Corydalis* DC.

东紫堇 *Corydalis buschii* Nakai

药用部位 罂粟科东紫堇的干燥全草。

原植物 多年生草本。块茎小，常具角状突起，茎高10～30 cm，直立，纤细，基部具鳞片1～3，具叶2～4，分枝。叶具长柄，下部叶柄基部具薄膜质鞘，叶片二回三出，小叶深裂，边缘和叶脉上具粗糙的乳突状突起，裂片披针形。总状花序短而密集，具花5～15。苞片宽卵形至倒卵形，长5～7 mm；花梗细而直；萼片早落；花紫红色，外花瓣较宽展，顶端微凹；上花瓣长1.5～2.0 cm，距稍短于瓣片；蜜腺体短，约占距长的1/3；下花瓣直，向前伸出；内花瓣具狭鸡冠状突起。蒴果线形，长1.4～1.8 cm，宽约2 mm，多少弯曲或稍呈串珠状。具种子5～12。花期5—6月，果期7—8月。

生　　境 生于湿草地或湿润的林间草地等处，常聚集成片生长。

分　　布 吉林通化、集安、安图、抚松、江源、柳河等地。朝鲜。

采　　制 夏、秋季采收全草，洗净，晒干，药用。

性味功效 味苦，性温。有镇痛、解痉的功效。

主治用法 用于头痛、痛经、胃肠挛缩痛、痔疮、腹痛、结膜炎、无名肿毒及中耳炎等。水煎服。

用　　量 用量6～9 g。

◎参考文献◎

[1] 钱信忠. 中国本草彩色图鉴（第二卷）[M]. 北京：人民卫生出版社，2003：76-77.

[2] 中国药材公司. 中国中药资源志要 [M]. 北京：科学出版社，1994：426-427.

[3] 江纪武. 药用植物辞典 [M]. 天津：天津科学技术出版社，2005：210.

▼东紫堇花序

▲巨紫堇植株

▼巨紫堇果实

巨紫堇 *Corydalis gigantea* Trautv. et Mey.

别　　名　黑水巨紫堇

药用部位　罂粟科巨紫堇的地上茎及根状茎。

原 植 物　多年生草本，高 80 ~ 120 cm。根状茎粗短，直径约 2.5 cm，颈部鳞片常增厚。茎黄褐色，平滑，中空，具干膜质假托叶。茎生叶近三角形，二回羽状全裂。总状花序多数，组成复总状圆锥花序，宽 15 ~ 70 cm，多花；花梗长约 5 mm，顶端增粗。花淡紫红色至淡蓝色，俯垂至近平展，芽期花距上弯，花开时变直；萼片椭圆形，多数少具齿，上花瓣长 1.25 ~ 2.50 cm；距圆锥形至圆筒形，约长于瓣片 2 倍；蜜腺体约占距长的 2/3。柱头三角状长圆形，顶端具 3 乳突，中央的较大，基部稍下延，具 2 枚并生乳突。蒴果小，近长圆形或狭卵圆形，长 8 ~ 10 mm，宽约 3 mm。花期 5—6 月，果期 7—8 月。

生　　境　生于林下、林缘湿草地及河岸等处。

分　　布　黑龙江伊春市区、佳木斯、铁力等地。吉林临江、通化、集安、安图、抚松等地。朝鲜、俄罗斯（西伯利亚）。

采　　制　春、秋季采挖地上茎和根状茎，除去杂质，切段，洗净，晒干。

性味功效　味苦，性寒。有镇痛镇静、清热解毒的功效。

主治用法　用于胃痛、胸痛、腹痛、风湿痹痛及各种疼痛。水煎服。

用　　量　适量。

▲巨紫堇花序（紫红色）

▲巨紫堇花序（粉紫色）

▲巨紫堇幼株

▲巨紫堇幼苗

◎参考文献◎

[1] 中国药材公司. 中国中药资源志要 [M]. 北京：科学出版社，1994: 430.
[2] 江纪武. 药用植物辞典 [M]. 天津：天津科学技术出版社，2005: 212.

▲大花紫堇植株

大花紫堇花序（淡粉色）▶

▲大花紫堇果实

大花紫堇 *Corydalis macrantha*（Regel）M. Pop.

别　　名　大花巨紫堇

药用部位　罂粟科大花紫堇的地上茎及根状茎。

原 植 物　多年生草本，高 60 ~ 100 cm。茎中空，不分枝或少分枝。茎生叶具短柄至无柄，叶片较薄，二回羽状全裂。顶生总状花序不分枝，长 5 ~ 10 cm，宽 3 ~ 4 cm，密具花 12 ~ 50，高出叶层不多；腋生花序较小，长 1 ~ 3 cm，少花；下部苞片狭匙形，短于花梗，花梗直立；萼片近圆形，长 5 ~ 9 mm。花污红色，俯垂，上花瓣长 3.0 ~ 4.5 cm，顶端渐尖，多数少弧形上弯；距渐尖，约长于瓣片 2 倍；蜜腺体约贯穿距长的 2/3。下花瓣长约 1.1 cm，舟状。内花瓣长约 1 cm。柱头三角状长圆形，上部较狭，具 4 不等大乳突，基部稍下延，具 2 枚并生的乳突。蒴果倒卵圆形。花期 5—6 月，果期 7—8 月。

生　　境　生于林下、林缘湿草地及河岸等处。

分　　布　黑龙江汤原。吉林临江。朝鲜。

采　　制　春、秋季采挖地上茎和根状茎，除去杂质，切段，洗净，晒干。

▼大花紫堇花序

▲大花紫堇花序（侧）

性味功效　味苦，性寒。有镇痛镇静、清热解毒的功效。

主治用法　用于胃痛、胸痛、腹痛、风湿痹痛及各种疼痛。水煎服。

用　　量　适量。

◎参考文献◎

[1] 中国药材公司. 中国中药资源志要 [M]. 北京：科学出版社，1994: 430.

[2] 江纪武. 药用植物辞典 [M]. 天津：天津科学技术出版社，2005: 212.

▲齿瓣延胡索植株

▲齿瓣延胡索果实

▼齿瓣延胡索块茎

齿瓣延胡索 *Corydalis turtschaninovii* Bess.

别　　名　齿裂延胡索　狭裂延胡索

俗　　名　蓝花菜　蓝雀花　山地豆花　山梅豆　土元胡

药用部位　罂粟科齿瓣延胡索的块茎（称“元胡”）。

原 植 物　多年生草本，高 10 ~ 30 cm。块茎圆球形，直径 1 ~ 3 cm。茎通常不分枝，基部以上具 1 枚大而反卷的鳞片；茎生叶通常 2，二回或近三回三出，末回小叶变异极大。总状花序花期密集，具花 6 ~ 30；苞片楔形，花梗果期伸长，萼片小；花蓝色；白色或紫蓝色；外花瓣宽展，边缘常具浅齿；上花瓣长 2.0 ~ 2.5 cm；距直或顶端稍下弯，长 1.0 ~ 1.4 cm；蜜腺体约占距长的 1/3 至 1/2，末端钝；内花瓣长 9 ~ 12 mm。柱头扁四方形，顶端具 4 乳突，基部下延成 2 尾状突起。蒴果线形，长 1.6 ~ 2.6 cm，具 1 列种子，多少扭曲。种子平滑，种阜远离。花期 4—5 月，果期 5—6 月。

生　　境　生于林下、林缘、灌丛及山谷溪流旁等处，常聚集成片生长。

▲栉裂齿瓣延胡索植株

▲线裂齿瓣延胡索植株

▼齿瓣延胡索花序

分　　布　黑龙江尚志、五常、东宁、宁安、密山、虎林、阿城、宾县、勃利、林口、方正、通河、依兰、汤原、伊春市区、铁力、绥棱、五大连池、呼玛等地。吉林长白山各地。辽宁丹东市区、宽甸、凤城、本溪、桓仁、新宾、庄河、大连市区、阜新、绥中、凌源等地。内蒙古牙克石、鄂伦春旗、科尔沁右翼前旗等地。河北。朝鲜、俄罗斯（西伯利亚中东部）、日本。

采　　制　春季地上叶枯萎时采挖块茎，除去杂质和泥土，洗净，晒干。

性味功效　味苦、辛，性温。有行气止痛、镇静、止血、活血散瘀的功效。

主治用法　用于胃痛、腹痛、心痛欲死、月经不调、闭经、血崩、产后血晕、产后恶露不尽、落胎、关节痛、疝痛、跌打损伤、外伤肿痛及泻痢。水煎服或入丸、散。孕妇禁忌。

用　　量　7.5 ~ 15.0 g。

附　　方

（1）治慢性胃炎、溃疡病、胃胀痛牵连两肋、口苦：齿瓣延胡索、川楝子各 50 g，研末，每服 10 g，温开水送服，每日 2 ~ 3 次；或用齿瓣延胡索、川楝子各 15 g，水煎服。

（2）治胃寒痛、吐清水：齿瓣延胡索、高良姜各 15 g，水煎服。

（3）治跌打损伤、瘀血肿痛：齿瓣延胡索、当归、赤芍各 15 g，水煎服。

▲齿瓣延胡索花

▲齿瓣延胡索花序（淡粉色）

▼齿瓣延胡索花序（粉色）

附　注　在东北尚有2变型：

栉裂齿瓣延胡索 f. *pectinata*（Kom.）Y. H. Chou，叶终裂片椭圆状楔形，较宽，先端栉齿状裂，裂片尖或稍钝。其他与原种同。

线裂齿瓣延胡索 f. *leneariloba*（Maxim.）Kitag.，叶终裂片长圆状线形或线形，全缘或有时再具狭裂片。其他与原种同。

◎参考文献◎

[1] 江苏新医学院．中药大辞典（上册）[M]．上海：上海科学技术出版社，1977：919-922.

[2] 朱有昌．东北药用植物 [M]．哈尔滨：黑龙江科学技术出版社，1989：444-446.

[3]《全国中草药汇编》编写组．全国中草药汇编（上册）[M]．北京：人民卫生出版社，1975：380-381.

▲全叶延胡索植株

▼全叶延胡索块茎

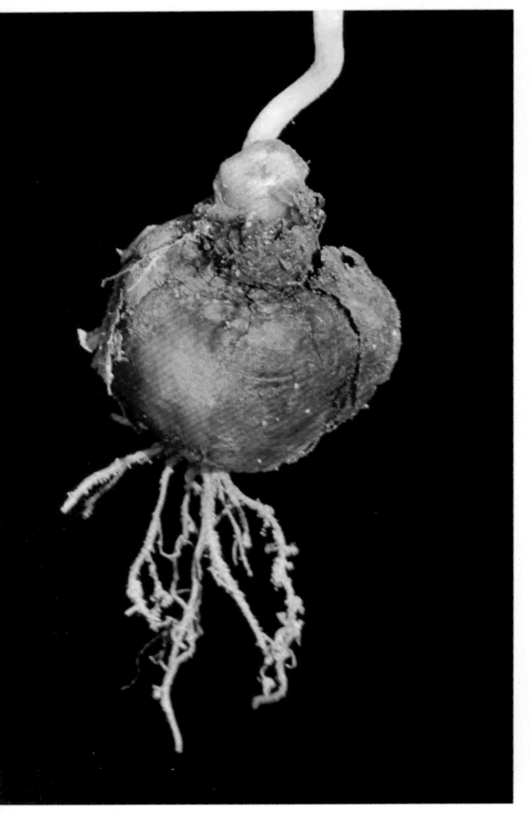

▲全叶延胡索种子

全叶延胡索 *Corydalis repens* Mandl et Muehld

俗　　名　蓝花菜　蓝雀花　山地豆花　山梅豆

药用部位　罂粟科全叶延胡索的块茎（称“元胡”）。

原 植 物　多年生草本，高 8 ~ 20 cm。块茎球形，直径 1.0 ~ 1.5 cm。

茎细长，基部以上具 1 鳞片。叶二回三出。总状花序具花 3 ~ 14；苞片披针形至卵圆形，全缘或顶端稍分裂；花梗纤细，果期伸长；花浅蓝色，蓝紫色或紫红色。外花瓣宽展，具平滑的边缘，顶端下凹；上花瓣长 1.5 ~ 1.9 cm，瓣片常上弯；距圆筒形，直或末端稍下弯，长 7 ~ 9 mm；蜜腺体约贯穿距长的 1/2，渐尖；下花瓣略向前伸，长 6 ~ 8 mm。内花瓣长 5 ~ 7 mm，具半圆形的伸出顶端的鸡冠状突起。柱头小，扁圆形，具不明显的 6 ~ 8 乳突。蒴果宽椭圆形或卵圆形，长 8 ~ 10 mm，具种子 4 ~ 6，2 列。花期 4—5 月，果期 5—6 月。

生　　境　生于林缘、林间草地、山坡路旁等处，常聚集成片生长。

分　　布　吉林集安、长白、抚松、安图、蛟河等地。辽宁大连、凤城、宽甸、清原等地。河北、河南、山西、江苏。朝鲜、俄罗斯（西伯利亚中东部）。

采　　制　春季地上叶枯萎时采挖块茎，除去杂质和泥土，洗净，晒干。

性味功效　味苦、微辛，性温。有行气止痛、活血散瘀的功效。

主治用法　用于胃腹疼痛、瘀血、月经腹痛、跌打损伤、月经不调及疝痛等。水煎服。孕妇禁忌。

用　　量　3 ~ 9 g。

▲全叶延胡索花序

▼全叶延胡索花

◎参考文献◎

[1] 钱信忠．中国本草彩色图鉴（第二卷）[M]．北京：人民卫生出版社，2003: 533-534.
[2] 朱有昌．东北药用植物 [M]．哈尔滨：黑龙江科学技术出版社，1989: 439-440.
[3] 中国药材公司．中国中药资源志要 [M]．北京：科学出版社，1994: 434.

▲角瓣延胡索植株

▼角瓣延胡索花序

▲角瓣延胡索块茎

角瓣延胡索 *Corydalis watanabei* Kitag.

别　　名　尖瓣延胡索

俗　　名　蓝花菜　蓝雀花　山地豆花　山梅豆　地豆花

药用部位　罂粟科角瓣延胡索的块茎（称“元胡”）。

原 植 物　多年生草本，高 7 ~ 15 cm。茎纤细，卧伏，具球状块茎；地上茎单一或从茎下部鳞片叶腋生出 1 ~ 4 分枝。叶为二回三出复叶，小叶倒卵形或椭圆形，长 0.5 ~ 3.0 cm，宽 0.3 ~ 1.5 cm，全缘或先端浅裂。总状花序，花一至数朵；苞片卵形或长椭圆形，全缘或偶有分裂；花蓝白色、白色或淡紫红色，长 1.5 ~ 2.0 cm；花梗细，长约 1.5 cm，萼片不明显，

▲角瓣延胡索群落

早落；花冠唇形，4 瓣，2 轮，外轮上瓣反曲，全缘，顶端凹陷处无突尖，基部成一长距，内轮花瓣先端角状；雄蕊 6，每 3 枚成一束；雌蕊 1，长卵形。蒴果长卵形。具数粒种子，黑色，有光泽，具白色种阜。花期 4 月，果期 5 月。

生　　境　生于路旁、林缘、林间空地及休闲地，常聚集成片生长。

分　　布　黑龙江尚志、五常、东宁、宁安等地。吉林集安、柳河、通化、临江等地。辽宁凤城、宽甸、清原等地。朝鲜、俄罗斯（西伯利亚中东部）。

采　　制　春季地上叶枯萎时采挖块茎，除去杂质和泥土，洗净，晒干。

性味功效　味苦、微辛，性温。有行气止痛、活血散瘀的功效。

主治用法　用于胃腹疼痛。水煎服。孕妇禁忌。

用　　量　3 ~ 9g。

▲角瓣延胡索花

▼角瓣延胡索花（侧）

◎参考文献◎

[1] 钱信忠．中国本草彩色图鉴（第三卷）[M]．北京：人民卫生出版社，2003：120-121.

▲堇叶延胡索群落

▼堇叶延胡索果实

▼堇叶延胡索块茎

堇叶延胡索 *Corydalis fumariifolia* Maxim.

别　　名　东北延胡索

俗　　名　蓝花菜　蓝雀花　山地豆花　山梅豆

药用部位　罂粟科堇叶延胡索的块茎（称“元胡”）。

原 植 物　多年生草本，高 8 ~ 28 cm。茎直立或上升，基部以上具鳞片 1，不分枝或鳞片腋内具 1 分枝，上部具叶 2 ~ 3。叶二至三回三出。总状花序具花 5 ~ 15。苞片宽披针形，有时蓖齿状或扇形分裂。花梗纤细，直立伸展，长 5 ~ 14 mm，萼片小。花淡蓝色或蓝紫色，稀紫色或白色；内花瓣色淡或近白色。外花瓣较宽展，全缘，顶端下凹。上花瓣长 1.8 ~ 2.5 cm，瓣片多少上弯，两侧常反折；距直或末端稍下弯，长 7 ~ 12 mm，常呈三角形；下花瓣直或浅囊状，瓣片基部较宽，6 ~ 10 mm。柱头近四方形，顶端具 4 短柱状乳突。蒴果线形，具 1 列种子。花期 4 月，果期 5 月。

生　　境　生于山地灌丛间、杂木林下、坡地、阴湿山沟腐殖质多含有沙石的土壤中，常聚集成片生长。

分　　布　黑龙江阿城、尚志、五常、宾县、海林、东宁、宁安、穆棱、虎林、饶河、林口、方正、延寿、勃利、桦南、依兰、绥棱、铁力、伊春市区、嘉荫、汤原、通河等地。

▲齿裂堇叶延胡索植株

堇叶延胡索种子▶

吉林长白山各地及九台。辽宁丹东市区、凤城、宽甸、本溪、桓仁、抚顺、新宾、清原、西丰、开原、鞍山、庄河、盖州、瓦房店、大连市区等地。朝鲜、俄罗斯（西伯利亚中东部）。

采　　制　春季地上叶枯萎时采挖块茎，除去杂质和泥土，洗净，晒干。

性味功效　味苦、微辛，性温。有活血散瘀、行气止痛的功效。

主治用法　用于气滞心腹作痛、咳喘、胃痛、冠心病、月经不调、痛经、崩中、尿血、产后瘀血腹痛、产后恶露不尽、疝痛及跌打损伤等。水煎服或入丸、散。孕妇禁忌。

用　　量　7.5 ~ 15.0 g。

▲线裂堇叶延胡索植株

▲堇叶延胡索植株（侧）

▼堇叶延胡索花序（蓝色）

▲堇叶延胡索花

附　方

（1）治慢性胃炎、溃疡病、胃胀痛牵连两肋、口苦：堇叶延胡索、川楝子各 50 g，研末，每服 10 g，温开水送服，每日 2 ~ 3 次；或堇叶延胡索、川楝子各 15 g，水煎服。

（2）治跌打损伤、瘀血肿痛：堇叶延胡索、当归、赤芍各 15 g，水煎服。

（3）治胃痛吐酸、饮食不化：堇叶延胡索 25 g，公丁香 10 g，砂仁 15 g，共研细末，每服 10 g，日服 2 次。

（4）治胃痉挛：堇叶延胡索 75 g，血竭 15 g，研细末，每次 15 g，日服 2 次。
（5）治产后流血不止、胎衣不下：堇叶延胡索 25 g，水煎服（辽宁金县民间方）。
（6）治小便尿血：堇叶延胡索 50 g，朴硝 23 g，研末，每服 20 g，水煎服。
（7）治咳喘：醋制堇叶延胡索七成，枯矾三成。共研细末，每服 5 g，每日 3 次。
（8）治胃病：乌鱼骨 150 g，堇叶延胡索 50 g，枯矾 200 g，蜂蜜 400 g。前三味药共研细末，调匀，炼蜜为丸，制成 110 丸，每日 3 次，饭后 1 丸，温开水送服。
（9）治胃寒痛、吐清水：堇叶延胡索、高良姜各 15 g，水煎服。

▼堇叶延胡索花序（蓝紫色）

▲堇叶延胡索花序（粉紫色）

附　注　在东北尚有 4 变型：
齿裂堇叶延胡索 f. *pectinata*（Kom.）Y. C. Chu.，叶终裂片楔形，较宽，或长圆形至椭圆形，而基部多为楔形，先端均具栉齿状牙齿或裂片，蒴果通常线形。其他与原种同。
线裂堇叶延胡索 f. *leariloba*（Sieb. et Zucc.）Kitag.，叶终裂片线形或线状长圆形，蒴果通常线形。其他与原种同。
多裂堇叶延胡索 f. *multifida* Y. H. Chou，叶为三至四回三出全裂或近全裂，终裂片线形，蒴果通常线形或狭线形。其他与原种同。
圆裂堇叶延胡索 f. *rotundiloba* Maxim.，叶裂片圆形至广椭圆形，基部宽楔形，全缘或先端稍具齿状缺刻。其他与原种同。

▲堇叶延胡索植株

▼多裂堇叶延胡索植株

▲圆裂堇叶延胡索植株

◎参考文献◎

[1] 江苏新医学院．中药大辞典（上册）[M]．上海：上海科学技术出版社，1977:919-922.

[2] 《全国中草药汇编》编写组．全国中草药汇编（上册）[M]．北京：人民卫生出版社，1975:380-381.

[3] 朱有昌．东北药用植物 [M]．哈尔滨：黑龙江科学技术出版社，1989:435-437.

▲临江延胡索群落

▲临江延胡索果实

▼临江延胡索花序（侧）

临江延胡索 *Corydalis linjiangensis* Z. Y. Su ex Liden

俗　　名　蓝花菜　蓝雀花

药用部位　罂粟科临江延胡索的块茎（称“元胡”）。

原 植 物　多年生草本，高 10 ~ 22 cm，近直立。茎基部较纤细，具鳞片 1，具叶 2；鳞片腋内常具极退化的小枝。叶三出，变异较大。总状花序，具花 4 ~ 7，密集；苞片卵圆形或近楔形，轻微栉裂状分裂或近全缘，下部长约 1.5 cm；花梗花期长 5 ~ 6 mm，果期长约 10 mm，花蓝色，萼片早落；外花瓣宽展，全缘，顶端微凹。上花瓣长 2.2 ~ 2.5 cm，瓣片稍上弯；距圆筒形，近直，基部稍膨大，

▲临江延胡索植株

▼临江延胡索花序

▲临江延胡索块茎

约占花瓣全长的 3/5；蜜腺体约贯穿距长的 2/3，顶端膝屈，渐尖。下花瓣直。内花瓣长 1.1 ~ 1.3 cm，鸡冠状突起近圆，不或稍伸出顶端。柱头近四方形，具 8 乳突，基部稍下延。花期 4—5 月，果期 5—6 月。

生　　境　生于杂木林下、林缘及路旁等处，常聚集成片生长。

分　　布　吉林临江、江源等地。朝鲜。

采　　制　春季地上叶枯萎时采挖块茎，除去杂质和泥土，洗净，晒干。

性味功效　味苦、微辛，性温。有活血散瘀、行气止痛的功效。

主治用法　用于气滞心腹作痛、咳喘、胃痛、冠心病、月经不调、痛经、崩中、尿血、产后瘀血腹痛、产后恶露不尽、疝痛及跌打损伤等。水煎服或入丸、散。孕妇禁忌。

用　　量　7.5 ~ 15.0 g。

▲珠果黄堇群落（山坡型）

▲珠果黄堇种子

▲珠果黄堇果实

珠果黄堇 *Corydalis speciosa* Maxim.

别　　名　珠果紫堇　黄堇

药用部位　罂粟科珠果黄堇的全草。

原 植 物　多年生灰绿色草本，高 40 ~ 60 cm。具主根，当年生和第二年生的茎常不分枝。下部茎生叶具柄，上部的近无柄，叶片长约 15 cm，狭长圆形，二回羽状全裂。总状花序生茎和腋生枝的顶端，密具多花，长 5 ~ 10 cm；苞片披针形至菱状披针形，花梗长约 7 mm，花金黄色；萼片小，近圆形，中央着生，直径约 1 mm；外花瓣较宽展，通常渐尖，近具短尖；上花瓣长 2.0 ~ 2.2 cm；距约为花瓣全长的 1/3。下花瓣长约 1.5 cm，基部多少具小瘤状突

▼珠果黄堇幼株

▲珠果黄堇群落（林下型）

珠果黄堇花 ▶

▼珠果黄堇植株

起；内花瓣长约 1.3 cm，顶端微凹；雄蕊束披针形，较狭。蒴果线形，长约 3 cm，俯垂，念珠状，具 1 列种子。花期 4—5 月，果期 5—6 月。

生　境　生于林下、林缘、坡地、河岸石砾地、水沟边及路旁等处，常聚集成片生长。

分　布　黑龙江尚志、五常、牡丹江市区、东宁、宁安、密山、虎林等地。吉林长白山各地。辽宁丹东市区、宽甸、凤城、本溪、桓仁、开原、鞍山、大连、绥中、凌源等地。内蒙古科尔沁右翼前旗、喀喇沁旗等地。河北、山东、河南、江苏、江西、浙江、湖南。朝鲜、俄罗斯（西伯利亚中东部）、日本。

采　制　夏、秋季采收全草，除去杂质，切段，洗净，晒干。

▲狭裂珠果黄堇植株

▼珠果黄堇花序

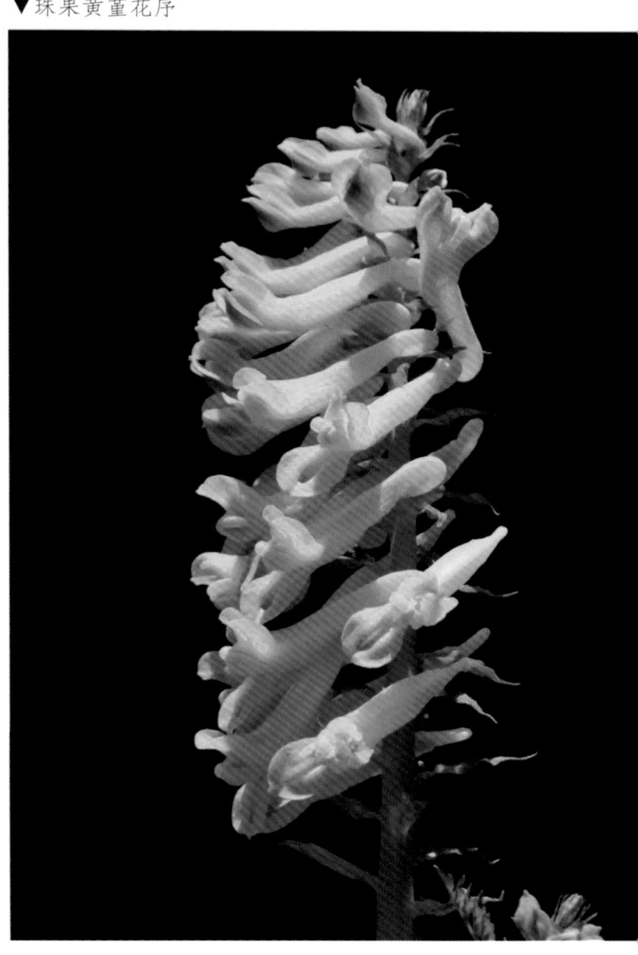

性味功效　味苦、涩，性寒。有清热解毒、行气止痛、活血散瘀、消肿的功效。

主治用法　用于痈疮热疖、无名肿毒、角膜充血、结膜炎、痔疮、腹痛、无名肿毒、中耳炎等。外用适量调醋敷患处。忌内服。

用　　量　适量。

附　　注　在东北尚有 1 变种：

狭裂珠果黄堇 var. *speciosa*（Maxim.）Kom.，叶二至三回羽状全裂或近全裂，裂片细碎且小，终裂片条形，总状花序密生多花，花鲜黄色。其他与原种同。

◎参考文献◎

[1] 严仲铠，李万林．中国长白山药用植物彩色图志 [M]．北京：人民卫生出版社，1997：193-194.

[2] 中国药材公司．中国中药资源志要 [M]．北京：科学出版社，1994：435.

[3] 江纪武．药用植物辞典 [M]．天津：天津科学技术出版社，2005：215.

▲北紫堇花（白色）

▲北紫堇果实

北紫堇 *Corydalis sibirica*（L. f.）Pers.

药用部位 罂粟科北紫堇的全草。

原 植 物 直立草本，高 20 ~ 50 cm。茎多数分枝。基生叶少数，叶柄长 3 ~ 5 cm，叶片卵形，二至三回三出分裂，茎生叶多数，于整个茎上疏离互生，叶片同基生叶。总状花序生于茎和分枝先端，长 1.5 ~ 5.0 cm，多花，先密后疏，果时延长达 12 cm；苞片下部者披针形，最上部者钻形，均全缘；花梗劲直，花后弯曲，萼片鳞片状，近圆形；花瓣黄色，上花瓣长 7 ~ 8 mm，花瓣片舟状卵形，先端渐尖，距圆筒形，短于花瓣片，下花瓣长 5 ~ 6 mm，鸡冠同上瓣，中部稍缢缩，内花瓣长 4 ~ 5 mm，花瓣片倒卵形；雄蕊束长约 4 mm，柱头近扁长方形，上端 2 裂。蒴果倒卵形，长 7 ~ 10 mm。花期 6—7 月，果期 8—9 月。

生　　境 生于林下、林间或河滩石砾地等处。

分　　布 黑龙江呼玛、塔河等地。内蒙古额尔古纳、根河、牙

▲北紫堇植株

克石、鄂伦春旗、阿尔山、科尔沁右翼前旗、西乌珠穆沁旗等地。俄罗斯（西伯利亚地区）、蒙古。

采　　制　夏、秋季采收全草，除去杂质，切段，洗净，晒干。

性味功效　味苦，性寒。有清热解毒、活血散瘀、消肿止痛、杀虫的功效。

主治用法　用于血脉热病、热性传染病、高血压、肝炎、胆囊炎、全身疼痛、瘫痪、维生素 C 缺乏症、毒蛇咬伤、疮疖痈肿等。外用捣烂敷患处。

用　　量　适量。

◎参考文献◎

[1] 中国药材公司．中国中药资源志要 [M]．北京：科学出版社，1994: 435.

[2] 江纪武．药用植物辞典 [M]．天津：天津科学技术出版社，2005: 215.

北紫堇花▶

▲黄紫堇植株

▲黄紫堇幼苗

▼黄紫堇幼株

▲黄紫堇种子

黄紫堇 *Corydalis ochotensis* Turcz.

药用部位 罂粟科黄紫堇的全草。

原 植 物 一年生或二年生草本，高 50 ~ 90 cm。茎柔弱，基生叶少数，具长柄，叶片轮廓宽卵形或三角形，三回三出分裂。总状花序生于茎和分枝先端，长 3 ~ 5 cm，果时达 9 cm，具花 4 ~ 6，排列稀疏；苞片宽卵形至卵形，长 0.5 ~ 1.0 cm，全缘片。萼片鳞片状，近肾形，边缘具缺刻状齿；花瓣黄色，上花瓣长 1.8 ~ 2.0 cm，花瓣片舟状卵形，先端渐尖，距圆筒形，下花瓣长 1.0 ~ 1.2 cm，内花瓣长 8 ~ 9 mm，花瓣片倒卵形；雄蕊束长 7 ~ 8 mm，花药极小，花丝披针形；子房狭倒卵形，长 4 ~ 5 mm，具 2 列胚珠。蒴果狭倒卵形，长 1.0 ~ 1.4 cm，粗约 3 mm，具种子 6 ~ 10，排成 2 列。花期 7—8 月，果期 8—9 月。

生　　境　生于杂木林下或水沟边等处，常聚集成片生长。

分　　布　黑龙江尚志、五常、牡丹江市区、东宁、宁安、密山、虎林、饶河等地。吉林长白山各地。辽宁宽甸、桓仁、新宾等地。内蒙古鄂伦春旗、科尔沁右翼前旗等地。河北。朝鲜、俄罗斯（西伯利亚中东部）、日本。

采　　制　夏、秋季采收全草，除去杂质，切段，洗净，晒干。

性味功效　味苦，性凉。有清热燥湿、解毒疗疮、止痢止血的功效。

主治用法　用于湿热、腹泻、赤白痢疾、小便不利、疮疖痈肿、肺结核、咯血等。水煎服。外用捣敷或研末。

用　　量　9～12g。外用适量。

◎参考文献◎

[1] 严仲铠，李万林．中国长白山药用植物彩色图志[M]．北京：人民卫生出版社，1997：193.

[2] 中国药材公司．中国中药资源志要[M]．北京：科学出版社，1994：432-433.

[3] 江纪武．药用植物辞典[M]．天津：天津科学技术出版社，2005：213.

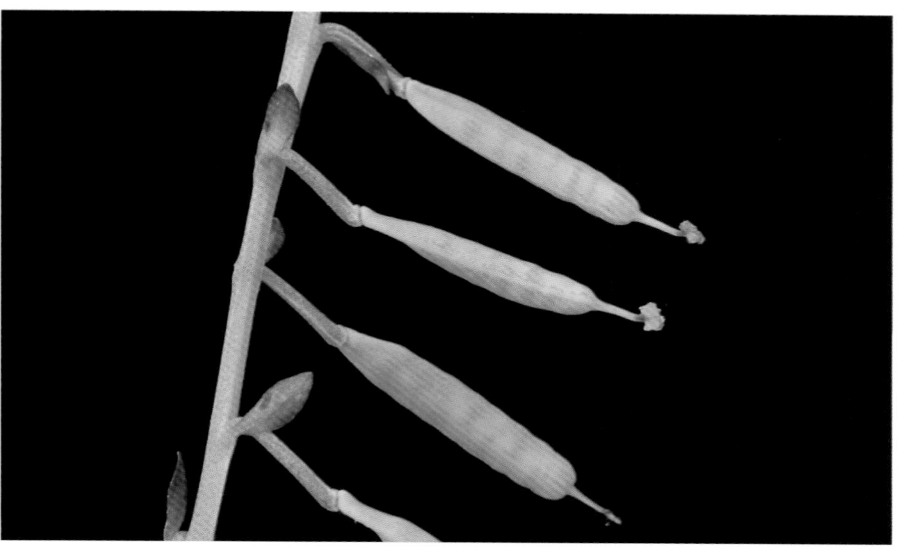

▲黄紫堇果实

▲黄紫堇花

▲小黄紫堇植株

▼小黄紫堇果实

▲小黄紫堇种子

小黄紫堇 *Corydalis raddeana* Regel

药用部位 罂粟科小黄紫堇的全草。

原 植 物 一年生或二年生草本，高 60 ~ 90 cm。茎直立，基部直径达 1 cm，具棱，通常自下部分枝。基生叶少数，具长柄，叶片轮廓三角形或宽卵形，长 4 ~ 13 cm，宽 2 ~ 9 cm，二至三回羽状分裂。总状花序顶生和腋生，长 5 ~ 9 cm，果时达 15 cm，具 5 ~ 20 花，排列稀疏；苞片狭卵形至披针形；萼片鳞片状，近肾形，长约 1 mm；花瓣黄色，上花瓣长 1.8 ~ 2.0 cm，花瓣片舟状卵形，距圆

▲小黄紫堇花

筒形，与花瓣片近等长或稍长，末端略下弯，下花瓣长1.0～1.2 cm，内花瓣长8～9 cm，花瓣片倒卵形，具1侧生囊，爪线形；雄蕊束长7～8 mm；子房狭椭圆形。花期7—8月，果期8—9月。

生　境　生于杂木林下或水沟边等处，常聚集成片生长。

分　布　黑龙江伊春市区、铁力、汤原、桦川、勃利、逊克、孙吴、呼玛等地。吉林长白山各地。辽宁宽甸、凤城、桓仁、新宾、岫岩、大连等地。内蒙古鄂伦春旗、科尔沁右翼前旗等地。河北、山西、陕西、甘肃、河南、山东、浙江、台湾。朝鲜、俄罗斯（西伯利亚中东部）、日本。

采　制　夏、秋季采收全草，除去杂质，切段，洗净，晒干。

性味功效　味苦，性凉。有清热燥湿、解毒疗疮、止痢止血的功效。

主治用法　用于湿热、腹泻、赤白痢疾、小便不利、疮疖痈肿、肺结核、咯血等。水煎服。外用捣敷或研末。

用　量　9～12 g。外用适量。

◎参考文献◎

[1] 中国药材公司．中国中药资源志要 [M]．北京：科学出版社，1994: 433.

[2] 江纪武．药用植物辞典 [M]．天津：天津科学技术出版社，2005: 214.

▲小黄紫堇花序

▲地丁草植株

▼地丁草花序（花瓣边缘白色）

地丁草 *Corydalis bungeana* Turcz

别　　名　布氏地丁　地丁紫堇　苦地丁

俗　　名　地丁　苦地丁草　蓝花草　紫花地丁　小花地丁　小根地丁　紫花草

药用部位　罂粟科地丁草的全草（入药称“苦地丁”）。

原 植 物　二年生灰绿色草本，高 10 ~ 50 cm，具主根。基生叶多数，长 4 ~ 8 cm，叶柄约与叶片等长，基部多少具鞘，边缘膜质；叶片二至三回羽状全裂，茎生叶与基生叶同形。总状花序长 1 ~ 6 cm，多花，先密集，后疏离，果期伸长；苞片叶状，花梗短，萼片宽卵圆形至三角形；花粉红色至淡紫色，平展；外花瓣顶端多数少下凹，具浅鸡冠状突起；上花瓣长 1.1 ~ 1.4 cm，距长 4 ~ 5 mm，末端多少囊状膨大；下花瓣稍向前伸出，爪向后渐狭；内花瓣顶端深紫色，柱头小，圆肾形，顶端稍下凹。蒴果椭圆形，下垂，长 1.5 ~ 2.0 cm，宽 4 ~ 5 mm，具 2 列种子。花期 5—6 月，果期 6—7 月。

生　　境　生于山沟、溪旁、杂草丛、田边及砾质地等处。

分　　布　黑龙江五常、东宁、尚志、宁安等地。吉林安图、延吉、柳河等地。辽宁大连、绥中、阜新、锦州市区、北镇、义县、建平、彰武、北票等地。内蒙古阿尔山。河北、山东、河南、山西、陕西、甘肃、宁夏、湖南、江苏。朝鲜、蒙古、俄罗斯（西伯利亚中东部）。

采　制　夏、秋季采收全草，除去杂质，切段，洗净，晒干。

性味功效　味苦、辛，性寒。有清热解毒、活血消肿的功效。

主治用法　用于疔疮痈疽、化脓性炎症、瘰疬、感冒、流行性感冒、腮腺炎、咳嗽、目赤、肝炎、黄疸、肾炎、水肿、肠痈、泄泻、结膜炎、角膜溃疡等。水煎服或捣汁。外用捣烂敷患处。

用　量　25 ~ 50 g。

附　方

（1）治急性传染性肝炎：苦地丁 50 g，水煎服。

（2）治指头感染初起、淋巴管炎（红丝疔）、红肿热痛：苦地丁、野菊花各 50 g，水煎服。

（3）治疔肿：鲜苦地丁、葱白、生蜂蜜捣敷。

（4）治湿热疮疡：苦地丁、金银花、蒲公英各 30 g，大青叶 15 g，水煎服。

▲地丁草花序

▼地丁草果实

（5）治疮疖：鲜苦地丁 100 g，洗净捣烂，绞汁分 2 次服用。

附　注　本品为《中华人民共和国药典》（2020 年版）收录的药材。

◎参考文献◎

[1] 江苏新医学院. 中药大辞典(上册) [M]. 上海: 上海科学技术出版社, 1977: 1290-1291.

[2] 朱有昌. 东北药用植物 [M]. 哈尔滨: 黑龙江科学技术出版社, 1989: 437-439.

[3] 《全国中草药汇编》编写组. 全国中草药汇编（上册）[M]. 北京: 人民卫生出版社, 1975: 515-516.

▲荷青花植株

▲荷青花花（3瓣）

▼荷青花果实

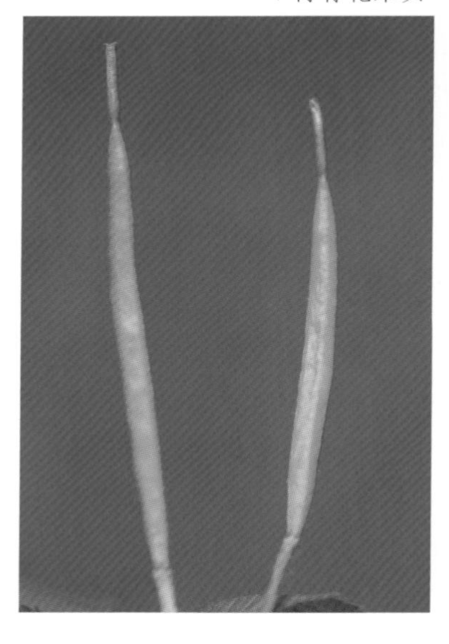

荷青花属 *Hylomecon* Maxim.

荷青花 *Hylomecon japonica*（Thunb.）Prantl et Kundig

别　名　刀豆三七

俗　名　大叶芹幌子　鸡蛋黄菜　鸡蛋黄花　蛋黄菜　芹菜幌子

荷青花种子

▲荷青花群落

▼荷青花花（背）

荷青花花 ▶

药用部位 罂粟科荷青花的干燥全草及根状茎。

原 植 物 多年生草本，高 15 ~ 40 cm，具黄色液汁。茎直立，基生叶少数，叶片长 10 ~ 20 cm，羽状全裂，具 2 ~ 3 对裂片，宽披针状菱形，长 3 ~ 10 cm，宽 1 ~ 5 cm，茎生叶通常 2，稀 3，叶片同基生叶，具短柄。具花 1 ~ 3，排列成伞房状，顶生，有时也腋生；花梗直立，纤细，长 3.5 ~ 7.0 cm。花芽卵圆形，长 8 ~ 10 mm；萼片卵形，长 1.0 ~ 1.5 cm，芽时覆瓦状排列，花期脱落；花瓣倒卵圆形或近圆形，长 1.5 ~ 2.0 cm，基部具短爪；雄蕊黄色，长约 6 mm，花丝丝状，花药圆形或长圆形；子房长约 7 mm，花柱

▲荷青花居群

▲荷青花根状茎

▼荷青花幼株

极短，柱头 2 裂。蒴果长 5 ~ 8 cm，粗约 3 mm，2 瓣裂，具长达 1 cm 的宿存花柱。花期 4—5 月，果期 5—6 月。

生　　境　生于多阴山地灌丛、林下及溪沟湿地等处，常聚集成片生长。

分　　布　黑龙江宾县、阿城、五常、尚志、海林、宁安、东宁、方正、木兰、勃利、桦南、密山、穆棱、林口、鸡西市区、虎林、饶河、通河、依兰、汤原、伊春市区、嘉荫、逊克、铁力、庆安等地。吉林长白山各地。辽宁丹东市区、宽甸、凤城、本溪、桓仁、抚顺、新宾、清原、铁岭、西丰、开原、鞍山市区、海城、盖州、庄河、营口市区等地。河北、山东、河南、江苏、安徽、浙江、江西、陕西、湖南、湖北。朝鲜、俄罗斯（西伯利亚地区）、日本。

采　　制　夏、秋季采收全草。春、秋季采挖根，洗净，晒干，药用。

性味功效　味苦，性平。有祛风除湿、舒筋通络、散瘀消肿、止血镇痛的功效。

主治用法　用于风寒湿痹、风湿关节痛、跌打损伤、劳伤、四肢乏力、胃脘痛、痢疾等。水煎服或泡酒。

▲荷青花花（花瓣 5 瓣、6 瓣、7 瓣）

用　　量　5 ~ 15 g。

附　　方　治劳伤四肢乏力、面黄肌瘦：荷青花 15 ~ 20 g，加红糖，黄酒蒸熟，每日早晚饭前各服 1 次。

附　　注　全草有毒，人误食后会引起头晕、恶心、呕吐、腹泻等。

▲荷青花花（双花）

▼荷青花植株（侧）

◎参考文献◎

[1] 江苏新医学院．中药大辞典（下册）[M]．上海：上海科学技术出版社，1977: 1812.

[2] 朱有昌．东北药用植物 [M]．哈尔滨：黑龙江科学技术出版社，1989: 447-448.

[3] 中国药材公司．中国中药资源志要 [M]．北京：科学出版社，1994: 439-440.

▲角茴香群落

角茴香属 *Hypecoum* L.

角茴香 *Hypecoum erectum* L.

别　　名　直立角茴香　细叶角茴香　野茴香

俗　　名　咽喉草　麦黄草　黄花草

药用部位　罂粟科角茴香的干燥全草。

原 植 物　一年生草本，高 15 ~ 30 cm。花茎二歧状分枝。基生叶多数，叶片轮廓倒披针形，长 3 ~ 8 cm，多回羽状细裂，裂片线形，先端尖；叶柄细，基部扩大成鞘；茎生叶同基生叶，但较小。二歧聚伞花序多花；苞片钻形，长 2 ~ 5 mm；萼片卵形，长约 2 mm，先端渐尖；花瓣淡黄色，长 1.0 ~ 1.2 cm，外面 2 枚倒卵形或近楔形，先端宽，3 浅裂，中裂片三角形，长约 2 mm；里面 2 枚倒三角形，长约 1 cm，3 裂至中部以上，侧裂片较宽，长约 5 mm，具微缺刻，中裂片狭，匙形，先端近圆形；雄蕊 4，花丝宽线形，扁平，花药狭长圆形，子房狭圆柱形，柱头 2 深裂，裂片细。花期 6—7 月，果期 7—8 月。

生　　境　生于山坡草地及河边沙地等处。

分　　布　内蒙古额尔古纳、牙克石、鄂伦春旗、鄂温克旗、陈巴尔虎旗、新巴尔虎左旗、新巴尔虎右旗、苏尼特右旗等地。河北、河南、山西、陕西、宁夏、甘肃。俄罗斯（西伯利亚）、蒙古。

采　　制　夏、秋季采收全草，洗净，晒干，药用。

性味功效　味苦、辛，性凉。有小毒。有清热解毒、镇咳止痛的功效。

主治用法 用于感冒发热、咳嗽、咽喉肿痛、肝热目赤、肝炎、胆囊炎、痢疾、关节疼痛等。水煎服，或研末敷患处。

用　　量 10 ~ 15 g(研末 1.5 ~ 2.5 g)。

附　　方

(1)治急性咽喉炎：角茴香 15 g，水煎服。

(2)治眼红肿：角茴香 5 ~ 15 g，水煎服或泡茶喝。

(3)治气管炎、咳嗽：角茴香全草、甘草各 10 g，杏仁 75 g，水煎服。

(4)治菌痢：角茴香根适量，水煎服。

▲角茴香植株(侧)

▼角茴香花(侧)

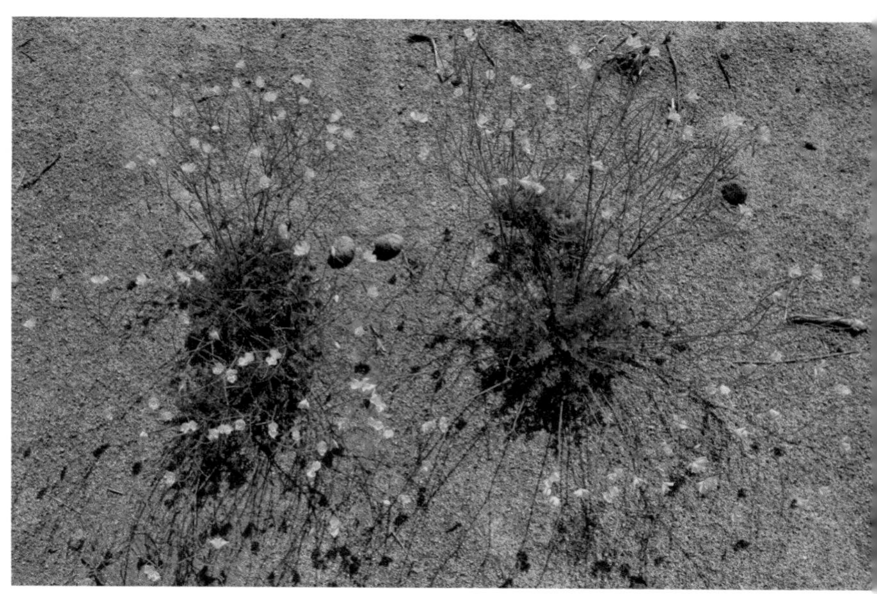

▲角茴香植株

▼角茴香花

◎参考文献◎

[1] 江苏新医学院．中药大辞典(上册)[M]．上海：上海科学技术出版社，1977: 1153-1154.

[2] 朱有昌．东北药用植物 [M]．哈尔滨：黑龙江科学技术出版社，1989: 448-449.

[3] 中国药材公司．中国中药资源志要 [M]．北京：科学出版社，1994: 440.

▼角茴香果实

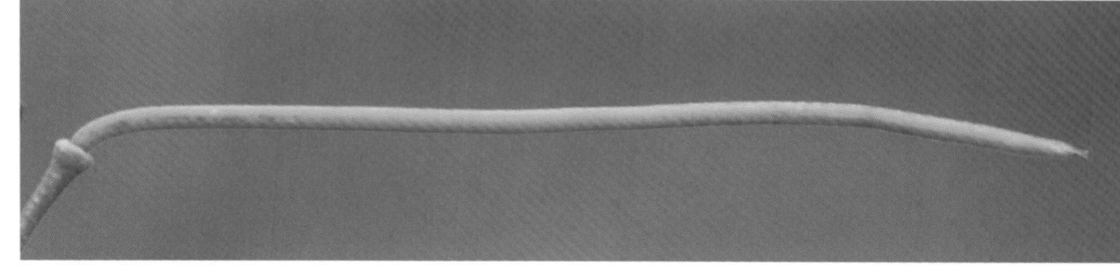

▲节裂角茴香植株

节裂角茴香 *Hypecoum leptocarpum* Hook. f. et Thoms.

别　　名　细果角茴香

俗　　名　咽喉草

药用部位　罂粟科节裂角茴香的全草。

原 植 物　一年生草本，高 5 ~ 40 cm，无毛，略被白粉。茎丛生，长短不一，铺散而顶端向上，多分枝。基生叶多数；叶柄长 1.5 ~ 10.0 cm；叶片狭倒披针形，长 5 ~ 20 cm，二回羽状全裂，本回裂片披针形、卵形、狭椭圆形至倒卵形；茎生叶小，具短柄或近无柄。花茎多数，通常二歧分枝，具轮生苞片；苞片

▲节裂角茴香花（背）

▲节裂角茴香花

卵形或倒卵形，二回羽状全裂，向上逐渐变小，最上部者为线形；花小，排列为二歧聚伞花序，每花具数枚刚毛状小苞片；萼片小，狭卵形；花瓣4，淡紫色或白色，外面2枚阔倒卵形，先端全缘，里面2枚较小，3裂几达中部，中裂片匙状，圆形，侧裂片较长；雄蕊4，花丝丝状，基部加宽，黄褐色，花药卵形；子房圆柱形。蒴果狭线形，每节1种子。种子阔倒卵形。花期6—7月，果期7—9月。

生境 生于山地沟谷、路旁、林缘及田边等处。

分布 内蒙古苏尼特左旗、太仆寺旗等地。河北、山西、陕西、宁夏、甘肃、四川、云南、青海、西藏等。蒙古、印度、尼泊尔、不丹等。

采制 夏、秋季采收全草，洗净，晒干。

附注 其性味功效、主治用法、用量及附方同角茴香。

◎参考文献◎

[1]《内蒙古植物志》编辑委员会．内蒙古植物志(第一卷)[M]．2版．呼和浩特：内蒙古人民出版社，1994：227-228.

▲节裂角茴香果实

▼节裂角茴香植株(侧)

▲长白山罂粟群落

▼长白山罂粟果实

▲长白山罂粟花（背）

罂粟属 *Papaver* L.

长白山罂粟 *Papaver radicatum* Rottb. var. *pseudo-radicatum*（Kitag.）Kitag.

别　　名　白山罂粟

俗　　名　山大烟

药用部位　罂粟科长白山罂粟的全草及果壳。

▲长白山罂粟植株（侧）

▲长白山罂粟花（重瓣）

▲长白山罂粟花（6 瓣）

原植物 多年生草本，高 5 ~ 15 cm，全株被糙毛。根状茎不分枝或 2 ~ 10 分枝，叶全部基生，叶片轮廓卵形至宽卵形，长 1 ~ 4 cm，宽 0.8 ~ 1.2 cm，一至二回羽状分裂，叶柄长 2 ~ 4 cm，扁平，基部扩大成鞘。花葶一至数枚，出自每个根状茎先端的莲座叶丛中。花单生于花葶先端，直径 2 ~ 3 cm；花蕾近圆形至宽椭圆形；萼片 2，舟状宽卵形，长 1.0 ~ 1.2 cm；花瓣 4，淡黄绿色或淡黄色；宽倒卵形，长 1.8 ~ 2.3 cm，雄蕊多数，花丝丝状，花药长圆形，黄色；子房长圆形，密被紧贴的糙毛，柱头约 6，辐射状。蒴果倒卵形，长约 1 cm，密被紧贴或斜展的糙毛；柱头盘平扁。花期 7—8 月，果期 8—9 月。

生　　境 生于砾石地、沙地、岩石坡以及高山冻原带上。

▼长白山罂粟幼株

▲长白山罂粟植株

分　布　吉林安图、抚松、长白等地。朝鲜。

采　制　夏、秋季采收全草，除去杂质，切段，洗净，晒干。秋季采摘果实，留下果壳，洗净，晒干。

▼长白山罂粟花（淡黄色）

性味功效　全草：味酸、微苦、涩，性凉。有毒。有镇痛、止咳、定喘、止泻的功效。果壳：有敛肺、固涩、镇痛的功效。

主治用法　全草：用于神经性头痛、偏头痛、咳喘、泻痢、便血、痛经等。水煎服。果壳：用于慢性肠炎、慢性痢疾、久咳、喘息、胃痛、神经性头痛、偏头痛、痛经、白带异常、遗精、脱肛等。水煎服。

用　量　全草：5～10 g。果壳：1.5～4.5 g。

▲长白山罂粟植株（花白色）

▼长白山罂粟花（白色）

◎参考文献◎

[1] 朱有昌．东北药用植物[M]．哈尔滨：黑龙江科学技术出版社，1989: 453-454.

[2] 中国药材公司．中国中药资源志要[M]．北京：科学出版社，1994: 443.

[3] 江纪武．药用植物辞典[M]．天津：天津科学技术出版社，2005: 568.

▲野罂粟群落（山坡型）

▼野罂粟果实

▼野罂粟花（3 瓣）

野罂粟 *Papaver nudicaule* L.

别　　名　山罂粟

俗　　名　毛罂粟　山大烟　野大烟

药用部位　罂粟科野罂粟的全草及果壳。

原 植 物　多年生草本，高 20 ~ 60 cm。主根圆柱形，茎极缩短。叶全部基生，叶片轮廓卵形至披针形，长 3 ~ 8 cm，羽状浅裂、深裂或全裂，裂片 2 ~ 4 对，全缘或再次羽状浅裂或深裂，叶柄长 1 ~ 12 cm，基部扩大成鞘。花葶一至数枚，圆柱形，直立。花单生于花葶先端；花蕾宽卵形至近球形，长 1.5 ~ 2.0 cm，通常下垂；萼片 2，舟状椭圆形，早落；花瓣 4，宽楔形或倒卵形，长 1.5 ~ 3.0 cm，

▲野罂粟植株

▼野罂粟花（白色）

基部具短爪，黄色或橙黄色；雄蕊多数，花丝钻形，长 0.6 ~ 1.0 cm，花药长圆形，子房倒卵形至狭倒卵形，柱头 4 ~ 8，辐射状。蒴果狭倒卵形、倒卵形或倒卵状长圆形，长 1.0 ~ 1.7 cm。花期 6—7 月，果期 8—9 月。

生　境　生于较干燥的山坡、林缘、沟旁等处。

分　布　黑龙江呼玛、塔河、黑河等地。内蒙古额尔古纳、牙克石、鄂伦春旗、鄂温克旗、根河、陈巴尔虎旗、新巴尔虎左旗、新巴尔虎右旗、阿尔山、科尔沁右翼前旗、阿鲁科尔沁旗、巴

▲野罂粟群落（草甸型）

▲野罂粟花（橙红色）

林左旗、巴林右旗、克什克腾旗、翁牛特旗、喀喇沁旗、西乌珠穆沁旗、阿巴嘎旗、多伦等地。河北、山西、宁夏、新疆、西藏。蒙古、俄罗斯（西伯利亚中东部）。

采　　制　夏、秋季采收全草，除去杂质，切段，洗净，晒干。秋季采摘果实，留下果壳，洗净，晒干。

性味功效　全草：味酸、微苦、涩，性凉。有毒。有镇痛、止咳、定喘、止泻的功效。果壳：有敛肺、固涩、镇痛的功效。

主治用法　全草：用于神经性头痛、偏头痛、咳喘、泻痢、便血、痛经等。水煎服。果壳：用于慢性肠炎、慢性痢疾、久咳、喘息、胃痛、神经性头痛、偏头痛、痛经、白带异常、遗精、脱肛等。水煎服。

用　　量　全草：5～10 g。果壳：1.5～4.5 g。

附　　方　治肠炎、痢疾：野罂粟壳 4.5 g，蒲公英 9 g，委陵菜 6 g，水煎服。

附　　注　本品服用过量可出现头昏、耳鸣，皮肤出疹、瘙痒、发绀等毒性反应。

▲野罂粟花　（侧）

▼野罂粟花

◎参考文献◎

[1] 江苏新医学院．中药大辞典（下册）[M]．上海：上海科学技术出版社，1977：2148.

[2] 朱有昌．东北药用植物 [M]．哈尔滨：黑龙江科学技术出版社，1989：449-451.

[3] 中国药材公司．中国中药资源志要 [M]．北京：科学出版社，1994：443.

▲黑水罂粟群落

▲黑水罂粟花

黑水罂粟 *Papaver amurense*（N. Busch）N. Busch ex Tolmatchev

别　　名　黑水野罂粟

俗　　名　山大烟

药用部位　罂粟科黑水罂粟的全草及未成熟果壳。

原 植 物　多年生草本，株高 30 ~ 80 cm，全株密被硬伏毛。叶茎生，卵形或长卵形，长 15 ~ 20 cm，质稍肥厚，羽状深裂，具 2 ~ 3 对裂片，卵形、长卵形或披针形，边缘有不同深度羽状缺刻，其分裂的程度多变化，两面疏生短硬毛。花葶单生或多枚，花顶生，单一，有长柄，花蕾卵形或球形，弯垂，萼片 2，早落；花瓣 4，通常白色，广倒卵形，长 2.5 ~ 3.2 cm，顶端微波状；雄蕊多数；子房倒卵形，柱状呈辐射状，具 8 ~ 16 裂。蒴果近球形，长 1.5 ~ 1.7 cm，孔裂。花期 6—7 月，果期 7—8 月。

生　　境　生于山坡、林缘、路旁等处。

分　　布　黑龙江漠河、塔河、呼玛、黑河市区、嫩江、孙吴、逊克、伊春、宁安等地。吉林汪清、延吉等地。河北、山西。朝鲜、俄罗斯（西伯利亚中东部）。

采　　制　夏、秋季采收全草和未成熟的果实，除去杂质，洗净，晒干。

性味功效　味酸、涩，性微寒。有毒。有止泻、止咳、镇痛、敛肺的功效。

主治用法　用于腹痛、肠炎、腹泻、痢疾、月经过多、痛经、头痛、久咳哮喘等。水煎服。

用　　量　2.5 ~ 10.0 g。

附　　注　本品全草有毒，中毒症状同野罂粟。

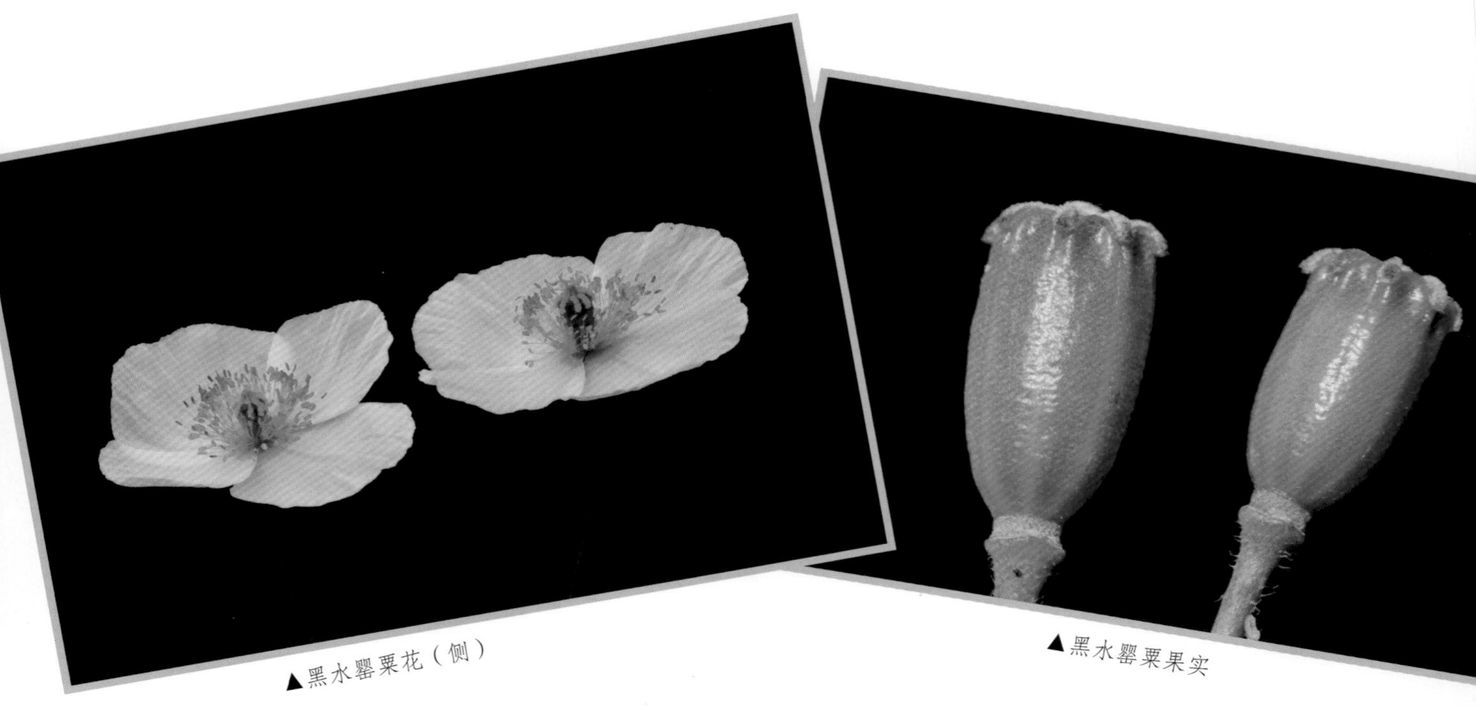

▲黑水罂粟花（侧）

▲黑水罂粟果实

▲黑水罂粟花（背）

◎参考文献◎

[1] 江苏新医学院．中药大辞典（上册）[M]．上海：上海科学技术出版社，1977：174.
[2] 朱有昌．东北药用植物 [M]．哈尔滨：黑龙江科学技术出版社，1989：452-454.
[3] 中国药材公司．中国中药资源志要 [M]．北京：科学出版社，1994：443.

▲黑水罂粟植株

▲内蒙古图牧吉国家级自然保护区湿地秋季景观

▲垂果南芥幼苗

▲市场上的垂果南芥幼株

十字花科 Cruciferae

本科共收录 13 属、22 种。

南芥属 *Arabis* L.

垂果南芥 *Arabis pendula* L.

别　　名 粉绿垂果南芥

俗　　名 山芥菜 野白菜 蜈蚣草 旁风

药用部位 十字花科垂果南芥的果实及全草。

原 植 物 二年生草本，高 30 ~ 150 cm，全株被硬单毛、杂有 2 ~ 3 叉毛。主根圆锥状，黄白色。茎直立，上部有分枝；茎下部的叶长椭圆形至倒卵形，长 3 ~ 10 cm，宽 1.5 ~ 3.0 cm，顶端渐尖，边缘有浅锯齿，基部渐狭而成叶柄，长达 1 cm；茎上部的叶狭长椭圆形至披针形，较下部的叶略小，基部呈心形或箭形，抱茎，表面黄绿色至绿色。总状花序顶生或腋生，有花十几朵；萼片椭圆形，长 2 ~ 3 mm，背面被有单毛、2 ~ 3 叉毛及星状毛，花蕾期更密；花瓣白色，匙形，长 3.5 ~ 4.5 mm，宽约 3 mm。长角果线形，长 4 ~ 10 cm，宽 1 ~ 2 mm，弧曲，下垂。花期 7—8 月，果期 8—9 月。

生　　境　生于林缘、灌丛、山坡、路旁、沟边、河边湿地、田间及村屯住宅附近等处。

分　　布　黑龙江各地。吉林省各地。辽宁丹东市区、宽甸、凤城、本溪、桓仁、抚顺、清原、西丰、法库、鞍山市区、岫岩、庄河、大连市区、北镇等地。内蒙古额尔古纳、根河、牙克石、鄂伦春旗、莫力达瓦旗、科尔沁右翼前旗、扎赉特旗、巴林左旗、巴林右旗、克什克腾旗、翁牛特旗、阿鲁科尔沁旗、喀喇沁旗、东乌珠穆沁旗、正蓝旗、多伦等地。河北、山西、湖北、陕西、甘肃、青海、新疆、四川、贵州、云南、西藏。亚洲（北部和东部）。

▲垂果南芥幼株（后期）

▲垂果南芥花（侧）

▲垂果南芥种子

▲垂果南芥幼株（前期）

采　　制　秋季采摘成熟果实，除去杂质，洗净，晒干。夏、秋季采收全草，切段，晒干。

性味功效　味辛，性平。有清热解毒、消肿的功效。

主治用法　用于疮痈肿毒、阴道炎、阴道滴虫。水煎服。外用适量熬水熏洗患处。

用　　量　5 g。外用适量。

附　　方

（1）治痈肿：垂果南芥适量，煎汤熏洗。

（2）治阴道炎、阴道滴虫：垂果南芥 5 g，荆芥 15 g，蔓荆子 10 g，益母草 15 g，玉竹 15 g，一枝蒿 10 g，共研细末，每日 1 次，每次 7.5 g，煎汤服。

（3）治小儿荨麻疹：垂果南芥、艾蒿，外加鸡树条、色木槭条、稠李条、接骨木、修枝荚蒾条（统称五色条子）各适量，熬水趁热洗患处，洗出汗即好（本溪东营房乡小东沟一带民间方）。

附　注　种子入药，有退热的功效。

◎参考文献◎

[1] 江苏新医学院．中药大辞典（上册）[M]．上海：上海科学技术出版社，1977: 1372.

[2] 朱有昌．东北药用植物 [M]．哈尔滨：黑龙江科学技术出版社，1989: 455-456.

[3] 中国药材公司．中国中药资源志要 [M]．北京：科学出版社，1994: 447.

▲垂果南芥果实

▼垂果南芥花

▲垂果南芥植株

▲荠花序

荠属 *Capsella* Medic.

荠 *Capsella bursa-pastoris*（L.）Medic.

别　　名　荠菜

俗　　名　荠荠菜　粽子菜

药用部位　十字花科荠的带根全草(入药称"荠菜")、种子及花序。

原 植 物　一年生或二年生草本，高7～50 cm。茎直立，基生叶丛生呈莲座状，大头羽状分裂，长可达12 cm，宽可达2.5 cm，叶柄长5～40 mm；茎生叶窄披针形或披针形，长5.0～6.5 mm，宽2～15 mm，基部箭形，抱茎，边缘有缺刻或锯齿。总状花序顶生及腋生，果期延长达20 cm；花梗长3～8 mm；萼片长圆形，长1.5～2.0 mm；花瓣白色，卵形，长2～3 mm，有短爪。短角果倒三角形或倒心状三角形，长5～8 mm，宽4～7 mm，扁平，无毛，顶端微凹，裂瓣具网脉；花柱长约0.5 mm；果梗长5～15 mm。种子2行，长椭圆形，长约1 mm，浅褐色。花期5—6月，果期6—7月。

▼荠花（侧）

▲荠种子

▲荠幼苗

生　　境　生于山坡、路旁、沟边、田间及村屯住宅附近等处。

分　　布　全国各地。全世界温带地区广泛分布。

采　　制　春、夏季采挖带根全草，除去泥土，洗净，鲜用或晒干。夏、秋季采摘果穗，去掉果皮和杂质，获取种子，晒干。春、夏季采摘花序，除去杂质，晒干。

性味功效　全草：味甘，性平。有凉血止血、清热利尿、明目、降压、解毒的功效。种子：味甘，性平。无毒。有祛风、明目的功效。花序：味甘，性热。有止泻、助消化的功效。

主治用法　全草：用于痢疾、高血压、乳糜尿、水肿、肾结核、淋病、目赤肿痛、咯血、衄血、呕血、尿血、便血、血崩、肠炎、头晕、疮疖及麻疹等。水煎服。种子：用于目痛、青盲、翳障。水煎服。花序：用于痢疾、消化不良、功能性子宫出血等。水煎服。

用　　量　全草：15 ~ 25 g（鲜品 50 ~ 100 g）。种子：15 ~ 25 g。花序：15 ~ 25 g。

附　　方

（1）治肾结核：荠菜 50 g，水 3 碗煎至 1 碗，打入鸡蛋 1 个，再煎至蛋熟，加鸡蛋少许，喝汤吃蛋。

▼荠群落

▲荠果实

▼荠植株

（2）治高血压：荠菜、夏枯草各 50 g，水煎服。又方：荠菜、猪毛菜各 15 g，水煎服，服 3 d，停药 1 d。

（3）治阳证水肿：荠菜根、车前子各 50 g，水煎服。

（4）治黄疸：荠菜籽 50 ~ 100 g，大青根或叶 50 ~ 100 g，水煎服。

（5）治功能性子宫出血、产后流血及月经过多：荠菜、龙芽草各 50 g，水煎服。又方：鲜荠菜花 30 g，水煎服。或配丹参 10 g，当归 2 g，水煎服。

（6）治内伤吐血：荠菜、蜜枣各 50 g，水煎服。

（7）治久痢：荠菜阴干，研细末，每次 10 g，日服 2 次，红枣煎汤送下。又方：荠菜叶烧存性蜜汤调服；或用荠菜 100 g，水煎服。

（8）治小儿乳积、消化不良、胀肚、食欲不振：荠菜 20 g，炒麦芽 15 g，陈皮 7.5 g，水煎服。

（9）治乳糜尿：荠菜带根全草 200 ~ 500 g，洗净煮汤，不加油盐，顿服或 3 次分服。连服 1 ~ 3 个月，有较好疗效。

附　注　花入药，可治疗痢疾、崩漏。

▼市场上的荠幼株

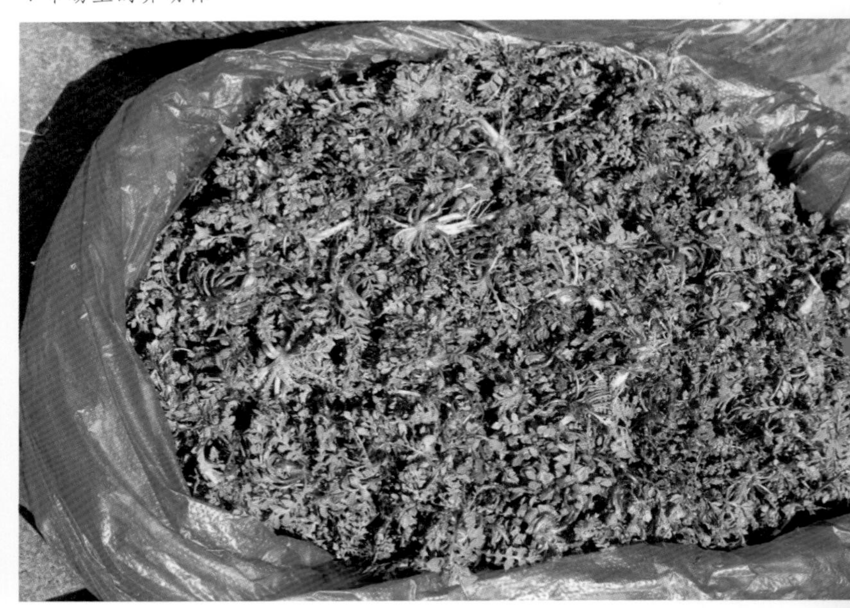

◎参考文献◎

[1] 江苏新医学院．中药大辞典（下册）[M]．上海：上海科学技术出版社，1977：1606-1608.

[2] 朱有昌．东北药用植物 [M]．哈尔滨：黑龙江科学技术出版社，1989：457-459.

[3] 《全国中草药汇编》编写组．全国中草药汇编（上册）[M]．北京：人民卫生出版社，1975：613-614.

碎米荠属 *Cardamine* L.

草甸碎米荠 *Cardamine pratensis* L.

▲草甸碎米荠植株

别　　名　草地碎米荠

药用部位　十字花科草甸碎米荠的干燥全草（入药称"草地碎米荠"）。

原 植 物　多年生草本，高 20 ~ 35 cm。茎直立，表面有沟棱。基生叶有细长的叶柄，有时带紫色，小叶 2 ~ 6 对，有小叶柄；茎生叶近于无柄，生于中下部的有小叶 4 ~ 5 对，上部的 2 ~ 3 对；顶生小叶多为线形或有时呈倒卵状楔形，长 5 ~ 20 mm，通常全缘，顶端有时有浅圆齿，侧生小叶线形。总状花序顶生，着生花十几朵，花梗细，长 4 ~ 9 mm；萼片卵形，长 3 ~ 4 mm，基部带囊状，边缘膜质；花瓣淡紫色，很少白色，倒卵状楔形，长 8 ~ 10 mm，顶端圆，基部楔形渐狭，短雄蕊长约 5.5 mm，长雄蕊长约 7.5 mm，花丝不扩大；雌蕊柱状，花柱很短，柱头扁球形。花期 5—6 月，果期 7—8 月。

生　　境　生于湿润草原、河边、溪旁及林缘湿地等处。

分　　布　黑龙江各地。吉林敦化、汪清、珲春、安图、和龙等地。内蒙古牙克石、扎兰屯、阿尔山、科尔沁右翼前旗等地。西藏。亚洲、欧洲、北美洲。

采　　制　春、夏季采收全草，除去泥土，洗净，晒干。

性味功效　味酸、涩，性平。有清热利湿、明目退翳、凉血、止血的功效。

主治用法　用于湿热痢疾、尿道炎、膀胱炎、白带过多、头昏目赤、眼生翳膜、吐血、便血等。水煎服。

用　　量　15 ~ 30 g（鲜品 30 ~ 50 g）。

▲草甸碎米荠花

◎参考文献◎

[1] 钱信忠. 中国本草彩色图鉴（第三卷）[M]. 北京：人民卫生出版社，2003：449-450.

[2] 中国药材公司. 中国中药资源志要 [M]. 北京：科学出版社，1994：450.

[3] 江纪武. 药用植物辞典 [M]. 天津：天津科学技术出版社，2005：145.

▲白花碎米荠花序（背）

白花碎米荠 *Cardamine leucantha*（Tausch）O. E. Schulz

别　　名　山芥菜

俗　　名　假芹菜

药用部位　十字花科白花碎米荠的干燥根状茎（入药称“菜籽七”）。

原 植 物　多年生草本，高 30 ～ 75 cm。根状茎短而匍匐。茎单一，不分枝，有时上部有少数分枝，表面有沟棱。基生叶有长叶柄，小叶 2 ～ 3 对；茎中部叶有较长的叶柄，通常有小叶 2 对；茎上部叶有小叶 1 ～ 2 对。总状花序顶生，分枝或不分枝，花后伸长；花梗细弱，长约 6 mm；萼片长椭圆形，长 2.5 ～ 3.5 mm，边缘膜质，外面有毛；花瓣白色，长圆状楔形，长 5 ～ 8 mm；花丝稍扩大；雌蕊细长；柱头扁球形。长角果线形，长 1 ～ 2 cm，宽约 1 mm，花柱长约 5 mm。果梗直立开展，长 1 ～ 2 cm。种子长圆形，长约 2 mm，栗褐色，边缘具窄翅或无翅。花期 5—6 月，果期 6—7 月。

▲白花碎米荠花序

▼白花碎米荠幼株

▼白花碎米荠居群

▲白花碎米荠果实

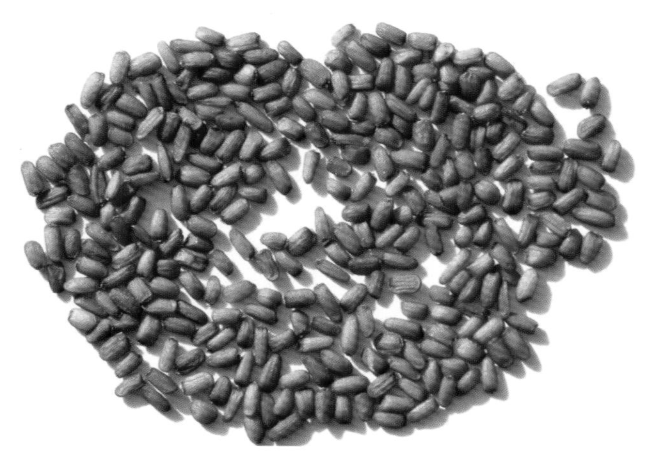

▲白花碎米荠种子

生　　境　生于路边、山坡湿草地、杂木林下及山谷沟边阴湿处，常聚集成片生长。

分　　布　黑龙江牡丹江市区、尚志、五常、勃利、东宁、宁安、密山、虎林等地。吉林长白山各地。辽宁丹东市区、宽甸、凤城、本溪、桓仁、抚顺、新宾、清原、西丰、开原、岫岩、鞍山市区等地。内蒙古额尔古纳、根河、鄂伦春旗、扎赉特旗等地。河北、山西、河南、安徽、江苏、浙江、湖北、江西、陕西、甘肃等地。日本、朝鲜、俄罗斯（西伯利亚南部至东部地区）。

采　　制　春、秋季采挖根状茎，除去泥土，洗净，晒干。

性味功效　味辛，性温。有清热解毒、解痉、化痰止咳、活血止痛的功效。

主治用法　用于百日咳、慢性支气管炎、咳嗽痰喘、顿咳、月经不调、跌打损伤。煎水调蜜服或研末酒调服。

用　　量　15 ~ 25 g。

附　　方　治百日咳：白花碎米荠根状茎 15 ~ 30 g，小儿减半，水煎分 3 次服。或晒干研粉用蜂蜜拌服。

◎参考文献◎

[1] 江苏新医学院．中药大辞典（下册）[M]．上海：上海科学技术出版社，1977: 2004.

[2] 朱有昌．东北药用植物 [M]．哈尔滨：黑龙江科学技术出版社，1989: 459-460.

[3] 钱信忠．中国本草彩色图鉴（第四卷）[M]．北京：人民卫生出版社，2003: 374-375.

▲白花碎米荠植株

▲弯曲碎米荠植株

弯曲碎米荠 *Cardamine flexuosa* With.

别　　名　碎米荠

药用部位　十字花科弯曲碎米荠的干燥全草。

原 植 物　一年生或二年生草本，高达 30 cm。茎自基部多分枝。基生叶有叶柄，小叶 3 ～ 7 对；顶生小叶卵形、倒卵形或长圆形，长与宽各为 2 ～ 5 mm，顶端 3 齿裂，基部宽楔形，有小叶柄，侧生小叶卵形，较顶生的小，1 ～ 3 齿裂，有小叶柄；茎生叶有小叶 3 ～ 5 对，小叶多为长卵形或线形，1 ～ 3 裂或全缘，小叶柄有或无，全部小叶近于无毛。总状花序多数，生于枝顶，花小，花梗纤细，长 2 ～ 4 mm；萼片长椭圆形，边缘膜质；花瓣白色，倒卵状楔形，花丝不扩大；雌蕊柱状，花柱极短，柱头扁球状。长角果线形，扁平，长 12 ～ 20 mm，宽约 1 mm，与果序轴近于平行排列。花期 5 月，果期 6 月。

生　　境　生于田边、路旁及草地。

分　　布　吉林集安。辽宁大连。全国绝大部分地区。朝鲜、日本、俄罗斯。欧洲、北美洲。

采　　制　春、夏季采收全草，除去泥土，洗净，晒干。

性味功效　味甘、淡，性平。有清热利湿、养心安神、收敛、止带的功效。

主治用法　用于痢疾、淋病、小便涩痛、风湿性心脏病、膀胱炎、心悸、失眠、带下、疔疮等。水煎服。外用捣烂敷患处。

用　　量　适量。

▲弯曲碎米荠花

▲弯曲碎米荠花（侧）

▼弯曲碎米荠花序

◎参考文献◎

[1] 中国药材公司．中国中药资源志要[M]．北京：科学出版社，1994: 449.

[2] 江纪武．药用植物辞典[M]．天津：天津科学技术出版社，2005: 145.

▲大叶碎米荠植株

大叶碎米荠 *Cardamine macrophylla* Willd.

药用部位 十字花科大叶碎米荠的全草。

原 植 物 多年生草本，高 30 ~ 90 cm。茎较粗壮，圆柱形，直立，有时基部倾卧，不分枝或上部分枝，表面有沟棱。茎生叶通常 4 ~ 5，有叶柄，长 2.5 ~ 5.0 cm；小叶 4 ~ 5 对，顶生小叶与侧生小叶的形状及大小相似，小叶椭圆形或卵状披针形，长 4 ~ 9 cm，宽 1.0 ~ 2.5 cm，顶端钝或短渐尖。总状花序多花，花梗长 10 ~ 14 mm；外轮萼片淡红色，长椭圆形，长 5.0 ~ 6.5 mm，边缘膜质，内轮萼片基部囊状；花瓣淡紫色、紫红色，倒卵形，长 9 ~ 14 mm，顶端圆或微凹，向基部渐狭成爪；花丝扁平；子房柱状，花柱短。长角果扁平，长 35 ~ 45 mm，宽 2 ~ 3 mm；果瓣平坦无毛，有时带紫色，花柱很短，柱头微凹；果梗直立开展，长 10 ~ 25 mm。种子椭圆形，长约 3 mm，褐色。花期 5—6 月，果期 7—8 月。

生　　境 生于森林草原带的林下、林缘及草甸等处。

分　　布 内蒙古克什克腾旗。河北、山西、湖北、陕西、甘肃、青海、四川、贵州、云南、西藏、新疆等。俄罗斯、蒙古、日本、印度、巴基斯坦、哈萨克斯坦等。

采　　制 夏、秋季采收全草，洗净，晒干。

性味功效 味甘、淡，性平。有消肿、补虚、利尿、止痛的功效。

主治用法 用于虚劳内伤、头晕乏力、崩漏、带下病、胃痛、败血症等。水煎服。

用　　量 9 ~ 15 g。

◎参考文献◎

[1] 江纪武. 药用植物辞典 [M]. 天津: 天津科学技术出版社, 2005: 145.
[2] 《内蒙古植物志》编辑委员会. 内蒙古植物志(第二卷) [M]. 3 版. 呼和浩特: 内蒙古人民出版社, 2020: 313-314.

▲大叶碎米荠花序

▲大叶碎米荠植株(侧)

▼大叶碎米荠花

▲播娘蒿群落

▼播娘蒿果实

播娘蒿属 *Descurainia* Webb. et Berthel

播娘蒿 *Descurainia sophia*（L.）Webb. ex Prantl

别　　名　野芥菜　葶苈子　丁历

俗　　名　米米蒿　麦蒿子

药用部位　十字花科播娘蒿的干燥种子（入药称“葶苈子”）。

原 植 物　一年生草本，高 20 ~ 80 cm，下部茎生叶多有叉状毛，向上渐少。茎直立，分枝多，下部带淡紫色。叶三回羽状深裂，长 2 ~ 15 cm，末端裂片条形或长圆形，下部叶具柄，上部叶无柄。花序伞房状，果期伸长；萼片直立，早落，花瓣黄色，长圆状倒卵形，长 2.0 ~ 2.5 mm，或稍短于萼片，具爪；雄蕊 6，比花瓣长 1/3。长角果圆筒状，长 2.5 ~ 3.0 cm，宽约 1 mm，无毛，稍内曲，与果梗不成一条直线，果瓣中脉明显；果梗长 1 ~ 2 cm。种子每室 1 行，种子小型，多数，长圆形，长约 1 mm，稍扁，淡红褐色，表面有细网纹。花期 5—6 月，果期 7—8 月。

生　　境　生于山坡、田野、荒地及住宅附近，常聚集成片生长。

分　　布　黑龙江各地。吉林省各地。辽宁长海、大连市区等地。

内蒙古牙克石、阿尔山、额尔古纳、鄂伦春旗、鄂温克旗、科尔沁右翼前旗、扎赉特旗、扎鲁特旗、巴林左旗、巴林右旗、阿鲁科尔沁旗、克什克腾旗、翁牛特旗、喀喇沁旗、东乌珠穆沁旗、西乌珠穆沁旗、正蓝旗、镶黄旗等地。全国绝大部分地区（除华南外）。亚洲、欧洲、非洲、北美洲。

采　　制　夏、秋季果实成熟时，割下全株，晒干，打下或搓出种子，除去杂质，生用或微炒，捣碎。

性味功效　味苦、辛，性大寒。有泻肺平喘、利尿消肿、逐痰止咳的功效。

主治用法　用于喘咳痰多、胸胁胀满、腹胸胀满水肿、面目水肿、肺源性心脏病水肿、小便淋痛、痢疾、月经不调、慢性支气管炎、肺水肿等。水煎服或入丸、散。外用煎水洗或研末调敷。

用　　量　7.5 ~ 15.0 g。外用适量。

附　　方　治结核性、渗出性胸膜炎：葶苈子 25 g，大枣 15 个，为基本方；对寒湿胸痛加茯苓、白术各 20 g，桂枝、栝楼皮、薤白头、姜半夏各 15 g；甘草、陈皮各 7.5 g。若为结核性者加用百部 25 g，丹参、黄芩各 15 g，热结胸痛采用柴胡、黄芩、赤白芍、半夏、

▲播娘蒿花序

▲播娘蒿幼苗

▼播娘蒿植株

▲播娘蒿幼株

枳实、郁金各 15 g，生姜 3 片，大枣 4 个；若热盛加野荞麦根、鱼腥草、葎草各 50 g。对恢复期患者用黄芪、白芍各 15 g，桂枝、甘草各 10 g，生姜 3 片，大枣 6 个。

附　注

（1）全草入药，可用作创伤药、清洁剂。果实入药，可用作通便药。地上部入药，可治疗炭疽病。

（2）本品为《中华人民共和国药典》（2020 年版）收录的药材。

◎参考文献◎

[1] 江苏新医学院．中药大辞典（下册）[M]．上海：上海科学技术出版社，1977：2319-2321.

[2] 《全国中草药汇编》编写组．全国中草药汇编（上册）[M]．北京：人民卫生出版社，1975：832-833.

[3] 朱有昌．东北药用植物 [M]．哈尔滨：黑龙江科学技术出版社，1989：462-463.

▲花旗杆植株

花旗杆属 *Dontostemon* Andrz. ex Ledeb.

花旗杆 *Dontostemon dentatus*（Bge.）Ledeb.

别　　名　齿叶花旗杆

俗　　名　葶苈子

药用部位　十字花科花旗杆的全草及种子。

原 植 物　二年生草本，高 15 ~ 50 cm。植株散生白色弯曲柔毛；茎单一或分枝，基部常带紫色。叶椭圆状披针形，长 3 ~ 6 cm，宽 3 ~ 12 mm，两面稍具毛。总状花序生枝顶，结果时长 10 ~ 20 cm；萼片椭圆形，长 3.0 ~ 4.5 mm，宽 1.0 ~ 1.5 mm，具白色膜质边缘，背面稍被毛；花瓣淡紫色，倒卵形，长 6 ~ 10 mm，宽约 3 mm，顶端钝，基部具爪。长角果长圆柱形，光滑无毛，长 2.5 ~ 6.0 cm，宿存花柱短，顶端微凹。种子棕色，长椭圆形，长 1.0 ~ 1.3 mm，宽 0.5 ~ 0.8 mm，具膜质边缘；子叶斜缘倚胚根。花期 5—6 月，果期 7—8 月。

生　　境　生于石砬质山地、岩石缝隙间等处。

分　　布　黑龙江黑河、呼玛、尚志、五常、东宁、宁安等地。

▼花旗杆花（侧）

▼花旗杆花序

▲花旗杆植株（侧）

▼花旗杆果实

吉林长白山各地及松原。辽宁本溪、桓仁、凤城、抚顺、清原、铁岭、西丰、法库、开原、岫岩、鞍山市区、庄河、盖州、大连市区、阜新、彰武、北镇、义县、建平、建昌、兴城等地。内蒙古额尔古纳、根河、牙克石、鄂伦春旗、扎兰屯、阿尔山、科尔沁右翼前旗、扎赉特旗、科尔沁左翼后旗、喀喇沁旗、宁城等地。河北、山西、山东、河南、安徽、江苏、陕西。朝鲜、俄罗斯、日本。

采　　制　夏、秋季采收全草，除去杂质，洗净，晒干。秋季采摘成熟果实，除去杂质，打下种子，晒干。

性味功效　有利尿的功效。

主治用法　用于肾炎、尿道炎、水肿等。水煎服。

用　　量　适量。

▲花旗杆花

◎参考文献◎

[1] 中国药材公司. 中国中药资源志要 [M]. 北京: 科学出版社, 1994: 451.
[2] 江纪武. 药用植物辞典 [M]. 天津: 天津科学技术出版社, 2005: 274.

▲花旗杆种子

▲花旗杆花序（白色）

▲葶苈居群

葶苈属 *Draba* L.

▲葶苈果实

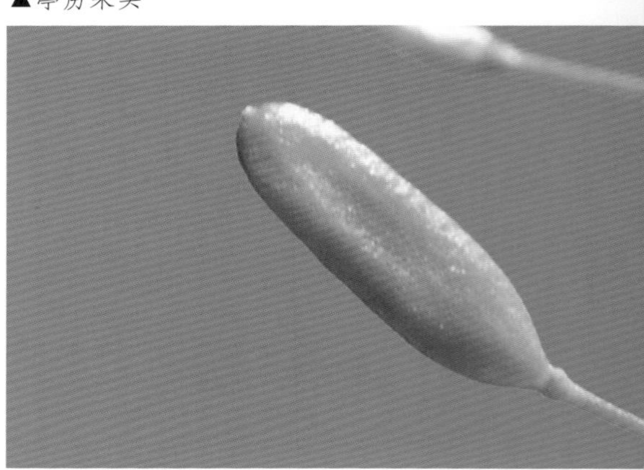

▲光果葶苈果实

葶苈 *Draba nemorosa* L.

俗　　名　猫耳朵菜　四月老

药用部位　十字花科葶苈的种子。

原 植 物　一年生或二年生草本。茎直立，高 5 ~ 45 cm，单一或分枝，疏生叶片或无叶，但分枝茎有叶片；下部密生单毛、叉状毛和星状毛。基生叶莲座状，长倒卵形，近于全缘；茎生叶长卵形或卵形，边缘有细齿，无柄。总状花序具花 25 ~ 90，密集成伞房状，小花梗细；萼片椭圆形，花瓣黄色，花期后白色，倒楔形，长约 2 mm，顶端凹；雄蕊长 1.8 ~ 2.0 mm；花药短心形；雌蕊椭圆形，柱头小。短角果长圆形或长椭圆形，长 4 ~ 10 mm，宽 1.1 ~ 2.5 mm，被短单毛；果梗长 8 ~ 25 mm，与果序轴成直角开展，或近于直角向上开展。种子椭圆形，褐色，种皮有小疣。花期 4—5 月，果期 5—6 月。

生　　境　生于田野、路旁、沟边及村屯住宅附近等处，常聚集成片生长。

分　　布　黑龙江各地。吉林省各地。辽宁丹东市区、宽甸、凤城、本溪、桓仁、抚顺、开原、沈阳、鞍山、庄河、瓦房店、大连市区等地。河北、浙江、江苏、山西、陕西、宁夏、甘肃、广东、广西、云南、西藏。朝鲜、俄罗斯（西伯利亚中东部）、日本。

采　　制　春末夏初采摘果序，除去杂质，打下种子，晒干。

性味功效　味辛，性寒。有祛痰平喘、清热、利尿的功效。

主治用法　用于水肿、咳逆、喘鸣、肋膜炎、痰饮、咳喘、胀满、肺痈、小便不利等。水煎服。

用　　量　5 ~ 15 g。

附　　注

（1）全草入药，有消积的功效。可解肉食中毒。

（2）在东北尚有 1 变种：

光果葶苈 var. *leiocarpa* Lindbl，短角果无毛。其他与原种同。

▲葶苈花序（侧）

▼葶苈花序

▼葶苈幼株

▲葶苈植株

◎参考文献◎

[1] 严仲铠，李万林. 中国长白山药用植物彩色图志 [M]. 北京：人民卫生出版社，1997:199-200.

[2] 中国药材公司. 中国中药资源志要 [M]. 北京：科学出版社，1994:452.

[3] 江纪武. 药用植物辞典 [M]. 天津：天津科学技术出版社，2005:275.

▲糖芥花（背）

▼糖芥居群

糖芥属 *Erysimum* L.

糖芥 *Erysimum amurense* Kitag.

别　　名　大花糖芥

药用部位　十字花科糖芥的全草及种子。

原 植 物　一年生或二年生草本，高 30 ~ 60 cm。密生贴伏 2 叉毛；茎直立，不分枝或上部分枝，具棱角。叶披针形或长圆状线形，基生叶长 5 ~ 15 cm，宽 5 ~ 20 mm，全缘，叶柄长 1.5 ~ 2.0 cm；上部叶有短柄或无柄，基部近抱茎，近全缘。总状花序顶生，具多数花；萼片长圆形，长 5 ~ 7 mm，密生 2 叉毛，边缘白色膜质；花瓣橘黄色，倒披针形，长 10 ~ 14 mm，有细脉纹，顶端圆形，基部具长爪；雄蕊 6，近等长。长角果线形，长 4.5 ~ 8.5 cm，宽约 1 mm，稍呈四棱形，柱头 2 裂，裂瓣具隆起中肋；果梗长 5 ~ 7 mm，斜上开展。种子每室 1 行，长圆形，侧扁，长 1.0 ~ 1.5 mm，深红褐色。花期 6—7 月，果期 8—9 月。

生　　境　生于田边、荒地、灌丛、干燥石质山坡、岩石缝隙中及海岛等处。

▲糖芥植株

分　　布　黑龙江宁安、尚志、五常、齐齐哈尔、呼玛、塔河、漠河等地。内蒙古鄂伦春旗、翁牛特旗、克什克腾旗、镶黄旗、多伦等地。吉林临江、敦化等地。辽宁大连、凌源等地。河北、山西、江苏、陕西、四川。朝鲜、蒙古、俄罗斯（西伯利亚中东部）。

采　　制　春、夏季采收全草，除去杂质，洗净，鲜用或晒干。春末夏初采摘果序，除去杂质，打下种子，晒干。

性味功效　全草：有强心利尿、健脾和胃、消积的功效。种子：有清热、镇咳、强心的功效。

主治用法　全草：用于心悸、水肿、消化不良等。水煎服。种子：用于心力衰竭。水煎服。

用　　量　5～15 g。

◎参考文献◎

[1] 中国药材公司．中国中药资源志要 [M]．北京：科学出版社，1994: 452.
[2] 江纪武．药用植物辞典 [M]．天津：天津科学技术出版社，2005: 305.

▼糖芥花序

蒙古糖芥 *Erysimum flavum*（Georgi）Bobrov.

别　　名　阿勒泰糖芥

药用部位　十字花科蒙古糖芥的全草

原 植 物　多年生草本，高 15 ~ 30 cm。全株密生伏贴 2 叉丁字毛；茎数个，直立，从基部分枝，稍有棱角。基生叶莲座状，叶片线状长圆形、倒披针形或宽线形，长 3 ~ 5 cm，宽 1.5 ~ 2.0 mm，顶端急尖，基部渐狭，全缘；叶柄长

▲蒙古糖芥花序

▲蒙古糖芥果实

▼蒙古糖芥群落

▲蒙古糖芥植株

5 ~ 20 mm；茎生叶线形，叶片较短，宽 1.0 ~ 1.5 mm，无柄。总状花序果期延长达 20 cm；萼片长圆形，长 4.5 ~ 7.0 mm，顶端圆形，边缘白色膜质；花瓣黄色，宽倒卵形或近圆形，长 10 ~ 12 mm，爪长 6 ~ 7 mm。长角果线状长圆形，长 4 ~ 6 cm，宽 1.5 ~ 2.5 mm，侧扁，柱头 2 裂；果梗较粗，长 4 ~ 6 mm。种子长圆形，褐色，顶端有或无不明显翅。花期 5—6 月，果期 7—8 月。

生　　境　生于草原、山坡、林缘及路旁等处。

分　　布　黑龙江塔河。内蒙古额尔古纳、根河、鄂温克旗、满洲里、新巴尔虎右旗、新巴尔虎左旗、克什克腾旗、东乌珠穆沁旗、西乌珠穆沁旗、多伦等地。新疆、西藏。俄罗斯、蒙古、巴基斯坦。亚洲（中部）。

采　　制　春、夏季采收全草，除去杂质，洗净，鲜用或晒干。

主治用法　用于心脏病。水煎服。

用　　量　适量。

附　　注

在东北尚有 1 变种：

兴安糖芥 var. *shinganicum*（Y. L.Zhang）K. C. Kuan，花较大，花瓣长 20 ~ 26 mm。叶全缘或有时有小牙齿。其他与原种同。

◎参考文献◎

[1] 江纪武. 药用植物辞典 [M]. 天津：天津科学技术出版社，2005: 305.

▼兴安糖芥花序

▲波齿叶糖芥群落

波齿叶糖芥 *Erysimum macilentum* Bge.

别　　名 桂竹糖芥 桂竹香糖芥 小花糖芥

俗　　名 打水水花 金盏盏花

药用部位 十字花科波齿叶糖芥的全草及种子。

原 植 物 一年生草本，高 15 ~ 50 cm。茎直立，分枝或不分枝，有棱角，具 2 叉毛。基生叶莲座状，无柄，平铺地面，叶片长 1 ~ 4 cm，宽 1 ~ 4 mm，具 2 ~ 3 叉毛；叶柄长 7 ~ 20 mm；茎生叶披针形或线形，长 2 ~ 6 cm，宽 3 ~ 9 mm，顶端急尖，基部楔形，边缘具深波状疏齿或近全缘，两面具 3 叉毛。总状花序顶生，果期长达 17 cm；萼片长圆形或线形，长 2 ~ 3 mm，外面具 3 叉毛；花瓣浅黄色，长圆形，长 4 ~ 5 mm，顶端圆形或截形，下部具爪。长角果圆柱形，长 2 ~ 4 cm，宽约 1 mm，侧扁，稍有棱，具 3 叉毛；果瓣有 1 条不明显中脉；花柱长约 1 mm，柱头头状；果梗粗，长 4 ~ 6 mm；种子每室 1 行，种子卵形，长约 1 mm，淡褐色。花期 5 月，果期 6 月。

生　　境 生于疏林、林缘、灌丛、草甸及荒地等处。

分　　布 黑龙江伊春、呼玛、塔河、哈尔滨等地。吉林敦化、长白、珲春等地。内蒙古额尔古纳、根河、牙克石、鄂伦春旗、鄂温克旗、扎兰屯、阿尔山、科尔沁右翼前旗、科尔沁右翼中旗、扎赉特旗、科尔沁左翼后旗、克什克腾旗、喀喇沁旗、东乌珠穆沁旗等地。河北、山西、山东、河南、安徽、江苏、湖北、湖南、陕西、甘肃、宁夏、新疆、四川、云南。朝鲜、俄罗斯、蒙古。欧洲、非洲、北美洲。

采　　制 春、夏季采收全草，除去杂质，洗净，鲜用或晒干。春末夏初采摘果序，除去杂质，打下种子，晒干。

性味功效 全草：味辛、苦，性寒。有强心利尿、健脾和胃、消食的功效。种子：味辛、苦，性寒。有强心、利尿的功效。

主治用法 全草：用于心悸、心力衰竭、水肿、消化不良等。水煎服。种子：用于心力衰竭。水煎服。

用　　量 5 ~ 15 g（研末 0.5 ~ 1.0 g）。

附　　注

（1）治心脏病性水肿：波齿叶糖芥 10 g，水煎服；或研末 0.5 ~ 1.0 g，日服 2 次。

（2）治伤食停水：波齿叶糖芥 15 g，水煎服。

◎参考文献◎

[1] 江苏新医学院．中药大辞典（下册）[M]．上海：上海科学技术出版社，1977: 1774-1775.

[2] 朱有昌．东北药用植物 [M]．哈尔滨：黑龙江科学技术出版社，1989: 463-464.

[3] 中国药材公司．中国中药资源志要 [M]．北京：科学出版社，1994: 452.

◀ 波齿叶糖芥植株

▼波齿叶糖芥花序

▲香花芥植株

▲香花芥果实

香花芥属 *Hesperis* L.

香花芥 *Hesperis trichosepala* Turcz.

别　　名　香芥 香花草 毛萼香芥

药用部位　十字花科香花芥的全草及种子。

原 植 物　二年生草本，高 10 ~ 60 cm。茎直立，具疏生单硬毛。基生叶在花期枯萎，茎生叶长圆状椭圆形或窄卵形，长 2 ~ 4 cm，宽 3 ~ 18 mm，顶端急尖，基部楔形，边缘有不等尖锯齿，两面及叶柄有极少毛；叶柄长 5 ~ 10 mm。总状花序顶生；花直径约 1 cm；花梗长 3 ~ 5 mm；萼片直立，长 4 ~ 6 mm，外轮 2 片条形，内轮 2 片窄椭圆形，二者顶端皆有少数白色长硬毛；花瓣倒卵形，长 1.0 ~ 1.5 mm，基部具线形长爪；花柱极短，柱头显著 2 裂。长角果窄

▲香花芥花序

线形，长 3.5 ~ 8.0 cm，宽 0.5 ~ 1.0 mm，无毛；果瓣具一显明中脉；果梗水平开展，长 5 ~ 7 mm，增粗种子卵形，长约 1 mm，浅褐色。花期 6—7 月，果期 7—8 月。

生　境　生于阴坡岩石地及山坡上。

分　布　吉林延吉、龙井等地。内蒙古扎兰屯、科尔沁右翼前旗、扎赉特旗、克什克腾旗、巴林左旗、巴林右旗、翁牛特旗、阿鲁科尔沁旗、喀喇沁旗、宁城、西乌珠穆沁旗、多伦等地。河北、山西。朝鲜、俄罗斯（西伯利亚中东部）、蒙古。

▲香花芥花序（背）

▼香花芥花序（白色）

采　　制　夏、秋季采收全草，除去杂质，切段，洗净，晒干。秋季采摘成熟果实，除去杂质，打下种子，晒干。

性味功效　有利尿的功效。

主治用法　用于肾炎、尿道炎、水肿等。水煎服。

用　　量　适量。

◎参考文献◎

[1] 江纪武. 药用植物辞典[M]. 天津：天津科学技术出版社，2005: 390.

▲香花芥花序（杂色）

▼香花芥群落

▲长圆果菘蓝植株（花期）

▲长圆果菘蓝植株（果期）

菘蓝属 *Isatis* L.

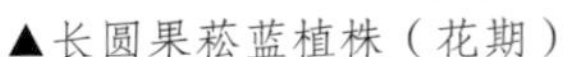

长圆果菘蓝 *Isatis oblongata* DC.

别　　名　三肋菘蓝　肋果菘蓝

药用部位　十字花科长圆果菘蓝的全草。

原 植 物　二年生草本，高 30 ~ 70 cm。茎直立，分枝，无毛。茎下部叶柄长 1 ~ 2 cm；叶片卵状披针形，长 2 ~ 4 cm，宽 1.0 ~ 1.5 cm，先端圆形，基部渐狭，全缘，两面无毛；茎生叶披针形，长 2 ~ 8 cm，宽 3 ~ 25 mm，先端急尖，基部箭形，抱茎，全缘，中脉显著。总状花序顶生；萼片长圆形；花瓣黄色，长圆形；雄蕊 6，4 长 2 短；雌蕊 1，子房圆柱形，花柱界限不明，柱头平截。短角果长圆形，长 10 ~ 15 mm，宽 4 ~ 5 mm，先端短钝尖，两侧渐窄，中部以上较宽，无毛，中肋显著隆起，两侧脉不显著，有纵条纹。种子长椭圆形，黑棕色。花期 5—6 月，果期 6—7 月。

生　　境　生于石质山地、河边或湖边沙质地等处。

分　　布　内蒙古额尔古纳、满洲里、苏尼特左旗等地。俄罗斯、蒙古。

▲长圆果菘蓝花序

▲长圆果菘蓝果实

采　　制　春、夏季采收全草，除去杂质，洗净，鲜用或晒干。

性味功效　味辛、苦，性寒。有清热、止咳、消炎的功效。

主治用法　用于肺热外感、咳嗽、咽喉肿痛、伤寒、口腔炎、咽喉炎、扁桃体炎、鼻衄、菌痢等。水煎服。

用　　量　5 ~ 15 g。

◎参考文献◎

[1] 江纪武. 药用植物辞典 [M]. 天津：天津科学技术出版社，2005: 423.

[2] 中国药材公司. 中国中药资源志要 [M]. 北京：科学出版社，1994: 452.

▲密花独行菜植株

独行菜属 *Lepidium* L.

密花独行菜 *Lepidium densiflorum* Schrad.

俗　　名　羊辣罐子　荠荠菜幌子

药用部位　十字花科密花独行菜的种子。

原 植 物　一年生草本，高 10 ~ 30 cm。茎单一，直立，上部分枝，具疏生柱状短柔毛。基生叶长圆形或椭圆形，长 1.5 ~ 3.5 cm，宽 5 ~ 10 mm，顶端急尖，基部渐狭，羽状分裂，边缘有不规则深锯齿；叶柄长 5 ~ 15 mm；茎下部及中部叶长圆状披针形或线形，边缘有不规则缺刻状尖锯齿，有短叶柄；茎上部叶线形，边缘疏生锯齿或近全缘，近无柄；所有叶表面无毛，背面有短柔毛。总状花序，果期伸长；萼片卵形，无花瓣或花瓣退化成丝状，远短于萼片；雄蕊 2。短角果圆状倒卵形，长 2.0 ~ 2.5 mm，顶端圆钝，微缺，有翅，无毛。种子卵形，长约 1.5 mm，黄褐色，有不明显窄翅。花期 5—6 月，果期 6—7 月。

生　　境　生于海滨、沙地、田边及路旁等处。

分　　布　黑龙江牡丹江市区、尚志、五常、东宁等地。吉林敦化、安图、和龙、汪清等地。辽宁丹东市区、东港、本溪、桓仁、抚顺、清原、沈阳、鞍山、辽阳等地。

采　　制　夏、秋季果实成熟时，割下全株，晒干，打下或搓出种子，除去杂质，生用或微炒，捣碎。

性味功效 有利尿、平喘的功效。

主治用法 用于咳嗽、水肿等。水煎服。

用　　量 5 ~ 15 g。

◎参考文献◎

[1] 朱有昌．东北药用植物 [M]．哈尔滨：黑龙江科学技术出版社，1989: 466-469.

[2] 江纪武．药用植物辞典 [M]．天津：天津科学技术出版社，2005: 450.

▲密花独行菜果实

▼密花独行菜幼株

独行菜 *Lepidium apetalum* Willd.

别　　名　腺独行菜 腺茎独行菜

俗　　名　羊辣罐子 荠荠菜幌子 辣辣菜 辣辣根 雀扑拉 羊辣罐

药用部位　十字花科独行菜的种子（称“北葶苈子”）。

原 植 物　一年生或二年生草本，高 5 ~ 30 cm。茎直立，有分枝，无毛或具微小头状毛。基生叶窄匙形，一回羽状浅裂或深裂，长 3 ~ 5 cm，宽 1.0 ~ 1.5 cm；叶柄长 1 ~ 2 cm；茎上部叶线形，有疏齿或全缘。总状花序在果期可延长至 5 cm；萼片早落，卵形，长约 0.8 mm，外面有柔毛；花瓣不存或退化成丝状，比萼片短；雄蕊 2 或 4。短角果近圆形或宽椭圆形，扁平，长 2 ~ 3 mm，宽约 2 mm，顶端微缺，上部有短翅，隔膜宽不到 1 mm；果梗弧形，长约 3 mm。种子椭圆形，长约 1 mm，平滑，棕红色。花期 5—6 月，果期 6—7 月。

生　　境　生于田野、路旁、沟边及村屯住宅附近等处，为常见的田间杂草。

分　　布　黑龙江各地。吉林省各地。辽宁丹东市区、宽甸、本溪、桓仁、抚顺、铁岭、开原、鞍山、瓦房店、大连市区、北镇、凌源、建平、建昌、彰武等地。内蒙古额尔古纳、根河、牙克石、鄂温克旗、阿荣旗、扎兰屯、阿尔山、陈巴尔虎旗、新巴尔虎左旗、新巴尔虎右旗、科尔沁右翼前旗、科尔沁左翼中旗、扎赉特旗、科尔沁左翼后旗、扎鲁特旗、巴林左旗、巴林右旗、克什克腾旗、翁牛特旗、阿鲁科尔沁旗、东乌珠穆沁旗、西乌珠穆沁旗、阿巴嘎旗、苏尼特左旗、

▲独行菜植株（前期）

苏尼特右旗、镶黄旗、正蓝旗、正镶白旗等地。河北、山西、江苏、浙江、安徽、陕西、宁夏、甘肃、贵州、云南。朝鲜、俄罗斯。亚洲东部及中部、喜马拉雅地区。

采　　制　夏、秋季果实成熟时，割下全株，晒干，打下或搓出种子，除去杂质，生用或微炒，捣碎。

性味功效　味辛、苦，性寒。有清热止血、泻肺平喘、行水消肿的功效。

主治用法　用于咳嗽痰多、肺壅喘急、胸胁胀满、水肿胀满、小便不利及肺源性心脏病等。水煎服或入丸、散。外用煎水洗或研末调敷。肺虚咳嗽、脾虚胀满者忌服。

用　　量　7 ~ 15 g。

附　　方

（1）治结核性渗出性胸膜炎：北葶苈

▲独行菜植株（后期）

▼独行菜群落

▲独行菜花序

子 25 g，大枣 15 个，为基本方；对寒湿胸痛加茯苓、白术各 20 g，桂枝、栝楼皮、薤白头、姜半夏各 15 g，甘草、陈皮各 7.5 g；若为结核性者加用百部 25 g，丹参、黄芩各 15 g；热结胸痛采用柴胡、黄芩、赤白芍、半夏、枳实、郁金各 15 g，生姜 3 片，大枣 4 个；若热盛加野荞麦根、鱼腥草、葎草各 50 g。对恢复期患者用黄芪、白芍各 15 g，桂枝、甘草各 10 g，生姜 3 片，大枣 6 个。

（2）治肺壅咳嗽脓血、喘咳不得睡卧：北葶苈子 125 g（隔纸炒令紫），研末，每服 10 g，水一盏，煎至六分，不拘时温服。

（3）治慢性气管炎、支气管扩张、咳嗽、气喘、痰多、不能平卧：北葶苈子 15 g，大枣 10 个（切开），水煎服。

（4）治肝硬化腹腔积液、小便少：北葶苈子、防己、椒目、大黄各 100 g，做蜜丸，每服 10 g，空腹白开水送服，每日 2 次。

（5）治卒大腹腔积液病：北葶苈子 50 g，杏仁 20 枚，并熬黄色捣碎，分 10 次服用，经小便排水后即愈。

（6）治慢性肺源性心脏病并发心力衰竭：北葶苈子末 5 ~ 10 g，每日分 3 次食后服，并配合一般对症处理和抗生素以控制感染。服药后多在第 4 天开始见尿量增加，水肿减退，心力衰竭到 2 ~ 3 周时见显著减轻或消失。

（7）治咳嗽：北葶苈子（纸衬熬令黑）、知母、贝母各 50 g，三物同捣筛，以枣肉 25 g，别销砂糖

75 g，同入药中为丸，大如弹丸，每服以新绵裹 1 丸含之，徐徐咽津，甚者不过 3 丸。

（8）治肠炎、腹泻及细菌性痢疾：独行菜全草地上部分制成干糖浆。冲服或温开水送服。每日早晚各服 1 次，每次服半包，儿童酌减。

附　注　本品为《中华人民共和国药典》（2020 年版）收录的药材。

◎参考文献◎

[1] 江苏新医学院．中药大辞典（下册）[M]．上海：上海科学技术出版社，1977：2319-2321．

[2] 朱有昌．东北药用植物 [M]．哈尔滨：黑龙江科学技术出版社，1989：466-469．

[3]《全国中草药汇编》编写组．全国中草药汇编（上册）[M]．北京：人民卫生出版社，1975：832-833．

▲独行菜种子

▼独行菜果实

▲柱毛独行菜果实

▲柱毛独行菜花序

柱毛独行菜 *Lepidium ruderale* Linnaeus

别　　名　柱腺独行菜　鸡积菜

药用部位　十字花科柱毛独行菜的种子。

原 植 物　一年生或二年生草本，高 10 ~ 40 cm；茎多单一，近直立，多分枝，具短柱状毛。基生叶有长柄，长圆形，二回羽状分裂，稀为单羽状，长 4.5 ~ 5.0 cm，裂片宽线形，宽约 1 mm，边缘有柱状毛；叶柄长 1 ~ 2 cm；茎生叶无柄，线形，长 1 ~ 2 cm，边缘有少数锯齿或全缘。总状花序在果期延长；萼片窄卵状披针形，长约 0.5 mm，外面无毛；无花瓣；雄蕊 2。短角果卵形或近圆形，长 2.0 ~ 2.5 mm，先端凹缺，扁平，无毛，顶端微缺，有不明显翅，花柱极短，果梗弧形，果瓣顶部具极窄翅，长 2 ~ 3 mm。种子卵形，长约 1.5 mm，黄褐色，扁平；近平滑，无边，子叶背倚。花期 5—6 月，果期 6—7 月。

生　　境　生于江岸沙地或杂草地等处。

分　　布　黑龙江尚志、虎林等地。吉林磐石。辽宁丹东、本溪、铁岭、鞍山、大连、北镇、建平、建昌、彰武等地。山东、河南、湖北、陕西、甘肃、宁夏、青海、新疆。俄罗斯、蒙古。亚洲西部及欧洲。

▲柱毛独行菜幼株

柱毛独行菜植株▶

采　　制　秋季采收果实，晒干，打下种子，除去杂质。

性味功效　有止咳平喘、行气利水、消肿的功效。

附　　注　在甘肃作为葶苈子使用。

◎参考文献◎

[1] 江纪武. 药用植物辞典 [M]. 天津: 天津科学技术出版社, 2005: 450.

▲风花菜花

蔊菜属 *Rorippa* Scop.

风花菜 *Rorippa globosa*（Turcz.）Hayek

别　　名　球果蔊菜　银条菜

俗　　名　黄花荠菜　长根荠菜

药用部位　十字花科风花菜的干燥全草及种子。

原 植 物　一或二年生直立粗壮草本，高 20 ~ 80 cm。茎下部叶具柄，上部叶无柄，叶片长圆形至倒卵状披针形，长 5 ~ 15 cm，宽 1.0 ~ 2.5 cm，基部渐狭，下延成短耳状而半抱茎，边缘具不整齐粗齿。总状花序多数，呈圆锥花序式排列，果期伸长；花小，黄色，具细梗，长 4 ~ 5 mm；萼片 4，长卵形，花瓣 4，倒卵形，与萼片等长或稍短，基部渐狭成短爪；雄蕊 6，4 强或近于等长。短角果实近球形，直径约 2 mm，果瓣隆起，平滑无毛，有不明显网纹，顶端具宿存短花柱；果梗纤细，长 4 ~ 6 mm。种子多数，淡褐色，极细小，扁卵形，一端微凹；子叶缘倚胚根。花期 5—6 月，果期 7—9 月。

生　　境　生于河岸、湿地、路旁、沟边或草丛中，也生于干旱处。

分　　布　黑龙江伊春、哈尔滨、泰来、密山、塔河等地。吉林延吉、珲春、安图、汪清、敦化、扶余、长春市区等地。辽宁丹东市区、宽甸、凤城、本溪、桓仁、抚顺、清原、西丰、辽阳、鞍山市区、岫岩、庄河、盖州、大连市区、沈阳、彰武、北镇、凌源、兴城、绥中等地。内蒙古阿尔山、科尔沁右翼前旗、扎赉特旗、突泉、科尔沁右翼中旗等地。河北、山西、山东、安徽、江苏、浙江、湖北、湖南、江西、广东、广西、云南。朝鲜、俄罗斯（西伯利亚中东部）。

采　　制　夏、秋季采收全草，洗净，晒干。夏、秋季果实成熟时，割下全株，晒干，打下或搓出种子，除去杂质，生用或微炒，捣碎。

性味功效　全草：有补肾、凉血的功效。种子：有清热解毒的功效。

主治用法　全草：用于乳痈。种子：用于痈疮肿毒，水煎服。

用　　量　6 ~ 15 g。

◎参考文献◎

[1] 中国药材公司．中国中药资源志要 [M]. 北京：科学出版社，1994: 456.

[2] 江纪武．药用植物辞典 [M]. 天津：天津科学技术出版社，2005: 698.

▲风花菜植株

▼风花菜果实

▲沼生蔊菜植株

▲沼生蔊菜花序

沼生蔊菜 *Rorippa palustris*（L.）Bess.

别　　名　风花菜

俗　　名　黄花荠菜　长根荠菜　岗地菜

药用部位　十字花科沼生蔊菜的干燥全草。

原 植 物　一或二年生草本，高 10 ~ 50 cm。茎直立，单一或分枝，下部常带紫色，具棱。基生叶多数，具柄；叶片羽状深裂或大头羽裂，长圆形至狭长圆形，长 5 ~ 10 cm，宽 1 ~ 3 cm，裂片 3 ~ 7 对，边缘呈不规则浅裂或深波状，顶端裂片较大，基部耳状抱茎，有时有缘毛；茎生叶向上渐小，近无柄，叶片羽状深裂或具齿，基部耳状抱茎。总状花序顶生或腋生，果期伸长，花小，多数，黄色或淡黄色，具纤细花梗，长 3 ~ 5 mm；花瓣长倒卵形至楔形，等于或稍短于萼片；雄蕊 6，近等长，花丝线状。短角果椭圆形或近圆柱形，有时稍弯曲。花期 5—6 月，果期 6—7 月。

生　　境　生于林缘、灌丛、山坡、路旁、沟边、河边湿地、田间及村屯住宅附近等处，常聚集成片生长。

▲沼生蔊菜花

分　　布　黑龙江各地。吉林长白山各地。辽宁凤城、辽阳、鞍山市区、岫岩、庄河、大连市区、西丰、沈阳、彰武等地。内蒙古额尔古纳、扎兰屯、根河、牙克石、鄂温克旗、阿荣旗、阿尔山、陈巴尔虎旗、新巴尔虎左旗、新巴尔虎右旗、科尔沁右翼前旗、科尔沁左翼中旗、扎赉特旗、科

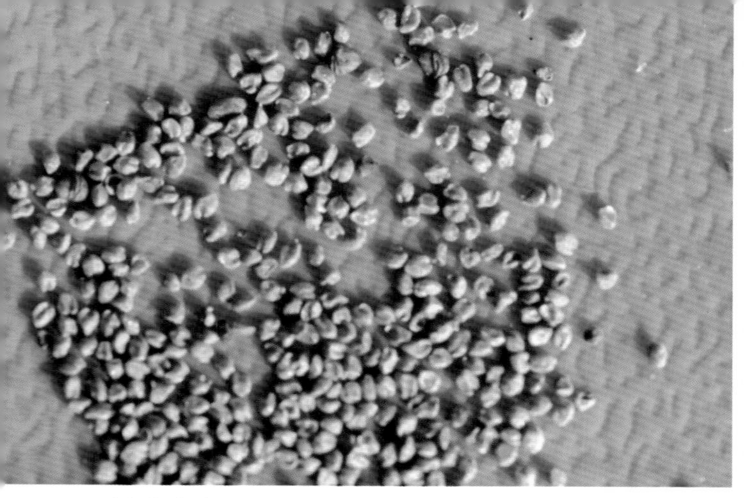
▲沼生蔊菜种子

▲沼生蔊菜果实

尔沁左翼后旗、扎鲁特旗、巴林左旗、巴林右旗、克什克腾旗、翁牛特旗、阿鲁科尔沁旗、东乌珠穆沁旗、西乌珠穆沁旗、阿巴嘎旗、苏尼特左旗、苏尼特右旗、镶黄旗、正蓝旗、正镶白旗等地。河北、山西、山东、河南、安徽、江苏、湖南、陕西、甘肃、青海、新疆、贵州、云南。北半球温暖地区皆有分布。

采　　制　夏、秋季采收全草，洗净，晒干。

性味功效　味苦、辛，性凉。有清热解毒、镇咳利尿、利水消肿、活血通经的功效。

▼市场上的沼生蔊菜幼株

市场上的沼生蔊菜根

▲沼生蔊菜群落

▼沼生蔊菜幼株

▼沼生蔊菜幼苗

主治用法 用于咽喉痛、风热感冒、肝炎、黄疸、水肿、腹腔积液、肺热咳喘、肺炎、结膜炎、小便淋痛、淋病、骨髓炎、尿道感染、膀胱结石、关节痛、痘疹、小儿惊风、痈肿、烧烫伤。水煎服。外用捣敷或研末调敷。

用　　量 10 ~ 25 g。外用适量。

附　　方

（1）治黄疸、肝炎：沼生蔊菜配萹蓄、苦荞叶、茵陈，水煎服。

（2）治腹腔积液过多：沼生蔊菜配播娘蒿子、大黄，煎汤服。

◎参考文献◎

[1] 江苏新医学院．中药大辞典（上册）[M]．上海：上海科学技术出版社，1977: 483.

[2] 钱信忠．中国本草彩色图鉴（第三卷）[M]．北京：人民卫生出版社，2003: 417-418.

[3] 中国药材公司．中国中药资源志要 [M]．北京：科学出版社，1994: 457.

▲垂果大蒜芥花序

大蒜芥属 *Sisymbrium* L.

垂果大蒜芥 *Sisymbrium heteromallum* C. A. Mey.

别　　名　弯果蒜芥

药用部位　十字花科垂果大蒜芥的干燥种子。

原 植 物　一或二年生草本，高 30 ~ 90 cm。茎直立，具疏毛。基生叶为羽状深裂或全裂，叶片长 5 ~ 15 cm，顶端裂片大，长圆状三角形或长圆状披针形，侧裂片 2 ~ 6 对，长圆状椭圆形或卵圆状披针形，叶柄长 2 ~ 5 cm；上部的叶无柄，叶片羽状浅裂，裂片披针形或宽条形，总状花序密集成伞房状，果期伸长；花梗长 3 ~ 10 mm；萼片淡黄色，长圆形，长 2 ~ 3 mm，内轮的基部略成囊状；花瓣黄色，长圆形，长 3 ~ 4 mm，顶端钝圆，具爪。长角果线形，纤细，长 4 ~ 8 cm，宽约 1 mm，常下垂；果瓣略隆起；果梗长 1.0 ~ 1.5 cm。种子长圆形，长约 1 mm，黄棕色。花期 5—6 月，果期 7—8 月。

生　　境　生于林下、阴坡及河边等处。

分　　布　辽宁建平、北镇、朝阳、沈阳等地。内蒙古阿鲁科尔沁旗、翁牛特旗、克什克腾旗、东乌珠穆沁旗、西乌珠穆沁旗等地。河北、山西、陕西、甘肃、青海、新疆、四川、云南。俄罗斯（西伯利亚）、蒙古、

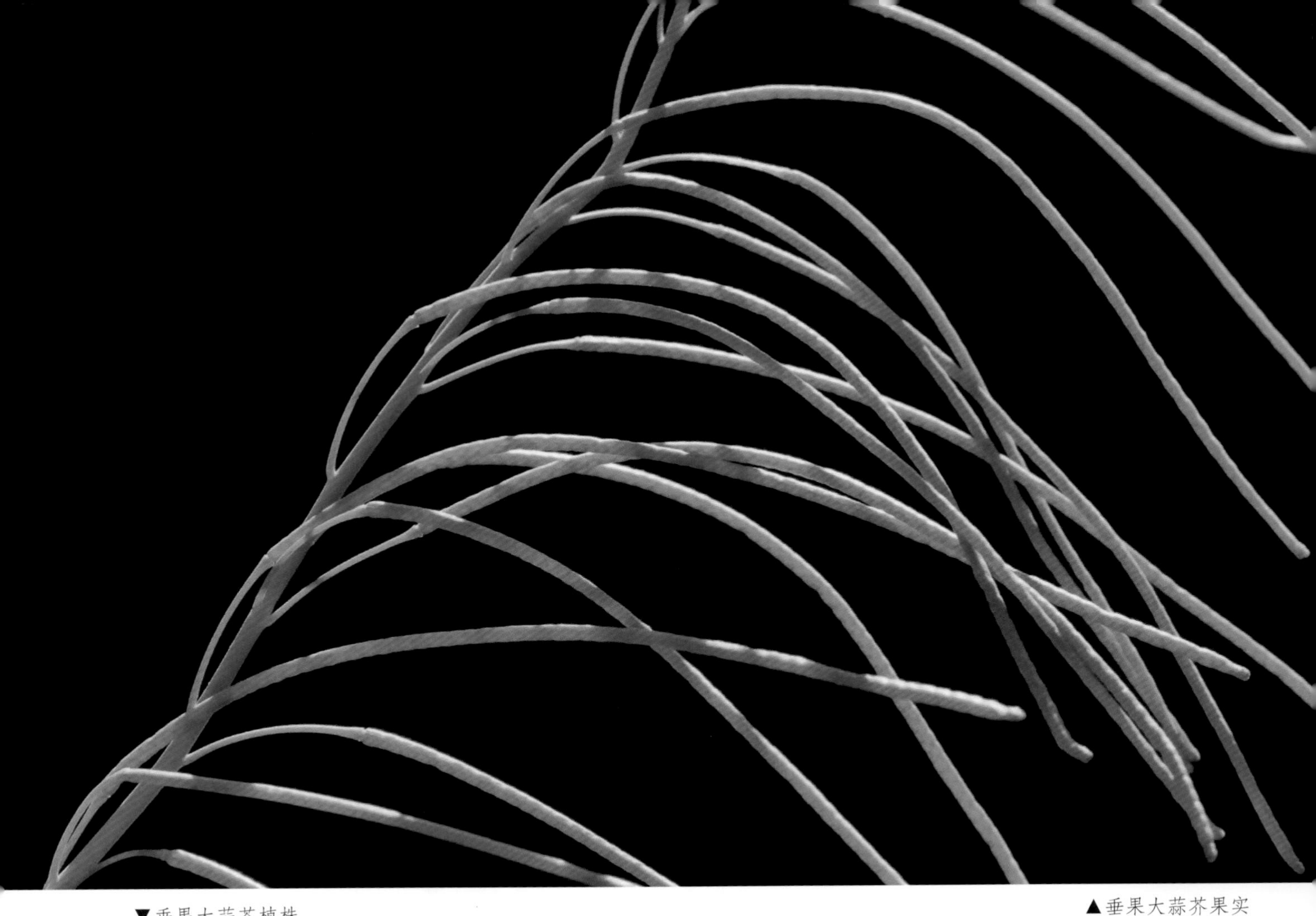

▲垂果大蒜芥果实

▼垂果大蒜芥植株

印度。欧洲北部。

采　　制　夏、秋季采摘果实，去掉果皮，除去杂质，收获种子，晒干。

性味功效　有止咳化痰、清热、解毒的功效。

主治用法　用于哮喘、胸胁胀痛、反胃呕吐、跌打肿痛、扭挫、肿毒、神经痛、肉食中毒等。水煎服。

用　　量　10 ~ 15 g。外用：鲜草适量，捣敷。

附　　注　全草可治淋巴结结核。外敷可治肉瘤。

◎参考文献◎

[1] 中国药材公司. 中国中药资源志要 [M]. 北京: 科学出版社, 1994: 457.

[2] 江纪武. 药用植物辞典 [M]. 天津: 天津科学技术出版社, 2005: 754.

▲菥蓂幼株

▼菥蓂果实

菥蓂属 *Thlaspi* L.

菥蓂 *Thlaspi arvense* L.

别　　名　遏兰菜 菥蓂子

俗　　名　败酱草 羊拉罐 猫耳草

药用部位　十字花科菥蓂的全草及种子。

原 植 物　一年生草本，高 9 ~ 60 cm，无毛。茎直立，不分枝或分枝，具棱。基生叶倒卵状长圆形，长 3 ~ 5 cm，宽 1.0 ~ 1.5 cm，顶端圆钝或急尖，基部抱茎，两侧箭形，边缘具疏齿；叶柄长 1 ~ 3 cm。总状花序顶生；花白色，直径约 2 mm；花梗细，长 5 ~ 10 mm；萼片直立，卵形，长约 2 mm，顶端圆钝；花瓣长圆状倒卵形，长 2 ~ 4 mm，顶端圆钝或微凹。短角果倒卵形或近圆形，长 13 ~ 16 mm，宽 9 ~ 13 mm，扁平，顶端凹入，边缘有翅宽约 3 mm。每室具种子 2 ~ 8，倒卵形，长约 1.5 mm，稍扁平，黄褐色，有同心环状条纹。花期 5—6 月，果期 6—7 月。

生　　境　生于路旁、荒地、田野及住宅附近，常聚集成片生长。

分　　布　黑龙江双城、阿城、宾县、五常、尚志、宁安、海林、牡丹江市区、东宁、密山、林口、穆棱、虎林、鸡西市区、鸡东、饶河、富锦、集贤、宝清、桦南、勃利、延寿、方正、巴彦、木兰、

依兰、通河、汤原、伊春市区、铁力、庆安、绥棱、绥化市区、望奎、北安、克山、五大连池、讷河、嫩江、龙江、泰来、甘南、富裕等地。吉林省各地。辽宁丹东市区、凤城、东港、本溪、桓仁、抚顺、沈阳、开原、鞍山、大连等地。内蒙古海拉尔、阿尔山、科尔沁右翼前旗、克什克腾旗等地。全国绝大部分地区。亚洲、欧洲、非洲。

采　　制　夏、秋季采收全草，切段，鲜用或晒干。夏、秋季采摘果实，去掉果皮，除去杂质，收获种子，晒干。

性味功效　全草：味甘，性平。有和中益气、理气、消肿、清热解毒、利肝明目的功效。种子：味辛，性微温。有清热解毒、明目、利尿的功效。

主治用法　全草：用于小儿消化不良、水肿、肝炎、肝硬化、腹腔积液、阑尾炎、子宫内膜炎、白带异常、肺痈、关节痛、痈肿疮毒等。种子：用于目赤红肿、急性结膜炎、风湿性关节痛、脘腹痛、腰痛、肝炎等。水煎服。外用研末点眼。

用　　量　全草 25 ~ 50 g。种子 15 ~ 20 g。

附　　方

（1）治肾炎：菥蓂鲜全草 50 ~ 100 g，水煎服。

▲菥蓂植株

▼菥蓂花序

▲市场上的菥蓂幼株

（2）治产后子宫内膜炎：菥蓂全草 25 g，水煎，调红糖服用。

（3）治慢性风湿性关节炎、关节疼痛、腰痛：菥蓂（亦可连苗用）100 g，研末，每服 20 g，水煎去渣，每日 1 次。

（4）治眼热痛、泪不止：菥蓂子，捣筛为末，在临睡时用铜筷子点眼，当有热泪及恶物出，并去胬肉，可连续点眼 30 ~ 40 夜。

附　注　本品为《中华人民共和国药典》（2020 年版）收录的药材。

◎参考文献◎

[1] 江苏新医学院．中药大辞典（下册）[M]．上海：上海科学技术出版社，1977: 1994.
[2] 朱有昌．东北药用植物 [M]．哈尔滨：黑龙江科学技术出版社，1989: 474-475.
[3] 中国药材公司．中国中药资源志要 [M]．北京：科学出版社，1994: 458.

▲菥蓂幼苗

▲菥蓂种子

▲山菥蓂群落

山菥蓂 *Thlaspi caerulescens* J. Presl et C. Presl

别　　名　山遏蓝菜

药用部位　十字花科山菥蓂的全草。

原 植 物　多年生草本，高 7 ~ 30 cm，无毛。根状茎直径 3 ~ 4 mm，有残存叶基；茎多数，直立。基生叶莲座状，匙形或长圆倒卵形，长 1.5 ~ 2.0 cm，宽 5 ~ 8 mm，顶端圆形，基部渐狭，近全缘或疏生数枚浅锯齿，叶柄长 1.0 ~ 1.5 cm；茎生叶卵状心形，长 1.0 ~ 1.5 cm，抱茎，顶端急尖，全缘或有不显明锯齿。总状花序在果期长达 16 cm；花白色，直径 4 ~ 5 mm；花梗长 3 ~ 5 mm；萼片卵形，长 2 ~ 3 mm；花瓣倒卵形，长约 4 mm，顶端稍凹缺。短角果长圆倒卵形，长 7 ~ 10 mm，宽 2 ~ 4 mm，顶端稍凹缺，略有翅，具一明显中脉；花柱长 1 ~ 2 mm；果梗长约 1 cm，水平开展或斜上。每室具种子 3 ~ 4，卵形，长 1.0 ~ 1.5 mm，棕色。花期 5—6 月，果期 6—7 月。

▼山菥蓂果实

生　　境　生于草甸草原、石质山坡或石缝间等处。

分　　布　内蒙古陈巴尔虎旗、牙克石、鄂温克旗、扎兰屯、阿尔山、科尔沁右翼前旗、科尔沁右翼中旗、克什克腾旗、翁牛特旗、阿鲁科尔沁旗、

▲山菥蓂植株

阿巴嘎旗、正蓝旗、镶黄旗、太仆寺旗等地。河北、甘肃、西藏。俄罗斯、蒙古、巴基斯坦、尼泊尔。

采　　制　春、夏季采收全草，除去杂质，洗净，鲜用或晒干。

性味功效　味辛、苦，性寒。有清肺、利尿、强壮、开胃的功效。

主治用法　用于水肿、肝炎、阑尾炎、白带异常、肺痈、关节痛、目赤红肿、急性结膜炎、腰痛等。水煎服。

用　　量　5 ~ 15 g。

◎参考文献◎

[1] 巴根那．中国大兴安岭蒙中药植物资源志 [M]．呼和浩特：内蒙古科学技术出版社，2011: 178-179.

[2] 江纪武．药用植物辞典 [M]．天津：天津科学技术出版社，2005: 809.

[3] 中国药材公司．中国中药资源志要 [M]．北京：科学出版社，1994: 452.

▲山菥蓂花序

▲吉林长白山国家级自然保护区天池湿地冬季景观

▲轮叶八宝果实

景天科 Crassulaceae

本科共收录 5 属、22 种、2 变种。

八宝属 *Hylotelephium* H. Ohba

轮叶八宝 *Hylotelephium verticillatum*（L.）H. Ohba

别　　名　轮叶景天 还魂草

俗　　名　打不死

药用部位　景天科轮叶八宝的全草（入药称“还魂草”）。

原 植 物　多年生草本，高 40 ~ 50 cm，茎直立，不分枝。4 叶，少有 5 叶，轮生，叶长圆状披针形，长 4 ~ 8 cm，宽 2.5 ~ 3.5 cm，先端急尖，钝，基部楔形，边缘有整齐的疏牙齿，叶下面常带苍白色，叶有柄。聚伞状伞房花序顶生；花密生，顶半圆球形，直径 2 ~ 6 cm；苞片卵形；萼片 5，三角状卵形，长 0.5 ~ 1.0 mm，基部稍合生；花瓣 5，淡绿色至黄白色，长圆状椭圆形，长 3.5 ~ 5.0 mm，先端急尖，基部渐狭，分离；雄蕊 10，对萼的较花瓣稍长，对瓣的稍短；鳞片 5，线状楔形，长约 1 mm，先端有微缺；心皮 5，倒卵形至长圆形，长 2.5 ~ 5.0 mm，有短柄，花柱短。花期 7—8 月，果期 9 月。

▲轮叶八宝幼株

生　　境　生于山坡草丛中或沟边阴湿处。

分　　布　黑龙江呼玛、宁安等地。吉林桦甸、蛟河等地。辽宁本溪、庄河、岫岩等地。河北、山东、山西、河南、湖北、安徽、江苏、浙江、甘肃、陕西、四川等。朝鲜、日本、俄罗斯（西伯利亚中东部）。

采　　制　夏、秋季采收全草，除去杂质，洗净，晒干，或临时采鲜用。

性味功效　味苦、涩，性平。有解毒、消肿、止血、止痛的功效。

▲轮叶八宝花

▲轮叶八宝花序

▲轮叶八宝植株

▲轮叶八宝花（侧）

主治用法 用于创伤、无名肿毒、毒蛇咬伤、蝎螫等。泡酒内服。外用捣烂敷患处或绞汁涂。

用 量 25 ~ 50 g。

附 方

（1）治劳伤：轮叶八宝鲜草 100 g，泡酒 500 ml，浸泡 7 d 后，每服 10 ~ 15 ml，每日 2 次。

（2）治鸡眼：轮叶八宝鲜叶除去表皮，贴敷足趾患处。

◎参考文献◎

[1] 江苏新医学院．中药大辞典（上册）[M]．上海：上海科学技术出版社，1977: 1107.

[2] 朱有昌．东北药用植物 [M]．哈尔滨：黑龙江科学技术出版社，1989: 488-489.

[3] 钱信忠．中国本草彩色图鉴（第三卷）[M]．北京：人民卫生出版社，2003: 253-254.

▲珠芽八宝幼株

▼珠芽八宝花（侧）

▼珠芽八宝果实

珠芽八宝 *Hylotelephium vivparum*（Maxim.）H. Ohba

别　　名　珠芽景天 零余子景天

药用部位　景天科珠芽八宝的全草。

原 植 物　多年生草本，高 30 ~ 70 cm。块根胡萝卜状；茎直立，不分枝。叶对生，少有互生或 3 叶轮生，长圆形至卵状长圆形，长 4.5 ~ 7.0 cm，宽 2.0 ~ 3.5 cm，先端急尖，钝，基部渐狭，边缘有疏锯齿，无柄。伞房状花序顶生；花密生，直径约 1 cm，花梗稍短或同长；萼片 5，卵形，长约 1.5 mm；花瓣 5，白色或粉红色，宽披针形，长 5 ~ 6 mm，渐尖；雄蕊 10，与花瓣同长或稍短，花药紫色；鳞片 5，长圆状楔形，长约 1 mm，先端有微缺；心皮 5，直立，基部几分离。花期 8—9 月，果期 9—10 月。

生　　境　生于阴湿的砬子上及沙质地等处。

分　　布　黑龙江海林、尚志等地。吉林长白山各地。辽宁丹东市区、凤城、本溪、北镇等地。河北、山东、河南、安徽、浙江、江苏、湖北、山西、陕西、四川、贵州、云南。朝鲜、俄罗斯（西伯利亚中东部）、日本。

▲珠芽八宝植株

采　　制　夏、秋季采收全草，除去杂质，洗净，晒干，或临时采鲜用。

性味功效　味辛、涩，性温。有散寒、理气、止痛、消肿、止血、截疟的功效。

主治用法　用于食积腹痛、风湿瘫痪、疮毒等。水煎服。外用捣烂敷患处。

用　　量　12 ~ 25 g。外用适量。

◎参考文献◎

[1] 严仲铠，李万林．中国长白山药用植物彩色图志[M]．北京：人民卫生出版社，1997：209.

▲珠芽八宝花

▲珠芽八宝根

▲珠芽八宝珠芽

▲长药八宝群落

▼长药八宝幼株（前期）

▼长药八宝幼苗

长药八宝 *Hylotelephium spectabile*（Bor.）H. Ohba

别　　名　长药景天　蝎子掌

俗　　名　石头菜　豆瓣菜

药用部位　景天科长药八宝的全草。

原 植 物　多年生草本，高 30 ~ 70 cm。茎直立。叶对生，或 3 叶轮生，卵形至宽卵形，或长圆状卵形，长 4 ~ 10 cm，宽 2 ~ 5 cm，先端急尖，钝，基部渐狭，全缘或多少有波状牙齿。花序大型，伞房状，顶生，直径 7 ~ 11 cm；花密生，直径约 1 cm，萼片 5，线状披针形至宽披针形，长约 1 mm，渐尖；花瓣 5，淡紫红色至紫红色，披针形至宽披针形，长 4 ~ 5 mm，雄蕊 10，长 6 ~ 8 mm，花药紫色；鳞片 5，长方形，长 1.0 ~ 1.2 mm，先端有微缺；心皮 5，狭椭圆形，长约 4.2 mm，花柱长约 1.2 mm。蓇葖直立。花期 8—9 月，果期 9—10 月。

生　　境　生于石质山坡或干石缝隙中。

分　　布　黑龙江尚志、五常、海林、宁安、铁力、庆安等地。吉林长白山各地。辽宁本溪、桓仁、鞍山、大连、西丰、

▲长药八宝植株

▼长药八宝花序

▼长药八宝花

北镇等地。内蒙古满洲里。河北、河南、山东、安徽、陕西。朝鲜、俄罗斯（西伯利亚中东部）、日本。

采　　制　夏、秋季采收全草，除去杂质，洗净，晒干，或临时采鲜用。

性味功效　有清热解毒、活血化瘀、祛风消肿、止血止痛、排脓的功效。

主治用法　用于咽喉炎、荨麻疹、乳腺炎、吐血、小儿丹毒、疔疮痈肿、跌打损伤、鸡眼、烧烫伤、带状疱疹、脚癣、毒蛇咬伤等。水煎服。外用捣烂敷或研末撒患处。

用　　量　10 ~ 20 g。

◎参考文献◎

［1］严仲铠，李万林．中国长白山药用植物彩色图志［M］．北京：人民卫生出版社，1997: 208-209.

［2］中国药材公司．中国中药资源志要 [M]．北京：科学出版社，1994: 463.

［3］江纪武．药用植物辞典 [M]．天津：天津科学技术出版社，2005: 402.

▲长药八宝果实

▼长药八宝幼株（后期）

▲白八宝花序

▼白八宝幼株（前期）

白八宝 *Hylotelephium pallesceus*（Freyn）H. Ohba

别　　名　白景天　白花景天　长茎景天

药用部位　景天科白八宝的全草。

原 植 物　多年生草本，高 20 ~ 100 cm。根状茎短，茎直立。叶互生，有时对生，长圆状卵形或椭圆状披针形，长 3 ~ 10 cm，宽 7 ~ 40 mm，几无柄，全缘或上部有不整齐的波状疏锯齿，叶面有多数红褐色斑点。复伞房花序，顶生，长达 10 cm，宽达 13 cm，分枝密；花梗长 2 ~ 4 mm；萼片 5，披针状三角形，先端急尖；花瓣 5，白色至浅红色，直立，披针状椭圆形，长 4 ~ 8 mm，宽 1.8 mm，先端急尖；雄蕊 10，对瓣的稍短，对萼的与花瓣同长或稍长；鳞片 5，长方状楔形，先端有微缺。蓇葖直立，披针状椭圆形，长约 5 mm，基部渐狭，分离，喙短，线形。花期 7—8 月，果期 8—9 月。

▲白八宝幼苗

▼白八宝植株

▲白八宝花（侧）

生　　境　生于林下草地、河边石砾滩及湿草甸等处。

分　　布　黑龙江黑河、萝北、饶河、密山、虎林、宁安、呼玛、伊春等地。吉林长白山各地。辽宁西丰。内蒙古额尔古纳、根河、牙克石、科尔沁右翼前旗、巴林左旗、巴林右旗、阿鲁科尔沁旗等地。河北、山西。朝鲜、俄罗斯（西伯利亚中东部）、蒙古、日本。

▲白八宝花

▼白八宝幼株（后期）

采　　制　夏、秋季采收全草，除去杂质，洗净，晒干，或临时采鲜用。

性味功效　有清热解毒、镇静止痛的功效。

主治用法　用于外感发热、咽喉肿痛、头痛等。水煎服。

用　　量　10 ~ 20 g。

◎参考文献◎

[1] 严仲铠，李万林．中国长白山药用植物彩色图志 [M]．北京：人民卫生出版社，1997: 207-208.

[2] 中国药材公司．中国中药资源志要 [M]．北京：科学出版社，1994: 463.

[3] 江纪武．药用植物辞典 [M]．天津：天津科学技术出版社，2005: 402.

紫八宝 *Hylotelephium triphyllum*（Haw.）Holub

别　　名　紫景天

药用部位　景天科紫八宝的全草（入药称“紫景天”）。

原 植 物　多年生草本，高 16 ~ 70 cm。块根多数，胡萝卜状。茎直立，单生或少数聚生。叶互生，卵状长圆形至长圆形，长 2 ~ 7 cm，宽 0.4 ~ 3.0 cm，先端急尖，钝，上部叶无柄，基部圆，下部叶基部楔形，边缘有不整齐牙齿。花序伞房状，花密生，花梗长 4 mm；萼片 5，卵状披针形，长约 2 mm，先端尖，基部合生；花瓣 5，紫红色，长圆状披针形，长 5 ~ 6 mm，急尖，自中部向外反折；雄蕊 10，与花瓣稍同长；鳞片 5，线状匙形，长约 1 mm，先端稍宽，有缺刻；心皮 5，直立，椭圆状披针形，长约 6 mm，两端渐狭，花柱短。种子小，卵状椭圆形，长约 1 mm，褐色。花期 7—8 月，果期 9 月。

生　　境　生于林缘、灌丛、山坡、石砾地、沙丘及草甸子等处。

分　　布　黑龙江漠河、呼玛、塔河、密山、黑河、尚志、宁安等地。吉林敦化、安图、通化、抚松、长白、靖宇等地。辽宁西丰。内蒙古额尔古纳、根河、牙克石、鄂伦春旗、

▲紫八宝植株

▼紫八宝花序

▲紫八宝花（侧）

扎兰屯、阿尔山、巴林左旗、巴林右旗、阿鲁科尔沁旗等地。新疆。朝鲜、俄罗斯（西伯利亚中东部）、蒙古、日本。欧洲、北美洲。

采　　制　夏、秋季采收全草，除去杂质，洗净，晒干，或临时采鲜用。

性味功效　味苦、涩，性平。有消炎止血、清热解毒、镇痛的功效。

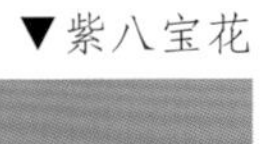

▼紫八宝花

主治用法　用于痈疽疮肿、瘰疬、感冒、风湿痛、目赤、丹毒、咽喉肿痛等。水煎服。外用捣汁涂或煎水洗。

用　　量　9 ~ 15 g（鲜品 100 ~ 150 g）。

◎参考文献◎

[1] 钱信忠．中国本草彩色图鉴（第五卷）[M]．北京：人民卫生出版社，2003: 107-108.

[2] 中国药材公司．中国中药资源志要 [M]．北京：科学出版社，1994: 483.

[3] 江纪武．药用植物辞典 [M]．天津：天津科学技术出版社，2005: 402.

▲华北八宝植株（侧）

华北八宝 *Hylotelephium tatarinowii*（Maxim.）H. Ohba

别　　名　华北景天

药用部位　景天科华北八宝的全草。

原 植 物　多年生草本，高 10 ~ 15 cm。根块状，常有小型胡萝卜状的根。茎直立，或倾斜，多数，不分枝，生叶多。叶互生，狭倒披针形至倒披针形，长 1.2 ~ 3.0 cm，宽 5 ~ 7 mm，先端渐尖，钝，基部渐狭，边缘有疏锯齿至浅裂，近有柄。伞房状花序宽 3 ~ 5 cm；花梗长 2.0 ~ 3.5 mm；萼片 5，卵状披针形，长 1 ~ 2 mm，先端稍急尖；花瓣 5，浅红色，卵状披针形，长 4 ~ 6 mm，宽 1.7 ~ 2.0 mm，先端浅尖，雄蕊 10，与花瓣稍同长，花丝白色，花药紫色；鳞片 5，近正方形，长约 0.5 mm，先端有微缺；心皮 5，直立，卵状披针形，长约 4 mm，花柱长约 1 mm，稍外弯。花期 7—8 月，果期 9 月。

生　　境　生于山地石缝中。

分　　布　内蒙古阿尔山、科尔沁右翼前旗、东乌珠穆沁旗、西乌珠穆沁旗等地。河北、山西。朝鲜、俄罗斯（西伯利亚中东部）、蒙古、日本。欧洲、北美洲。

采　　制　夏、秋季采收全草，除去杂质，洗净，晒干，或临时采鲜用。

▲华北八宝植株

▲华北八宝花序

▲华北八宝群落

▲华北八宝花（侧）

▲华北八宝花

性味功效 有解毒消炎、止渴、调经、止血生肌的功效。

主治用法 用于痂疮、寒热风痹、金疮出血、风疹恶痒、膝疮、小儿丹毒发热、眼睛红肿、眼生花翳、头痛寒热、带下、产后脱阴、小儿惊风等。水煎服。外用捣汁涂或煎水洗。

用　　量 适量。

▲华北八宝果实

◎参考文献◎

[1] 江纪武．药用植物辞典 [M]．天津：天津科学技术出版社，2005: 402.

▲钝叶瓦松群落

瓦松属 *Orostachys*（DC.）Fisch.

钝叶瓦松 *Orostachys malacophyllus*（Pall.）Fisch.

药用部位 景天科钝叶瓦松的全草。

原 植 物 二年生草本。第一年植株有莲座丛，莲座叶先端不具刺，先端钝或短渐尖，长圆状披针形至椭圆形，全缘；第二年自莲座丛中抽出花茎，花茎高10～30 cm。茎生叶互生，近对生，较莲座叶为大，长达7 cm。花序紧密，总状，有时穗状，有时有分枝；苞片匙状卵形，常啮蚀状，上部的短渐尖；花常无梗；萼片5，长圆形，长3～4 mm，急尖；花瓣5，白色或带绿色，长圆形至卵状长圆形，长4～6 mm，边缘上部常带啮蚀状，基部1.0～1.4 mm合生；雄蕊10，较花瓣长，花药黄色；鳞片5，线状长方形，先端有微缺，心皮5，卵形，长约4.5 mm，两端渐尖，花柱长约1 mm。花期7月，果期8—9月。

生　　境 生于砾石地、沙质山坡、河滩、岳桦林下岩石上及高山火山灰上。

分　　布 黑龙江黑河、萝北、密山、呼玛、讷河等地。吉林安图、抚松、长白等地。辽宁彰武。内蒙古额尔古纳、牙克石、根河、鄂温克旗、阿尔山、东乌珠穆沁旗、西乌珠穆沁旗等地。河北。朝鲜、蒙古、俄罗斯（西伯利亚）。

采　　制 夏、秋季采收全草，除去杂质，洗净，鲜用或晒干。

性味功效 味酸，性平。有毒。有解毒、止血、收敛的功效。

▼钝叶瓦松花序

主治用法 用于赤痢、便血、痈肿等。水煎服。外用鲜品捣烂敷患处。

用　　量 1.5 ~ 3.0 g。外用适量。

◎参考文献◎

[1] 严仲铠，李万林．中国长白山药用植物彩色图志[M]．北京：人民卫生出版社，1997: 204-205.

[2] 中国药材公司．中国中药资源志要[M]．北京：科学出版社，1994: 465.

[3] 江纪武．药用植物辞典[M]．天津：天津科学技术出版社，2005: 556.

▲钝叶瓦松幼株

▲钝叶瓦松幼苗

▲钝叶瓦松植株

▲钝叶瓦松花

▲钝叶瓦松花（侧）

▲钝叶瓦松果实

▲瓦松植株

▲瓦松幼株

瓦松 *Orostachys fimbriata*（Turcz.）A. Berger

别　　名　瓦花　瓦塔　狗指甲

俗　　名　酸溜溜　酸窝窝　后老婆脚丫子　老太太脚后跟　山老婆脚丫　凉黄瓜　旱莲草　酸塔　石塔花　狼爪子　狼牙草　塔松　兔子拐杖　干吊鳖

药用部位　景天科瓦松的全草。

原 植 物　二年生草本。一年生莲座丛的叶短，莲座叶线形，先端增大，为白色软骨质，半圆形，有齿；二年生花茎一般高 10 ~ 20 cm，小的仅长约 5 cm，高的有时达 40 cm；叶互生，疏生，有刺，线形至披针形，长可达 3 cm，宽 2 ~ 5 mm。花序总状，紧密，或下部分枝，可呈宽约 20 cm 的金字塔形；苞片线状渐尖；花梗长达 1 cm，萼片 5，长圆形，长 1 ~ 3 mm；花瓣 5，红色，披针状椭圆形，长 5 ~ 6 mm，宽 1.2 ~ 1.5 mm，先端渐尖，基部约 1 mm 合生；雄蕊 10，与花瓣同长或稍短，花药紫色；鳞片 5，近四方形，长 0.3 ~ 0.4 mm，先端稍凹。蓇葖 5，长圆形，长约 5 mm，喙细，长约 1 mm。花期 8—9 月，果期 9—10 月。

生　　境　生于石质山坡、岩石缝隙中及屋瓦上。

分　　布　黑龙江尚志。吉林扶余、抚松、长白、临江等地。辽宁丹东市区、宽甸、本溪、沈阳、鞍山市区、岫岩、庄河、盖州、海城、清原、大连市区、营口市区、北镇、义县、凌海、阜新、朝阳、喀左、凌源、建平、葫芦岛市区、建昌、绥中、兴城等地。内蒙古满洲里、鄂温克旗、新巴尔虎右旗、翁牛特旗、阿鲁科尔沁旗、东乌珠穆沁旗、西乌珠穆沁旗、正蓝旗、镶黄旗、太仆寺旗等地。河北、河南、山东、山西、湖北、安徽、江苏、浙江、青海、宁夏、甘肃、陕西。朝鲜、日本、俄罗斯（西伯利亚中东部）。

采　　制　夏、秋季采收全草，除去杂质，洗净，鲜用或晒干。

▲瓦松花序

▼瓦松花

性味功效 味酸、苦，性凉。有大毒。有清热解毒、止血、利湿、消肿、敛疮的功效。

主治用法 用于便血、吐血、衄血、伤口久愈不合、肝炎、疟疾、湿疹、疮毒、烧烫伤等。水煎服。外用适量鲜草捣烂敷患处、煎水熏洗，或烧存性研末调敷。

用　　量 5 ~ 15 g。外用适量。

附　　方

（1）治鼻衄：鲜瓦松 1 kg，洗净，阴干，捣烂，用纱布绞取汁，加砂糖 25 g 拌匀，倾入瓷盘内，晒干成块。每次服 2.5 ~ 5.0 g，每日 2 次，温开水送服。忌辛辣刺激食物和热开水。

（2）治急性无黄疸型传染性肝炎：瓦松 60 g，麦芽 50 g，垂柳嫩枝 15 g，水煎服。

（3）治疟疾：鲜瓦松 25 g，烧酒 50 ml，隔水炖汁，于早晨空腹时服，连服 1 ~ 3 剂。

（4）治皮肤顽固性溃疡、久不收口：瓦松适量，炒研末，搽患处。用时先以淡盐汤（质量分数为 1%）洗净患处，每日 1 次。

（5）治汤火灼伤：鲜瓦松、生柏叶各适量，共同捣敷。干品可研末调敷。

（6）治牙龈肿痛：瓦松 15 g，白矾 5 g，煎汤含漱后吐出，不可咽下，每日 2 ~ 3 次。

（7）治疮疡、疔疖：鲜瓦松适量，加少许食盐，共捣烂，遍敷患部，每日换药 2 次。

（8）治白屑（头癣）：瓦松（曝干），烧成灰，淋取汁，热暖，洗头。

附　　注 本品为《中华人民共和国药典》（2020 年版）收录的药材。

◎参考文献◎

[1] 江苏新医学院．中药大辞典（上册）[M]．上海：上海科学技术出版社，1977: 398-400.

[2] 朱有昌．东北药用植物 [M]．哈尔滨：黑龙江科学技术出版社，1989: 477-480.

[3] 《全国中草药汇编》编写组．全国中草药汇编（上册）[M]．北京：人民卫生出版社，1975: 180-181.

▲瓦松花（侧）

▲黄花瓦松群落

▼黄花瓦松幼苗

▼黄花瓦松幼株（前期）

黄花瓦松 *Orostachys spinosus*（L.）C. A. Mey

别　　名　刺叶瓦松

药用部位　景天科黄花瓦松的全草。

原 植 物　二年生草本。第一年有莲座丛，叶长圆形，先端有半圆形、白色、软骨质的附属物。花茎高 10 ~ 30 cm；叶互生，宽线形至倒披针形，长 1 ~ 3 cm，宽 2 ~ 5 mm，先端渐尖，有软骨质的刺，基部无柄。花序顶生，狭长，穗状或呈总状，长 5 ~ 20 cm；苞片披针形至长圆形，有刺尖；萼片 5，卵状长圆形，先端渐尖，有刺尖，有红色斑点；花瓣 5，黄绿色，卵状披针形，长 5 ~ 7 mm，宽约 1.5 mm，基部约 1 mm 处合生，先端渐尖；雄蕊 10，较花瓣稍长，花药黄色；鳞片 5，近正方形，长约 0.7 mm，先端有微缺。蓇葖 5，椭圆状披针形，长 5 ~ 6 mm，直立，基部狭，喙长约 1.5 mm。花期 7—8 月，果期 9 月。

生　　境　生于石质山坡、石砬子中及屋顶上。

▲黄花瓦松花序

▼黄花瓦松植株

分　　布　黑龙江塔河、孙吴、饶河、尚志、绥芬河等地。吉林抚松、集安等地。辽宁新宾、清原、西丰、东港、鞍山、庄河、营口等地。内蒙古额尔古纳、根河、牙克石、鄂伦春旗、鄂温克旗、阿尔山、东乌珠穆沁旗、西乌珠穆沁旗等地。西藏、新疆。朝鲜、俄罗斯（西伯利亚中东部）。

采　　制　夏、秋季采收全草，除去杂质，洗净，鲜用或晒干。

性味功效　味酸、苦，性凉。有清热解毒、活血止痛、利湿消肿、止血敛疮的功效。

主治用法　用于吐血、鼻衄、血痢、肝炎、疟疾、热淋、痔疮、湿疹、痈毒、疔疮及烫火灼伤等。水煎服。外用适量鲜草捣烂敷患处。

用　　量　2.5 ~ 5.0 g。外用适量。

◎参考文献◎

[1] 江苏新医学院. 中药大辞典(上册)[M]. 上海: 上海科学技术出版社, 1977: 398-400.

[2] 《全国中草药汇编》编写组. 全国中草药汇编（上册）[M]. 北京: 人民卫生出版社, 1975: 180-181.

[3] 中国药材公司. 中国中药资源志要 [M]. 北京: 科学出版社, 1994: 465.

▼黄花瓦松幼株（后期）

▲小瓦松群落

小瓦松 *Orostachys minutus*（Kom.）Berger

药用部位 景天科小瓦松的全草。

原 植 物 二年生或多年生草本。莲座叶密生，长圆状披针形至匙形，长 1.0 ~ 1.5 cm，宽 2 ~ 3 mm，有紫色斑点，先

▲小瓦松植株

▲小瓦松幼株

▲小瓦松花

端有宽半圆形白色软骨质的附属物，中央有一短刺尖；花茎高 2 ~ 5 cm，叶卵状披针形，长 1.0 ~ 1.5 cm，宽 1.2 ~ 2.0 mm，先端有一白色软骨质的刺尖。穗状或总状花序圆柱形，长 1.5 ~ 4.0 cm；花密生，几无梗；苞片长圆状披针形，有紫斑；萼片 5，花瓣 5，红色或淡红色，披针形或长圆状披针形，长 4.0 ~ 4.5 mm，近急尖，上部有紫斑；雄蕊 10，与花瓣稍同长，花药紫色；鳞片 5，近正方形，长约 0.3 mm，上部稍宽，先端有微缺；心皮 5，卵状披针形，两端渐狭。花果期 8—10 月。

生　　境　生于石质山坡、石砬子及屋顶上。

分　　布　黑龙江宁安。吉林通化、集安、梅河口、蛟河等地。辽宁宽甸、鞍山等地。朝鲜、俄罗斯（西伯利亚中东部）。

采　　制　夏、秋季采收全草，除去杂质，洗净，鲜用或晒干。

附　　注　全草富含草酸，可作为提取草酸的原料。

◎参考文献◎

[1] 江纪武. 药用植物辞典 [M]. 天津：天津科学技术出版社，2005: 556.

▼小瓦松花（侧）

▲狼爪瓦松花（侧）

狼爪瓦松 *Orostachys cartilagineus* A. Bor.

别　　名　瓦松 辽瓦松
俗　　名　干滴落
药用部位　景天科狼爪瓦松的全草。

▲狼爪瓦松花

▲狼爪瓦松植株

▲狼爪瓦松幼株（后期）

原植物 二年生或多年生草本。莲座叶长圆状披针形，先端有软骨质附属物，背突出，白色，全缘，先端中央有白色软骨质的刺。花茎不分枝，高 10 ~ 35 cm。茎生叶互生，线形或披针状线形，长 1.5 ~ 3.5 cm，宽 2 ~ 4 mm，先端渐尖，有白色软骨质的刺，无柄。总状花序圆柱形，紧密多花，高 10 ~ 30 cm，苞片线形至线状披针形，与花同长或较长，先端有刺；花梗与花同长或稍长，萼片 5，狭长圆状披针形，有斑点，先端呈软骨质；花瓣 5，白色，长圆状披针形，长 5 ~ 6 mm，宽约 2 mm，基部稍合生，先端急尖；雄蕊 10，较花瓣稍短，鳞片 5，近四方形，有短梗，喙丝状。花期 8—9 月，果期 9—10 月。

生　境 生于石质山坡、石砬子上及干燥草地等处。

分　布 黑龙江宁安、尚志、海林、漠河、塔河、呼玛、黑河、鸡东市区、绥芬河等地。吉林长白山各地和洮南、乾安等地。辽宁鞍山市区、岫岩、庄河、盖州、大连市区、西丰、阜新、彰武等地。内蒙古牙克石、克什克腾旗、东乌珠穆沁旗、西乌珠穆沁旗等地。河北、山西。朝鲜、俄罗斯（西伯利亚中东部）。

采　制 夏、秋季采收全草，除去杂质，洗净，鲜用或晒干。

性味功效 味酸，性平。有毒。有止血、止痢、敛疮的功效。

主治用法 用于泻痢、便血、痔疮出血、崩漏、功能性子宫出血、痈肿疮毒等。水煎服。外用

▼狼爪瓦松幼株（前期）

▼狼爪瓦松果实

适量鲜草捣烂敷患处。

用　　量　1.5 ~ 3.0 g。外用适量。

◎参考文献◎

[1]《全国中草药汇编》编写组. 全国中草药汇编（上册）[M]. 北京：人民卫生出版社，1975: 180-181.

[2] 中国药材公司. 中国中药资源志要 [M]. 北京：科学出版社，1994: 464.

[3] 江纪武. 药用植物辞典 [M]. 天津：天津科学技术出版社，2005: 556.

▲市场上的狼爪瓦松幼株

▼狼爪瓦松群落

▲小丛红景天群落

▼小丛红景天植株（花期）

▼小丛红景天花序

红景天属 *Rhodiola* L.

小丛红景天 *Rhodiola dumulosa*（Franch.）S. H. Fu

别　　名　香景天　雾灵景天　凤凰七

药用部位　景天科小丛红景天的根状茎。

原 植 物　多年生草本。根状茎粗壮，分枝。花茎聚生主轴顶端，长 5 ~ 28 cm，直立或弯曲，不分枝。叶互生，线形至宽线形，长 7 ~ 10 mm，宽 1 ~ 2 mm，先端稍急尖，基部无柄，全缘。花序聚伞状，有花 4 ~ 7；萼片 5，线状披针形，长约 4 mm，宽 0.7 ~ 0.9 mm，先端渐尖，基部宽；花瓣 5，白或红色，披针状长圆形，直立，长 8 ~ 11 mm，宽 2.3 ~ 2.8 mm，先端渐尖，有较长的短尖，边缘平直，或多数少呈流苏状；雄蕊 10，较花瓣短，对萼片的长约 7 mm，对花瓣的长约 3 mm，着生花瓣基部；鳞片 5，横长方形，先端微缺；心皮 5，卵状长圆形，直立，基部合生。花期 6—7 月，果期 8 月。

生　　境　生于山地阳坡及山脊的岩石裂缝中，常聚集成片生长。

分　　布　内蒙古阿尔山、科尔沁右翼前旗等地。河北、山西、陕西、湖北、四川、青海、甘肃。

采　　制　春、秋季采挖根状茎，除去杂质，切段，鲜用或晒干。

性味功效　味甘、涩，微苦，性温。有补肾、养心安神、调经活血、明目的功效。

▲小丛红景天植株（果期）

▼小丛红景天花序（侧）

▼小丛红景天果实

主治用法　用于咯血、肺炎咳嗽、头晕目眩、心悸失眠、四肢肿胀、白带异常、月经不调、跌打损伤、烫伤等。水煎服。

用　　量　5 g。

附　　方　治妇女虚劳、干血痨：小丛红景天15 ~ 20 g，黄酒煎服。

◎参考文献◎

[1] 江苏新医学院．中药大辞典（上册）[M]．上海：上海科学技术出版社，1977: 487.

[2] 中国药材公司．中国中药资源志要 [M]．北京：科学出版社，1994: 466.

[3] 江纪武．药用植物辞典 [M]．天津：天津科学技术出版社，2005: 681.

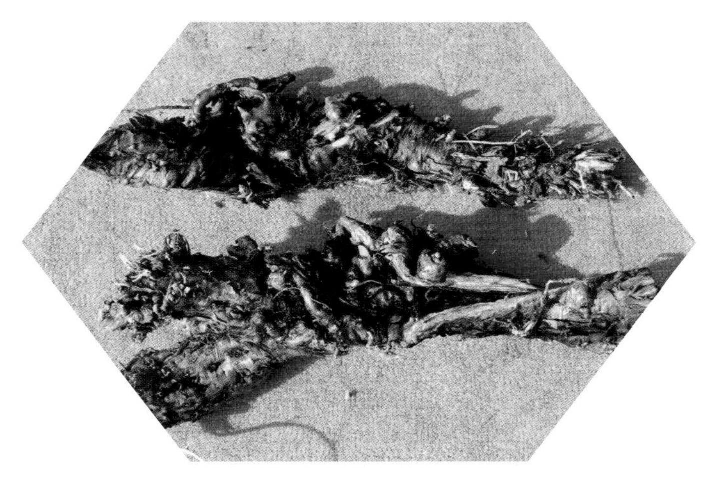

▲小丛红景天根状茎

▲长白红景天植株（花期）

▲长白红景天种子

▲长白红景天花序

长白红景天 *Rhodiola angusta* Nakai

别　　名　长白景天 乌苏里景天

药用部位　景天科长白红景天的全草。

原 植 物　多年生草本。花茎直立，长 3.5 ~ 10.0 cm，稻秆色，密着叶。叶互生，线形，长 1 ~ 2 cm，宽 1 ~ 2 mm，先端稍钝，基部稍狭，全缘或在上部有 1 ~ 2 牙齿。伞房状花序，多花或少花，雌雄异株；萼片 4，线形，长 2 ~ 4 mm，稍不等长，宽约 0.8 mm，钝；花瓣 4，黄色，长圆状披针形，长 4 ~ 5 mm，宽约 1 mm，先端钝；雄蕊 8，较花瓣稍短或同长，对瓣的着生基部上约 1.8 mm 处；鳞片 4，近四方形，长 0.4 ~ 0.5 mm，宽 0.5 ~ 0.6 mm，先端稍平或有微缺；心皮在雄花中不育，在雌花中心皮披针形，直立，先端渐尖，柱头头状。蓇葖 4，紫红色，直立，长达 7 ~ 8 mm，先端稍外弯。花期 7—8 月，果期 8—9 月。

生　　境　生于岳桦林内、高山苔原带、高山荒漠带、高山砾质地草甸及岩石缝隙中，常聚集成片生长。

分　　布　黑龙江尚志。吉林长白、抚松、安图、临江、敦化。朝鲜、日本、俄罗斯（西伯利亚中东部）。

采　　制　夏、秋季采收全草，除去杂质，切段，鲜用或晒干。

性味功效　味酸，性寒。有滋补强壮的功效。

主治用法　用于阳痿、早泄及糖尿病等。水煎服。

用　　量　1 ~ 3 g。

◎参考文献◎

[1] 严仲铠，李万林．中国长白山药用植物彩色图志 [M]．北京：人民卫生出版社，1997:205.

▲长白红景天植株（果期）

▲长白红景天果实

▲长白红景天根

▼长白红景天幼株

▲红景天花

红景天 *Rhodiola rosea* L.

▼红景天果实

药用部位 景天科红景天的根。

原 植 物 多年生草本。根粗壮，直立。花茎高 20 ~ 30 cm。叶疏生，长圆形至椭圆状倒披针形或长圆状宽卵形，长 7 ~ 35 mm，宽 5 ~ 18 mm，先端急尖或渐尖，全缘或上部具少数齿，基部稍抱茎。花序伞房状，密集多花，长 2 cm，宽 3 ~ 6 cm；雌雄异株；萼片 4，披针状线形，长约 1 mm，钝；花瓣 4，黄绿色，线状倒披针形或长圆形，长约 3 mm，钝；雄花中雄蕊 8，较花瓣长；鳞片 4，长圆形，长 1.0 ~ 1.5 mm，宽约 0.6 mm，上部稍狭，先端有齿状微缺；雌花中

▲红景天植株 （花期）

▲红景天植株（果期）

心皮4，花柱外弯。蓇葖披针形或线状披针形，直立，长6 ~ 8 mm，喙长约1 mm；种子披针形，长约2 mm，一侧有狭翅。花期6—7月，果期8—9月。

生　境　生于高山砾质地草甸及岩石缝隙中，常聚集成片生长。

分　布　吉林长白、抚松、安图等地。内蒙古赤峰。河北、山西、新疆。俄罗斯、蒙古、日本。欧洲。

采　制　夏、秋季采挖根，除去杂质，洗净，晒干。

性味功效　味甘、涩，性寒。有补气清肺、益智养心、收涩止血、散瘀消肿的功效。

主治用法　用于气虚体弱、病后畏寒、气短乏力、肺热咳嗽、咯血、白带异常、腹泻、跌打损伤等。水煎服。

用　量　3 ~ 9 g。

◎参考文献◎

[1] 江纪武. 药用植物辞典 [M]. 天津：天津科学技术出版社，2005: 682.

▼红景天花序

▲库叶红景天植株（花期）

库页红景天 *Rhodiola sachalinensis* A. Bor.

别　　名　高山红景天

俗　　名　红景天

药用部位　景天科库页红景天的根、根状茎及全草。

原 植 物　多年生草本。根粗壮，通常直立，少有为横生；根状茎短粗，先端被多数棕褐色、膜质鳞片状叶。花茎高 6 ~ 30 cm，其下部的叶较小，疏生，上部叶较密生，叶长圆状匙形、长圆状菱形或长圆状披针形，长 7 ~ 40 mm，宽 4 ~ 9 mm，先端急尖至渐尖，基部楔形，边缘上部有粗牙齿，下部近全缘。聚伞花序，

▲库叶红景天根状茎

▲市场上的库页红景天根状茎（干）

▲库叶红景天果实

▲市场上的库页红景天根状茎（鲜）

▲库叶红景天幼苗

密集多花，宽 1.5 ~ 2.5 cm，下部托似叶；雌雄异株；萼片 4，少有 5，披针状线形，先端钝；花瓣 4，尖有 5，淡黄色，线状倒披针形或长圆形，长 2 ~ 6 mm，先端钝；雄花中雄蕊 8，较花瓣长，花药黄色，雌花中心皮 4，花柱外弯，鳞片 4，长圆形，先端微缺。花期 6—7 月，果期 8—9 月。

生　　境　生于岳桦林内、高山苔原带、高山荒漠带、高山砾质地草甸及岩石缝隙中，常聚集成片生长。

分　　布　黑龙江尚志、宁安、海林等地。吉林长白、抚松、安图、临江、敦化等地。内蒙古扎兰屯。朝鲜、俄罗斯（西伯利亚中东部）、日本。

采　　制　夏、秋季采挖根及根状茎，除去杂质，洗净，晒干。夏、秋季采收全草，除去杂质，切段，鲜用或晒干。

性味功效　根和根状茎：有抗寒冷、抗疲劳、抗缺氧和“适应原”样功效。全草：有滋补强壮、降压、安神的功效。

主治用法　根和根状茎：粉末或浸剂用于治疗糖尿病、肺结核和贫血。水煎服。全草：用于老年人心肌功能衰竭、阳痿、糖尿病、肺结核、贫血、神经病、低血压、健忘症等。水煎服。

用　　量　根和根状茎：1 ~ 3 g，每日 2 次。全草：1 ~ 3 g，每日 2 次。

附　　注　高山红景天清朝时期曾作为宫廷贡品，被康熙钦封为“仙赐草”。其具有类似人参“扶正固本”的“适应原”样作用，且在某些方面还优于人参，在特殊环境中的作业人员服用红景天制剂后，具有明显增强机体抗逆性和适应性作用（宇航员航天必备的饮料）。高山红景天含苏氨酸、丝氨酸、谷氨酸、脯氨酸、甘氨酸、缬氨酸、赖氨酸及精氨酸等17种氨基酸及钙、磷、锌、铜、镁等20种矿物元素，具有强壮、调节中枢神经系统、调节内分泌系统、调节能量代谢、强心、利尿、加强人体免疫调节和双向调节等作用。长期服用可提高人的抗疲劳、耐缺氧、耐寒冷、耐高温、抗辐射的能力。享有“高山人参”的美誉。

▲库叶红景天花序

▲库叶红景天幼株

◎参考文献◎

[1] 朱有昌. 东北药用植物 [M]. 哈尔滨: 黑龙江科学技术出版社, 1989: 480-481.

[2] 中国药材公司. 中国中药资源志要 [M]. 北京: 科学出版社, 1994: 467.

[3] 江纪武. 药用植物辞典 [M]. 天津: 天津科学技术出版社, 2005: 682.

▼库叶红景天植株（果期）

▲狭叶红景天植株

狭叶红景天 *Rhodiola kirilowii*（Regel）Maxim.

别　　名 高壮景天 长茎红景天

俗　　名 狮子草 九头狮子七 涩疙瘩

药用部位 景天科狭叶红景天的根及根状茎（入药称“狮子七”）。

原 植 物 多年生草本。根粗，直立。根状茎直径约1.5 cm，先端被三角形鳞片。花茎少数，高15～60 cm，少数可达90 cm，直径4～6 mm，叶密生。叶互生，线形至线状披针形，长4～6 cm，宽2～5 mm，先端急尖，边缘有疏锯齿，或有时全缘，无柄。花序伞房状，有多花，宽7～10 cm；雌雄异株；萼片5或4，三角形，先端急尖；花瓣5或4，绿黄色，倒披针形，长3～4 mm，宽约0.8 mm；雄花中雄蕊10或8，与花瓣同长或稍超出，花丝花药黄色；鳞片5或4，近正方形或长方形，先端钝或有微缺；心皮5或4，直立。蓇葖披针形，长7～8 mm，有短而外弯的喙。花期6—7月，果期7—8月。

生　　境 生于山地多石草地上或石坡上。

分　　布 内蒙古宁城、喀喇沁旗等地。河北、山西、陕西、四川、甘肃、青海、新疆、云南、西藏。缅甸。

采　　制 春、秋季采挖根及根状茎，除去杂质，切段，鲜用或晒干。

性味功效 味酸、涩，性温。有清热解毒、燥湿、止血止痛、破坚、消积、调经、止泻的功效。

主治用法 用于跌打损伤、腰痛、吐血、崩漏、月经不调、痢疾等。水煎服。

用　　量 15～20 g。

◎参考文献◎

[1] 江苏新医学院．中药大辞典（下册）[M]．上海：上海科学技术出版社，1977:1702-1703.

[2] 中国药材公司．中国中药资源志要 [M]．北京：科学出版社，1994:467.

[3] 江纪武．药用植物辞典 [M]．天津：天津科学技术出版社，2005:682.

▲狭叶红景天花序

▼狭叶红景天花序（侧）

▲火焰草植株

景天属 *Sedum* L.

火焰草 *Sedum stellariifolium* Franch.

▼火焰草果实

别　　名　繁缕景天　繁缕叶景天

俗　　名　卧儿菜

药用部位　景天科火焰草的全草。

原 植 物　一年生或二年生草本。植株被腺毛。茎直立，有多数斜上的分枝，基部呈木质，高 10 ~ 15 cm，褐色，被腺毛。叶互生，正三角形或三角状宽卵形，长 7 ~ 15 mm，宽 5 ~ 10 mm，先端急尖，基部宽楔形至截形，入于叶柄，柄长 4 ~ 8 mm，全缘。总状聚伞花序；花顶生，花梗长 5 ~ 10 mm，萼片 5，披针形至长圆形，长 1 ~ 2 mm，先端渐尖；花瓣 5，黄色，披针状长圆形，长 3 ~ 5 mm，先端渐尖；雄蕊 10，较花瓣短；鳞片 5，宽匙形至宽楔形，长约 0.3 mm，先端有微缺；心皮 5，近直立，长圆形，长约 4 mm，花柱短。蓇葖下部合生，上部略叉开。花期 7—8 月，果期 8—9 月。

生　　境　生于山坡草地及阴湿石缝中。

分　　布　黑龙江哈尔滨。吉林安图。辽宁凤城、建昌、北镇等地。

河北、河南、台湾、山西、陕西、湖北、湖南、四川、甘肃、云南。朝鲜。

采　　制　夏、秋季采收全草，除去杂质，切段，洗净，鲜用或晒干。

性味功效　味苦，性平。有清热解毒、凉血、止血的功效。

主治用法　用于咽喉肿痛、热毒疮肿、丹毒、黄疸、肝炎、痢疾、腹泻、水肿、吐血、咯血、鼻衄、过敏性皮炎。水煎服。

用　　量　6 ~ 10 g。

◎参考文献◎

[1] 钱信忠．中国本草彩色图鉴（第一卷）[M]．北京：人民卫生出版社，2003: 629-630.

[2] 中国药材公司．中国中药资源志要 [M]．北京：科学出版社，1994: 471.

[3] 江纪武．药用植物辞典 [M]．天津：天津科学技术出版社，2005: 741.

▲火焰草花（侧）

▼火焰草花

▲藓状景天群落

▼藓状景天幼株

▼藓状景天花

藓状景天 *Sedum polytrichoides* Hemsl.

别　　名　柳叶景天

药用部位　景天科藓状景天的根。

原 植 物　多年生草本。茎带木质，细，丛生，斜上，高 5 ~ 10 cm；有多数不育枝。叶互生，线形至线状披针形，长 5 ~ 15 mm，宽 1 ~ 2 mm，先端急尖，基部有距，全缘。花序聚伞状，具 2 ~ 4 分枝，花少数，花梗短；萼片 5，卵形，长 1.5 ~ 2.0 mm，急尖，基部无距；花瓣 5，黄色，狭披针形，长 5 ~ 6 mm，先端渐尖；雄蕊 10，稍短于花瓣；鳞片 5，细小，宽圆楔形，基部稍狭；心皮 5，稍直立。蓇葖星芒状叉开，基部约 1.5 mm 合生，腹面有浅囊状突起，卵状长圆形，长 4.5 ~ 5.0 mm，喙直立，长约 1.5 mm；种子长圆形，长不及 1 mm。花期 7—8 月，果期 8—9 月。

生　　境　生于山坡岩石阴湿处。

分　　布　黑龙江饶河、虎林、密山等地。吉林通化、长白、集安、临江、蛟河等地。辽宁宽甸、桓仁、本溪等地。内蒙古额尔古纳。山东、河南、安徽、浙江、江西、陕西。朝鲜、俄罗斯（西伯利亚中东部）、日本。

采　　制　春、秋季采收根，除去杂质，切段，洗净，晒干。

性味功效　有清热解毒、止血的功效。

主治用法 用于疔疮痈疖、咯血等。

用　　量 适量。

◎参考文献◎

[1] 中国药材公司．中国中药资源志要 [M]．北京：科学出版社，1994: 471.

[2] 江纪武．药用植物辞典 [M]．天津：天津科学技术出版社，2005: 740.

▲藓状景天幼苗

▲藓状景天花（侧）

▲藓状景天果实

▲藓状景天植株

▲垂盆草花

▼垂盆草植株

垂盆草 *Sedum sarmentosum* Bge.

别　　名　卧茎景天　匍行景天　狗牙半支　石指甲

俗　　名　狗牙齿　瓜子草

药用部位　景天科垂盆草的全草（入药称“石指甲”）。

原 植 物　多年生草本。不育枝及花茎细，匍匐而节上生根，直到花序之下，长 10 ~ 25 cm。3 叶轮生，叶倒披针形至长圆形，长 15 ~ 28 mm，宽 3 ~ 7 mm，先端近急尖，基部急狭，有距。聚伞花序，具 3 ~ 5 分枝，花少，宽 5 ~ 6 cm；花无梗；萼片 5，披针形至长圆形，长 3.5 ~ 5.0 mm，先端钝，基部无距；花瓣 5，黄色，披针形至长圆形，长 5 ~ 8 mm，先端有稍长的短尖；雄蕊 10，较花瓣短；鳞片 10，楔状四方形，长约 0.5 mm，先端稍有微缺；心皮 5，长圆形，长 5 ~ 6 mm，略叉开，有长花柱。种子卵形，长约 0.5 mm。花期 6—7 月，果期 8 月。

生　　境　生于阴湿岩石或石砬子上。

分　　布　黑龙江大兴安岭。吉林长白、集安、柳河等地。辽宁本溪、辽阳、鞍山、庄河、北镇、义县等地。河北、河南、山东、山西、安徽、浙江、江苏、福建、湖北、湖南、江西、陕西、四川、贵州、甘肃。朝鲜、俄罗斯（西伯利亚）、日本。

▲垂盆草幼株

采　　制　夏、秋季采收全草，除去杂质，切段，洗净，鲜用或晒干。

性味功效　味甘、淡，性凉。有清利解毒、消肿排脓的功效。

主治用法　用于咽喉肿痛、口腔溃疡、肺脓肿、肝炎、阑尾炎、痢疾、烧烫伤、带状疱疹、毒蛇咬伤。水煎服。外用鲜品捣烂敷患处。

用　　量　25 ~ 50 g（鲜品 50 ~ 200 g）。

附　　方

（1）治咽喉肿痛、口腔溃疡：鲜石指甲捣烂绞汁 1 杯，含漱 5 ~ 10 min，每日 3 ~ 4 次。

（2）治肝炎：石指甲 50 g，当归 15 g，大枣 10 个，水煎服，每日 1 剂。

（3）治痈疽、腮腺炎、乳腺炎、蜂窝组织炎、无名肿毒、蛇虫咬伤：鲜石指甲 100 ~ 200 g，洗净捣烂，加面粉少许调成糊状，外敷患处（如脓头已溃，中间留一小孔，以便排脓），每日或隔日换药 1 次。另取鲜石指甲 50 ~ 100 g，捣汁冲服。

（4）治水火烫伤、痈肿疮疡、毒蛇咬伤：鲜石指甲 50 ~ 200 g，洗净，捣汁服。外用鲜草适量捣烂敷患处。

（5）治肺脓肿、阑尾炎：鲜石指甲 50 ~ 100 g，加冬瓜仁、薏米、鱼腥草，同煎服（治肺脓肿）；加冬瓜仁、薏米、红藤、蒲公英、紫花地丁，同煎服（治阑尾炎）。

附　　注　本品为《中华人民共和国药典》（2020 年版）收录的药材。

◎参考文献◎

[1] 江苏新医学院．中药大辞典（上册）[M]．上海：上海科学技术出版社，1977：608-609.

[2] 朱有昌．东北药用植物 [M]．哈尔滨：黑龙江科学技术出版社，1989：486-488.

[3]《全国中草药汇编》编写组．全国中草药汇编（上册）[M]．北京：人民卫生出版社，1975：555-556.

▲宽叶费菜植株

费菜属 *Phedimus* Rafin.

费菜 *Phedimus aizoon*（L.）'t Hart.

别　　名　土三七　多花景天　景天三七　长生景天　细叶费菜

俗　　名　见血散　小豆瓣　小豆瓣菜　豆瓣菜　酒壶菜　石头菜

药用部位　景天科费菜的全草及根（入药称“景天三七”）。

原 植 物　多年生草本。根状茎短，粗茎高 20 ~ 50 cm，具茎 1 ~ 3，直立，无毛，不分枝。叶互生，狭披针形、椭圆状披针形至卵状倒披针形，长 3.5 ~ 8.0 cm，宽 1.2 ~ 2.0 cm，先端渐尖，基部楔形，边缘有不整齐的锯齿；叶坚实，近革质。聚伞花序有多花，水平分枝，平展，下托以苞叶；萼片 5，线形，肉质，不等长，长 3 ~ 5 mm，先端钝；花瓣 5，黄色，长圆形至椭圆状披针形，长 6 ~ 10 mm，有短尖；雄蕊 10，较花瓣短；鳞片 5，近正方形，长约 0.3 mm，心皮 5，卵状长圆形，基部合生，腹面突出，花柱长钻形。蓇葖星芒状排列，长约 7 mm；种子椭圆形，长约 1 mm。花期 6—7 月，果期 8—9 月。

生　　境　生于山地林缘、林下、灌丛中、

▲费菜花序

▲费菜果实

草地及荒地等处。

分　　布　东北地区广泛分布。河北、河南、安徽、浙江、江苏、江西、山东、山西、陕西、湖北、四川、宁夏、甘肃、青海。朝鲜、俄罗斯、蒙古、日本。

采　　制　夏、秋季采收全草，除去杂质，切段，洗净，鲜用或晒干。春、秋季采挖根，去除泥土，洗净，晒干。

性味功效　全草：味甘、微酸，性平。有止血散瘀、养心安神的功效。根：味甘、微酸，性平。有止血、消肿、定痛的功效。

主治用法　全草：用于咯血、衄血、牙龈出血、便血、尿血、子宫出血、崩漏、外伤出血、心悸、失眠、跌打损伤、虫蛇咬伤、黄水疮及血小板减少性紫癜等。水煎服。外用适量鲜品捣碎敷患处。根：用于咯血、衄血、吐血、咳嗽、外伤出血、心悸、失眠及筋骨疼痛等。水煎服。外用适量鲜品捣碎敷患处。

▲费菜花序（背）

用　　量　全草：15 ~ 25 g（鲜品 100 ~ 150 g）。外用适量。根：7.5 ~ 15.0 g。外用适量。

▼费菜植株

▲费菜花

附　方

（1）治吐血、咯血、鼻衄、牙龈出血、内伤出血：鲜景天三七 100 ~ 150 g，水煎或捣汁服，连服数日。

（2）治癔症、心悸亢进、失眠、烦躁惊狂：鲜景天三七 100 ~ 150 g，猪心 1 个（不要切割，保留内部血液），置瓷罐中，将景天三七团成团塞在猪心周围，勿令倒置，再加蜂蜜冲入开水，以浸没为度，放在锅内炖熟，除去景天三七，当天分 2 次吃完，连服 10 ~ 30 d。

（3）治白带异常、崩漏：鲜景天三七 100 ~ 150 g，水煎服。

（4）治尿血：景天三七 25 g，加红糖引，水煎服。

▼费菜居群

（5）治跌打损伤、筋骨伤痛、刀伤、烫火伤：鲜景天三七适量，捣烂外敷；或用鲜根4～5条，洗净，用老酒2～3杯，红糖煎汤调服。
（6）治痈肿、蜂蜇、蝎子螫、蛇咬伤：鲜景天三七适量，加少许食盐，捣如泥状，敷患处。
（7）治黄水疮：景天三七适量研细末，用芝麻油调敷。
（8）治血小板减少性紫癜、消化道出血：景天三七糖浆，每日服3～4次，每次15～25 ml。

附　注

（1）本区尚有2变种：

宽叶费菜 var. *latifolius*（Maxim.）H.Ohba K.T.Fu

▲费菜花（侧）

▲狭叶费菜植株

▼费菜幼苗

▼费菜幼株

et B.M.Barthol.，叶宽倒卵形、椭圆形、卵形，有时稍呈圆形；先端圆钝，基部楔形，长 2 ~ 7 cm，宽达 3 cm。其他与原种同。狭叶费菜 var. *yamatutae*（Kitag.）H.Ohba K.T.Fu et B.M. Barthol.，叶狭长圆状楔形或几为线形，宽不及 5 mm。其他与原种同。

（2）费菜糖浆制法：取费菜 50 kg，拣去杂质后洗净，加水煮两次，第一次煮沸 2 h，第二次煮沸 1 h，合并煮液，沉淀，取上清液过滤，浓缩至适量，加蔗糖 8.25 kg，煮沸半小时以上，制得糖浆 12.5 kg，过滤，冷却后加苯甲酸钠 100 g 及柠檬酸 75 g，即得。

◎参考文献◎

[1] 江苏新医学院．中药大辞典（下册）[M]．上海：上海科学技术出版社，1977：2381-2382.

[2] 朱有昌．东北药用植物 [M]．哈尔滨：黑龙江科学技术出版社，1989：482-484.

[3]《全国中草药汇编》编写组．全国中草药汇编（上册）[M]．北京：人民卫生出版社，1975：827-828.

吉林费菜 *Phedimus middendorffianus* (Maxim.) 't Hart

别　　名　狗景天 细叶景天 吉林景天

药用部位　景天科吉林费菜的全草。

原 植 物　多年生草本。根状茎蔓生，木质，分枝，长。茎多数，丛生，常宿存，直立或上升，基部分枝，无毛，高 10 ~ 30 cm。叶线状匙形，长 12 ~ 25 mm，宽 2 ~ 5 mm，先端钝，基部楔形，上部边缘有锯齿。聚伞花序有多花，常有展开的分枝；萼片 5，线形，长 2 ~ 3 mm，宽 0.6 ~ 0.8 mm，钝；花瓣 5，黄色，披针形至线状披针形，长 5 ~ 11 mm，宽 1.8 ~ 3.0 mm，渐尖，有短尖；雄蕊 10，较花瓣为短，花丝黄色，花药紫色；鳞片 5，细小，几全缘；心皮 5，披针形，长约 6 mm，基部约 2 mm 处合生，花柱长约 1 mm。蓇葖星芒状，几成水平排列，喙短；种子卵形，细小。花期 6—8 月，果期 8—9 月。

▲吉林费菜植株（果期）

▼吉林费菜果实

▲吉林费菜花（侧）

生　　境　生于山地林下石上或山坡岩石缝处，常聚集成片生长。

分　　布　黑龙江甘南、龙江等地。吉林长白山各地。辽宁宽甸、桓仁等地。朝鲜、俄罗斯（西伯利亚中东部）、日本。

采　　制　夏、秋季采收全草，除去杂质，切段，洗净，晒干。

性味功效　有散瘀止血、安神镇痛、生津止咳、祛风清热的功效。

▼吉林费菜植株（花期）

▲吉林费菜居群

主治用法 用于风寒感冒、高脂血症、跌打损伤等。水煎服。

用　　量 15 ~ 25 g。

▲吉林费菜花

◎参考文献◎

[1] 严仲铠，李万林．中国长白山药用植物彩色图志 [M]．北京：人民卫生出版社，1997: 207.

[2] 中国药材公司．中国中药资源志要 [M]．北京：科学出版社，1994: 470.

[3] 江纪武．药用植物辞典 [M]．天津：天津科学技术出版社，2005: 740.

▲勘察加费菜植株

勘察加费菜 *Phedimus kamtschaticus*（Fisch.）'t Hart.

别　名　北景天　横根费菜　费菜

药用部位　景天科勘察加费菜的全草。

原 植 物　多年生草本。根状茎木质，粗，分枝。茎斜上，高 15 ~ 40 cm，有时被微乳头状突起，常不分枝。叶互生或对生，少有 3 叶轮生，倒披针形、匙形至倒卵形，长 2.5 ~ 7.0 cm，宽 0.5 ~ 3.0 cm，先端圆钝，

▲勘察加费菜果实

▲勘察加费菜花

▲勘察加费菜花序

▲勘察加费菜花（侧）

下部渐狭，成狭楔形，上部边缘有疏锯齿至疏圆齿。聚伞花序顶生；萼片 5，披针形，长 3 ~ 4 mm，基部宽，下部卵形，上部线形，钝；花瓣 5，黄色，披针形，长 6 ~ 8 mm，先端渐尖，有短尖头，背面有龙骨状突起；雄蕊 10，较花瓣稍短，花药橙黄色；鳞片 5，细小，近正方形；心皮 5，与花瓣稍同长或稍短，直立，基部 2 mm 合生。蓇葖上部星芒状水平横展，腹面为浅囊状突起；种子细小，倒卵形，褐色。花期 6—7 月，果期 8—9 月。

生　　境　生于多石山坡上。

分　　布　黑龙江漠河、塔河、呼玛等地。吉林汪清、珲春、龙井、延吉等地。辽宁大连市区、瓦房店、北镇等地。内蒙古科尔沁右翼前旗。河北、山西。朝鲜、俄罗斯、日本。

采　　制　夏、秋季采收全草，除去杂质，切段，洗净，鲜用或晒干。

性味功效　味酸，性平。有活血、止血、宁心、利湿、消肿、解毒的功效。

主治用法　用于跌打损伤、咳血、吐血、便血、心悸、痈肿。水煎服。外用鲜品捣烂敷患处。

用　　量　7.5 ~ 15.0 g（鲜品 50 ~ 100 g）。外用适量。

◎参考文献◎

[1] 江苏新医学院．中药大辞典（下册）[M]．上海：上海科学技术出版社，1977: 1746.
[2] 朱有昌．东北药用植物 [M]．哈尔滨：黑龙江科学技术出版社，1989: 485-486.
[3] 钱信忠．中国本草彩色图鉴（第三卷）[M]．北京：人民卫生出版社，2003: 605-606.

▲吉林长白山国家级自然保护区天池湿地夏季景观

▲落新妇群落

▼落新妇种子

虎耳草科 Saxifragaceaee

本科共收录 12 属、35 种、1 变种。

落新妇属 *Astilbe* Buch.-Ham

落新妇 *Astilbe chinensis*（Maxim.）Franch. et Sav.

别　　名　小升麻　红升麻

俗　　名　山荞麦秧子　芹菜幌子　山高粱　虎麻

药用部位　虎耳草科落新妇的干燥根状茎及全草。

原 植 物　多年生草本，高 50 ～ 100 cm。茎无毛。基生叶为二至三回三出羽状复叶；顶生小叶片菱状椭圆形，侧生小叶片卵形至椭圆形，长 1.8 ～ 8.0 cm，宽 1.1 ～ 4.0 cm，先端短渐尖至急尖，边缘有重锯齿，茎生叶 2 ～ 3，较小。圆锥花序长 8 ～ 37 cm，宽 3 ～ 12 cm；下部第一回分枝长 4.0 ～ 11.5 cm，通常与花序轴成 15° ～ 30° 角斜上；花序轴密被褐色卷曲长柔毛；苞片卵形，几无花梗；花密集；萼片 5，卵形，两面无毛，

▼落新妇根状茎

边缘中部以上生微腺毛；花瓣 5，淡紫色至紫红色，线形，长 4.5 ~ 5.0 mm，宽 0.5 ~ 1.0 mm，单脉；雄蕊 10，心皮 2，仅基部合生。蓇果长约 3 mm。花期 7—8 月，果期 9—10 月。

生　　境　生于山谷溪边、草甸子、针阔叶混交林下或杂木林缘等处，常聚集成片生长。

分　　布　黑龙江阿城、宾县、五常、尚志、宁安、海林、牡丹江市区、东宁、密山、林口、穆棱、虎林、鸡西市区、鸡东、饶河、富锦、集贤、宝清、桦南、勃利、延寿、方正、巴彦、木兰、依兰、通河、汤原、伊春市区、铁力、庆安、绥棱、绥化市区、望奎、北安、克山、五大连池、讷河、

▲落新妇幼株

孙吴、嫩江等地。吉林长白山各地。辽宁丹东市区、宽甸、凤城、本溪、桓仁、清原、西丰、庄河、鞍山、大连市区、凌源等地。内蒙古东乌珠穆沁旗。河北、山西、山东、河南、陕西、甘肃、青海、浙江、江西、湖北、湖南、四川、云南。朝鲜、日本、俄罗斯（西伯利亚中东部）等。

▲落新妇花序

▲落新妇果实

采　　制　春、秋季采挖根状茎，剪掉须根，除去泥土，洗净，晒干。夏、秋季采收全草，除去杂质，切段，洗净，晒干。

性味功效　根状茎：味涩，性温。有活血祛瘀、止痛、解毒的功效。全草：味苦，性凉。无毒。有祛风、清热、止咳的功效。

主治用法　根状茎：用于跌打损伤、关节筋骨疼痛、胃痛、手术后疼痛、毒蛇咬伤。水煎服。外用捣烂敷患处。全草：用于风热感冒、周身疼痛、咳嗽。水煎服或浸酒。

用　　量　根状茎：15 ~ 25 g（鲜品 25 ~ 50 g）。全草：25 ~ 40 g。

附　　方

（1）治各种手术后疼痛：落新妇根状茎 500 g，水煎，去渣，浓缩成 500 ml，每服 10 ~ 20 ml。

▲落新妇花

▼落新妇花序（白色）

（2）治风热感冒：落新妇全草 15 g，水煎服。

（3）治跌打损伤、劳动过度筋骨酸痛：落新妇鲜根状茎 50 g，切薄片加黄酒适量蒸熟，分 3 次于饭前服，或水煎冲黄酒服。忌食酸、芥菜。

（4）治胃痛、肠炎：落新妇根状茎 25 g，土青木香 15 g，焙干研粉，每日服 3 次，每次 1 g，开水冲服；或落新妇根状茎 10 ~ 50 g，水煎服。

（5）治毒蛇咬伤：落新妇鲜根状茎 50 g，嚼汁服或水煎服。药渣外敷伤口。

（6）治陈伤积血、筋骨酸疼：落新妇鲜根状茎 50 g。捣烂，黄酒冲服。

◎参考文献◎

[1] 江苏新医学院．中药大辞典（下册）[M]．上海：上海科学技术出版社，1977: 2324，2326-2327.

[2] 朱有昌．东北药用植物 [M]．哈尔滨：黑龙江科学技术出版社，1989: 489-491.

[3]《全国中草药汇编》编写组．全国中草药汇编（上册）[M]．北京：人民卫生出版社，1975: 385-386.

▲落新妇植株

▲大落新妇花序

▼大落新妇植株

▲大落新妇幼苗

大落新妇 *Astilbe grandis* Stapf ex Wils.

别　　名　华南落新妇　朝鲜落新妇

俗　　名　山荞麦秧子　瞎头菜

药用部位　虎耳草科大落新妇的干燥根状茎及全草（入药称“朝鲜落新妇”）。

原 植 物　多年生草本，高 0.4 ~ 1.2 m。茎通常不分枝，被褐色长柔毛和腺毛。二至三回三出复叶至羽状复叶；叶轴长 3.5 ~ 32.5 cm。圆锥花序顶生，通常塔形，长 16 ~ 40 cm，宽 3 ~ 17 cm；下部第一回分枝长 2.5 ~ 14.5 cm，与花序轴成 35° ~ 50° 角斜上；小苞片狭卵形，全缘或具齿；花梗长 1.0 ~ 1.2 mm；萼片 5，卵形、阔卵形至椭圆形，长 1 ~ 2 mm，宽 1.0 ~ 1.2 mm，先端钝或微凹且具微腺毛、边缘膜质；

花瓣5，白色或紫色，线形，长2.0 ~ 4.5 mm，宽0.2 ~ 0.5 mm，先端急尖，单脉；雄蕊10，雌蕊长3.1 ~ 4.0 mm，心皮2，仅基部合生，子房半下位，花柱稍叉开。花期6—7月，果期8—9月。

生　境　生于溪边、林下及灌丛等处。

分　布　黑龙江伊春、饶河、密山、宁安、东宁、尚志、五常、依兰等地。吉林长白山各地。辽宁丹东市区、宽甸、凤城、本溪、桓仁、清原、铁岭、鞍山市区、岫岩、庄河、北镇等地。山西、山东、安徽、浙江、江西、福建、广东、广西、四川、贵州等。朝鲜、俄罗斯（西伯利亚中东部）、日本。

采　制　春、秋季采挖根状茎，除去泥土，剪去不定根，洗净，晒干。夏、秋季采收全草，切段，洗净，晒干。

性味功效　根状茎：味涩，性温。有祛风除湿、强筋壮骨、活血祛瘀、止痛、镇咳的功效。全草：味苦，性凉。有祛风、清热、止咳的功效。

主治用法　根状茎：用于跌打损伤、关节疼痛、胃痛、头痛、咳嗽、小儿惊风、泄泻、感冒及毒蛇咬伤等。水煎服。外用捣烂敷患处。全草：用于风热感冒、周身疼痛及咳嗽等。水煎服。

用　量　根状茎：6 ~ 9 g。外用适量。全草：6 ~ 9 g。

▲大落新妇花

▲大落新妇根状茎

▲大落新妇幼株

◎参考文献◎

[1] 钱信忠. 中国本草彩色图鉴（第五卷）[M]. 北京：人民卫生出版社，2003: 37-38.

[2] 朱有昌. 东北药用植物 [M]. 哈尔滨：黑龙江科学技术出版社，1989: 489-491.

[3] 中国药材公司. 中国中药资源志要 [M]. 北京：科学出版社，1994: 473.

▲大叶子幼株（后期）

大叶子属 *Astilboides*（Hemsl.）Engl.

大叶子 *Astilboides tabularis*（Hemsl.）Engler

别　　名　山荷叶　东北山荷叶

俗　　名　佛爷伞　大脖梗子　高丽酸浆　打瓜杆儿

药用部位　虎耳草科大叶子的根状茎及全草。

▲大叶子果实

▲大叶子幼苗（后期）

▲大叶子幼株（前期）

原植物 多年生草本，高 1.0 ~ 1.5 m。根状茎粗壮，节上生不定根。茎不分枝，下部疏生短硬腺毛。基生叶 1，盾状着生，近圆形或卵圆形，直径 10 ~ 18 cm，掌状浅裂，边缘具齿状缺刻和不规则重锯齿，叶柄长 30 ~ 60 cm，具刺状硬腺毛；茎生叶较小，掌状，具 3 ~ 5 浅裂，基部楔形或截形。圆锥花序顶生，长 15 ~ 20 cm，具多花；花小，白色或微带紫色，萼片 4 ~ 5，卵形，革质，长约 2 mm，宽 1.7 ~ 1.8 mm，先端钝或微凹，腹面和边缘无毛，背面疏生近无柄之腺毛，5 脉于先端汇合；花瓣 4 ~ 5，倒卵状长圆形；雄蕊 8，花丝长 2.4 ~ 2.5 mm；心皮 2，下部合生，子房半下位。花期 6—7 月，果期 8—9 月。

▲大叶子幼苗（前期）

生　　境 生于山坡林下、沟谷边及林缘等处，常聚集成片生长。

分　　布 吉林长白、抚松、临江、和龙、安图、江源等地。辽宁本溪、抚顺、岫岩、庄河等地。朝鲜。

▼大叶子群落

▲大叶子根状茎

▲大叶子花序

▲市场上的大叶子嫩叶柄

▲大叶子花

▲大叶子植株

采　　制　春、秋季采挖根状茎，除去不定根。夏、秋季采收全草，洗净晒干药用。

性味功效　味微苦、涩，性平。有收涩、固肠的功效。

主治用法　用于腹泻、跌打损伤、风湿筋骨痛、月经不调、小腹疼痛、毒蛇咬伤及痈疖肿毒等。水煎服。

用　　量　2.5 ~ 5.0 g。

◎参考文献◎

[1]《全国中草药汇编》编写组. 全国中草药汇编(上册)[M]. 北京：人民卫生出版社，1975: 112-113.

[2]钱信忠. 中国本草彩色图鉴（第一卷）[M]. 北京：人民卫生出版社，2003: 83-84.

[3]中国药材公司. 中国中药资源志要 [M]. 北京：科学出版社，1994: 473-474.

▲中华金腰居群

金腰属 *Chrysosplenium* Tourn. ex L.

中华金腰 *Chrysosplenium sinicum* Maxim.

别　　名　异叶金腰　华金腰子　中华金腰子

药用部位　虎耳草科中华金腰的全草。

原 植 物　多年生草本，高 3 ~ 33 cm。不育枝出自茎基部叶腋，其叶对生，叶片近圆形，长 0.5 ~ 7.8 cm，宽 0.8 ~ 4.5 cm，先端钝，边缘具钝齿，基部宽楔形至近圆形，叶柄长 0.5 ~ 17.0 mm。叶通常对生，叶片近圆形至阔卵形，长 6.0 ~ 10.5 mm，宽 7.5 ~ 11.5 mm，先端钝圆，边缘具 12 ~ 16 钝齿，基部宽楔形；叶柄长 6 ~ 10 mm。聚伞花序长 2.2 ~ 3.8 cm，具花 4 ~ 10；苞叶阔卵形、卵形至近狭卵形，边缘具 5 ~ 16 钝齿，柄长 1 ~ 7 mm；花黄绿色；萼片在花期直立，阔卵形至近阔椭圆形，先端钝；

▲中华金腰果实

▲中华金腰植株

雄蕊 8，子房半下位，花柱长约 0.4 mm；无花盘。蒴果长 7 ~ 10 mm，2 果瓣明显不等大。花期 4—5 月，果期 7—8 月。

生　境　生于林下或山沟阴湿处，常聚集成片生长。

分　布　黑龙江伊春、阿城、尚志、宾县等地。吉林长白山各地。辽宁宽甸、凤城、本溪、桓仁、西丰等地。河北、山西、陕西、甘肃、青海、安徽、江西、河南、湖北、四川等。朝鲜、俄罗斯、蒙古。

▼中华金腰花序

采　制　夏、秋季采收全草，鲜用或晒干备用。

性味功效　味苦，性寒。有清热解毒、利湿止痒、退黄、排石、利尿的功效。

主治用法　用于咳喘、黄疸型肝炎、胆道和膀胱结石、膀胱炎、石淋、尿道感染、小便短赤疼痛、疔疮、痈疽疖毒、疮面溃烂及久不收口、瘙痒无度等。水煎服。外用适量鲜品捣碎敷患处。

用　　量　10 ~ 15 g。外用适量。

附　　方

（1）治尿道感染、小便涩痛：华金腰子配青蒿、车前草、萹蓄煎服。

（2）治胆道结石、黄疸型肝炎：华金腰子配茵陈、郁金、枳壳煎服。

（3）治膀胱结石：华金腰子配苜蓿花、瞿麦煎服。

▲中华金腰种子

◎参考文献◎

[1] 江苏新医学院．中药大辞典（上册）[M]．上海：上海科学技术出版社，1977: 919.

[2] 钱信忠．中国本草彩色图鉴（第二卷）[M]．北京：人民卫生出版社，2003: 515-516.

[3] 中国药材公司．中国中药资源志要 [M]．北京：科学出版社，1994: 476.

▼中华金腰植株（侧）

日本金腰 *Chrysosplenium japonicum*（Maxim.）Makino

别　　名　珠芽金腰子

药用部位　虎耳草科日本金腰的全草。

原 植 物　多年生草本，高 8.5 ~ 15.5 cm。茎基具珠芽；基生叶肾形，长 0.6 ~ 1.6 cm，宽 0.9 ~ 2.5 cm，叶柄长 1.5 ~ 8.0 cm，疏生柔毛；茎生叶与基生叶同形，长约 1.1 cm，宽约 1.3 cm，边缘具约 11 浅齿，叶柄长约 2 cm。聚伞花序长 1.5 ~ 4.0 cm；苞叶阔卵形至近扇形，柄长 0.5 ~ 6.0 mm，花密集，绿色，直径约 3 mm；萼片在花期直立，阔卵形，长 0.6 ~ 1.4 mm，宽 1.0 ~ 1.4 mm，先端钝或急尖；雄蕊通常 4，稀 8 或 2，长 0.3 ~ 0.4 mm；子房近下位，花柱长 0.2 ~ 0.3 mm；花盘通常 4 裂。蒴果长 4 ~ 5 mm，先端近平截而微凹，2 果瓣近等大而水平状叉开，喙长约 0.2 mm。花期 4—5 月，果期 7—8 月。

▲日本金腰花序

▲日本金腰植株

生　　境　生于林下或山沟阴湿处，常聚集成片生长。

分　　布　吉林抚松。辽宁宽甸、鞍山等地。安徽、浙江、江西。朝鲜、日本。

采　　制　夏、秋季采收全草，鲜用或晒干备用。

性味功效　有清热解毒、祛风解表的功效。

主治用法　用于疔疮等。水煎服。外用适量鲜品捣碎敷患处。

用　　量　6 ~ 10 g。外用适量。

◎参考文献◎

[1] 中国药材公司．中国中药资源志要 [M]．北京：科学出版社，1994: 475.

[2] 江纪武．药用植物辞典 [M]．天津：天津科学技术出版社，2005: 174.

▲互叶金腰花序

▲互叶金腰居群

互叶金腰 *Chrysosplenium serreanum* Hand.-Mazz.

别　　名　金腰子

药用部位　虎耳草科互叶金腰的全草。

原 植 物　多年生草本，植株较小。根状茎细，地下匍匐枝先端生出幼苗，丛生有长柄的叶。花茎高 6 ~ 12 cm，基生叶柄较长，被淡锈色或稍白色毛；叶片肾状圆形，长 4 ~ 8 mm，宽 6 ~ 12 mm，果期增大，秋季生者长可达 3 cm，宽可达 5 mm，茎生叶 1 ~ 2，互生，肾状圆形，基部近截形至浅心形，具短柄。聚伞花序密集；苞片鲜黄色或绿色，似茎生叶；花近无梗，鲜黄色；萼片 4，半圆形，长 1.5 ~ 2.0 mm，金黄色；雄蕊 8，短；花盘肉质；子房下位，与萼筒愈合；花柱短。蒴果与萼片近等长，上缘略截形，中部稍凹缺。花期 4—5 月，果期 7—8 月。

生　　境　生于山地沟谷、溪流旁或针阔叶混交林下及高山苔原带上，常聚集成片生长。

分　　布　黑龙江尚志、五常、海林、宾县、嘉荫、呼玛、塔河等地。吉林通化、蛟河、集安、敦化、安图、抚松、临江、长白等地。辽宁宽甸、本溪、桓仁、西丰、鞍山等地。内蒙古额尔古纳、根河、牙克石、鄂伦春旗、阿尔山、科尔沁右翼前旗等地。朝鲜、俄罗斯（西伯利亚中东部）、蒙古。欧洲、北美洲。

采　　制　夏、秋季采收全草，鲜用或晒干备用。

性味功效　味苦，性寒。有除湿、清热、利胆的功效。

主治用法　用于尿路感染、小便淋痛、排尿困难、阴挺、子宫脱垂、膀胱炎、黄疸、外伤出血等。水煎服。外用鲜品捣碎敷患处。

用　　量　6 ~ 10 g。外用适量。

▲互叶金腰植株

◎参考文献◎

[1] 钱信忠．中国本草彩色图鉴（第一卷）[M]．北京：人民卫生出版社，2003: 445-446.

[2] 中国药材公司．中国中药资源志要 [M]．北京：科学出版社，1994: 474-475.

[3] 江纪武．药用植物辞典 [M]．天津：天津科学技术出版社，2005: 173.

▲毛金腰植株

毛金腰 *Chrysosplenium pilosum* Maxim.

别　　名　毛金腰子

药用部位　虎耳草科毛金腰的全草。

原 植 物　多年生草本，高 14 ~ 16 cm。叶对生，具褐色斑点，近扇形，长 0.7 ~ 1.6 cm，宽 0.7 ~ 2.0 cm，先端钝圆，边缘具 5 ~ 9 不明显波状圆齿。花茎疏生褐色柔毛，茎生叶对生，扇形，长约 8.5 mm，先端近截形，基部楔形，叶柄长约 3.5 mm。聚伞花序长约 2 cm；苞叶近扇形，长 0.95 ~ 1.30 cm，宽 0.85 ~ 1.10 cm，先端钝圆至近截形，边缘具 3 ~ 5 波状圆齿，柄长 1 ~ 2 mm；萼片具褐色斑点，阔卵形至近阔椭圆形，长 1.8 ~ 2.2 mm，先端钝；雄蕊 8，长约 1 mm；子房半下位，花柱长约 1 mm。蒴果长约 5.5 mm，2 果瓣不等大；种子黑褐色，阔椭球形。花期 4—5 月，果期 7—8 月。

生　　境　生于林下湿地及林缘阴湿处，常聚集成片生长。

分　　布　黑龙江伊春市区、铁力、尚志、宾县、依兰等地。吉林柳河、安图等地。辽宁丹东市区、凤城、宽甸、庄河等地。朝鲜、俄罗斯（西伯利亚中东部）。

▼毛金腰种子

▲毛金腰果实

▲毛金腰花序

采　　制　春、夏季采收全草，除去杂质，洗净，鲜用或晒干。

性味功效　有清热、止痛、消炎的功效。

主治用法　用于头痛、肝热、目肤黄染、亚玛病等。水煎服。

用　　量　3～9g。

◎参考文献◎

[1] 巴根那. 中国大兴安岭蒙中药植物资源志 [M]. 呼和浩特：内蒙古科学技术出版社，2011：185.

▲大花溲疏植株

溲疏属 *Deutzia* Thunb

大花溲疏 *Deutzia grandiflora* Bge.

别　　名　华北溲疏

俗　　名　王八脆

药用部位　虎耳草科大花溲疏的果实。

原 植 物　落叶灌木，高约 2 m；老枝紫褐色或灰褐色，表皮片状脱落。叶纸质，卵状菱形或椭圆状卵形，长 2.0 ~ 5.5 cm，宽 1.0 ~ 3.5 cm。聚伞花序长和直径均 1 ~ 3 cm，具花 1 ~ 3；花蕾长圆形；花冠直径 2.0 ~ 2.5 cm；花梗长 1 ~ 2 mm；萼筒浅杯状，高约 2.5 mm，裂片线状披针形，较萼筒长，宽 1.0 ~ 1.5 mm；花瓣白色，长圆形或倒卵状长圆形，长约 1.5 cm，先端圆形，中部以下收狭，花蕾时内向镊合状排列；外轮雄蕊长 6 ~ 7 mm，花丝先端 2 齿，齿平展或下弯成钩状，花药卵状长圆形，具短柄，内轮雄蕊较短，形状与外轮相同；花柱 3 ~ 4。

▼大花溲疏果实

▲大花溲疏花

▲大花溲疏花（侧）

蒴果半球形，直径 4 ~ 5 mm，宿存萼裂片外弯。花期 4—5 月，果期 9—10 月。

生　　境　生于山坡、灌丛及岩缝中等处，常聚集成片生长。

分　　布　吉林集安、通化等地。辽宁北镇、义县、盖州、建昌、凌源等地。河北、山西、陕西、甘肃、山东、江苏、河南、湖北等。朝鲜。

采　　制　秋季采收果实，除去杂质，晒干。

性味功效　有清热、利尿、下气的功效。

用　　量　适量。

◎参考文献◎

[1] 中国药材公司．中国中药资源志要 [M]．北京：科学出版社，1994: 477.
[2] 江纪武．药用植物辞典 [M]．天津：天津科学技术出版社，2005: 259.

▼大花溲疏枝条

▲光萼溲疏植株

光萼溲疏 *Deutzia glabrata* Kom.

▼光萼溲疏茎

别　　名　崂山溲疏　无毛溲疏　光叶溲疏

俗　　名　千层皮

药用部位　虎耳草科光萼溲疏的全株。

原 植 物　落叶灌木，高约3 m。老枝表皮常脱落；花枝具4 ~ 6叶，叶薄纸质，卵形或卵状披针形，长5 ~ 10 cm，宽2 ~ 4 cm，边缘具细锯齿，叶柄长2 ~ 4 mm，花枝上叶近无柄或叶柄长1 ~ 2 mm。伞房花序直径3 ~ 8 cm，具花5 ~ 30，花序轴无毛；花蕾球形或倒卵形；花冠直径1.0 ~ 1.2 cm；花梗长10 ~ 15 mm；萼筒杯状，高约2.5 mm，直径约3 mm，无毛；裂片卵状三角形，长约1 mm，先端稍钝；花瓣白色，圆形或阔倒卵形，长约6 mm，宽约4 mm，先端圆，基部收狭，两面被细毛，花蕾时覆瓦状排列；雄蕊长4 ~ 5 mm，花丝钻形，基部宽扁；花柱3，约与雄蕊等长。花期6—7月，果期8—9月。

生　　境　生于山地岩石间或陡山坡林下。

分　　布　黑龙江小兴安岭、张广才岭、老爷岭、完达山等地。吉林通化、集安、安图、抚松、长白、蛟河等地。辽宁丹东市区、宽甸、凤城、本溪、桓仁、新宾、清原、西丰、鞍山市区、岫岩、庄河、

▲光萼溲疏花序

▲光萼溲疏枝条

▲光萼溲疏花（背）

瓦房店、北镇等地。山东、河南。朝鲜、俄罗斯（西伯利亚中东部）。

采　　制　四季采收全株，切段，洗净，晒干。

性味功效　有清热、利尿、下气的功效。

用　　量　适量。

◎参考文献◎

［1］中国药材公司．中国中药资源志要［M］．北京：科学出版社，1994：477．

［2］江纪武．药用植物辞典［M］．天津：天津科学技术出版社，2005：259．

▼光萼溲疏果实

▲东北溲疏植株

▼东北溲疏果实

▼东北溲疏枝条

东北溲疏 *Deutzia glabrata* Kom. var. *amurensis* Rgl.

别　　名　黑龙江溲疏

俗　　名　王八脆

药用部位　虎耳草科东北溲疏的茎皮。

原 植 物　落叶灌木，高 2 ~ 3 m。小枝稍弯曲，皮褐色，老枝暗灰色。叶对生，叶卵状椭圆形或长圆形，长 3 ~ 8 cm，宽 2.5 ~ 4.0 cm，基部近圆形或广楔形，先端渐尖，边缘具不规则细锯齿，表面绿色，散生 4 ~ 5 条放射状星状毛，沿叶脉为单毛，背面色淡，有星状毛，沿叶脉为单毛；叶柄长 2 ~ 8 mm。伞房花序，直径 3 ~ 7 cm，常具花 15 ~ 20，花序轴及花柄密被星状毛，花直径约 1.2 cm；花萼裂片 5，卵形，较萼筒短，灰褐色；花瓣 5，白色；花丝锥形或顶端具不明显齿；花柱常 3 裂，比雄蕊短。蒴果扁球形，有星状毛。花期 6—7 月，果期 7—9 月。

生　　境　生于山坡、林缘、林内及灌丛中。

分　　布　黑龙江小兴安岭、张广才岭、老爷岭、完达山等地。吉林长白山各地。辽宁丹东市区、宽甸、凤城、本溪、桓仁、新宾、清原、西丰、庄河、北镇、义县、凌源、建昌、建平等地。朝鲜、俄罗斯（西伯利亚中东部）。

▲东北溲疏花（背）

▲东北溲疏花序

采　　制　春、秋季剥皮，除去杂质，切段，洗净，晒干。

性味功效　有解热、祛风解表、宣肺止咳的功效。

主治用法　用于感冒风热、头痛发热、风热咳嗽、支气管炎等。水煎服。

用　　量　适量。

◎参考文献◎

[1] 中国药材公司．中国中药资源志要 [M]．北京：科学出版社，1994: 478.
[2] 江纪武．药用植物辞典 [M]．天津：天津科学技术出版社，2005: 259.

▼东北溲疏花

▲小花溲疏果实

小花溲疏 *Deutzia parviflora* Bge.

俗　　名　千层皮

药用部位　虎耳草科小花溲疏的茎皮。

原 植 物　落叶灌木，高约 2 m。老枝表皮片状脱落，具叶 4 ~ 6。叶纸质，卵形、椭圆状卵形或卵状披针形，长 3 ~ 10 cm，宽 2.0 ~ 4.5 cm，叶柄长 3 ~ 8 mm，疏被星状毛。伞房花序直径 2 ~ 5 cm，多花；花序梗被长柔毛和星状毛；花蕾球形或倒卵形；花冠直径 8 ~ 15 cm；花梗长 2 ~ 12 mm；萼筒杯状，裂片三角形，较萼筒短，先端钝；花瓣白色，阔倒卵形或近圆形，长 3 ~ 7 mm，宽 3 ~ 5 mm，先端圆，

▲小花溲疏花序

▲小花溲疏花序（背）

基部急收狭，两面均被毛，花蕾时覆瓦状排列；外轮雄蕊长 4.0 ~ 4.5 mm，花丝钻形或近截形，内轮雄蕊长 3 ~ 4 mm，花丝钻形或具齿，齿长不达花药，花药球形，具柄；花柱 3，较雄蕊稍短。花期 5—6 月，果期 8—10 月。

生　境　生于山谷林缘中。

分　布　吉林长白山各地。辽宁北镇、义县、绥中、建昌、凌源等地。河北、山西、陕西、甘肃、河南、湖北。朝鲜、俄罗斯（西伯利亚中东部）。

采　制　四季剥去茎皮，切段，晒干。

性味功效　有清热、发汗解表、宣肺止咳的功效。

主治用法　用于感冒、咳嗽、支气管炎等。水煎服。

▲小花溲疏植株

◀小花溲疏枝条

用　量　适量。

◎参考文献◎

[1] 严仲铠，李万林．中国长白山药用植物彩色图志[M]．北京：人民卫生出版社，1997: 211.

[2] 中国药材公司．中国中药资源志要 [M]．北京：科学出版社，1994: 478.

[3] 江纪武．药用植物辞典 [M]．天津：天津科学技术出版社，2005: 259.

▲槭叶草居群（花期）

▲槭叶草植株（花期，侧）

槭叶草属 *Mukdenia* Koidz.

槭叶草 *Mukdenia rossii*（Oliv.）Koidz.

俗　　名　爬山虎　腊八菜　丹顶草

药用部位　虎耳草科槭叶草的全草。

原 植 物　多年生草本，高 20 ~ 36 cm。根状茎较粗壮，具暗褐色鳞片。叶基生，具长柄；叶片阔卵形至近圆形，长 10.0 ~ 14.3 cm，宽 12.0 ~ 14.5 cm，掌状 5 ~ 9 浅裂至深裂，叶柄长 7.0 ~ 15.5 cm，无毛。花葶被黄褐色腺毛。多歧聚伞花序长 9.0 ~ 13.5 cm，具多花；花序分枝长达 10 cm；花梗与托杯外面均被黄褐色腺毛；托杯内壁，仅基部与子房愈合；萼片狭卵状长圆形，

▲槭叶草花

▲槭叶草花（背）

▲市场上的槭叶草根状茎（干）

▲市场上的槭叶草根状茎（鲜）

▲市场上的槭叶草植株（干）

长3～5 mm，宽约2 mm，无毛，单脉；花瓣白色，披针形，长约2.5 mm，宽约1 mm，单脉；雄蕊长约2 mm；心皮2，长约4 mm，下部合生；子房半下位。蓇果长约7.5 mm，果瓣先端外弯，果柄弯垂；种子多数。花期5—6月，果期7—8月。

生　境　生于水边沟谷石崖上及江河边石砬上。

▼槭叶草居群（果期）

▲槭叶草幼株

分　布　吉林长白、抚松、靖宇、临江、柳河、辉南、江源、集安、和龙等地。辽宁本溪、凤城、宽甸、丹东市区等地。

采　制　春、夏、秋三季均可采收全草，除去杂质，洗净，晒干。

性味功效　有养心安神、减缓心跳的功效。

主治用法　用于心脏病、心动过速、心悸、失眠、高脂血症等。水煎服。

▲槭叶草植株（果期）

▲市场上的槭叶草植株（鲜）

▲槭叶草植株（花期）

▲槭叶草花序

▲槭叶草根状茎

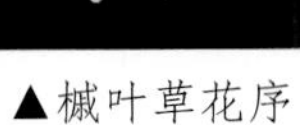

用　　量　适量。

◎参考文献◎

[1] 严仲铠，李万林．中国长白山药用植物彩色图志 [M]．北京：人民卫生出版社，1997: 211-212.

[2] 中国药材公司．中国中药资源志要 [M]. 北京：科学出版社，1994: 482.

[3] 江纪武．药用植物辞典 [M]. 天津：天津科学技术出版社，2005: 530.

▼槭叶草花序（子房膨大）

▲独根草植株（叶未展开）

独根草属 *Oresitrophe* Bge.

▼独根草花（侧）

独根草 *Oresitrophe rupifraga* Bge.

俗　　名　爬山虎

药用部位　虎耳草科独根草的全草。

原 植 物　多年生草本，高 12 ~ 28 cm。根状茎粗壮，具芽，芽鳞棕褐色。叶 2 ~ 3 均基生，叶片心形至卵形，长 3.8 ~ 25.5 cm，宽 3.4 ~ 22.0 cm，先端短渐尖，边缘具不规则齿牙，基部心形，腹面近无毛，背面和边缘具腺毛，叶柄长 11.5 ~ 13.5 cm，被腺毛。花葶不分枝，密被腺毛。多歧聚伞花序长 5 ~ 16 cm；多花；无苞片；花梗长 0.3 ~ 1.0 cm，与花序梗均密被腺毛，有时毛极疏；萼片 5 ~ 7，不等大，卵形至狭卵形，长 2.0 ~ 4.2 mm，宽 0.5 ~ 2.0 mm，先端急尖或短渐尖，全缘，具多脉，无毛；雄蕊 10 ~ 13，心皮 2，基部合生；子房近上位，花柱长约 2 mm。花期 5—6 月，果期 7—8 月。

生　　境　生于山谷及悬崖阴湿石隙中。

分　　布　辽宁凌源。河北、河南、山西。

▲独根草花序

▲独根草花

采　　制　春、夏、秋三季均可采收全草，除去杂质，洗净，晒干。

性味功效　有清热、利湿的功效。

主治用法　用于小儿肠炎、腹泻等。水煎服。

用　　量　适量。

◎参考文献◎

[1] 中国药材公司．中国中药资源志要 [M]. 北京：科学出版社，1994: 482.
[2] 江纪武．药用植物辞典 [M]. 天津：天津科学技术出版社，2005: 554.

▼独根草植株（叶展开）

▲梅花草花（背）

梅花草属 *Parnassia* L.

▼梅花草植株（侧）

梅花草 *Parnassia palustris* L.

别　　名　苍耳七　多枝梅花草

俗　　名　小瓢菜　小瓢花

药用部位　虎耳草科梅花草的全草。

原 植 物　多年生草本，高 12 ~ 30 cm。基生叶三至多数，具柄；叶片卵形至长卵形，偶有三角状卵形，长 1.5 ~ 3.0 cm，宽 1.0 ~ 2.5 cm，叶柄长 3 ~ 8 cm，两侧有窄翼，具长条形紫色斑点；托叶膜质，大部贴生于叶柄。茎生叶与基生叶同形。花单生于茎顶，直径 2.2 ~ 3.5 cm；萼片椭圆形或长圆形，先端钝，全缘，具 7 ~ 9 脉；花瓣白色，宽卵形或倒卵形，长 1.0 ~ 1.8 cm，宽 7 ~ 13 mm，先端圆钝或短渐尖，基部有宽而短的爪，有显著自基部发出 7 ~ 13 脉，常有紫色斑点；雄蕊 5，花丝扁平，花药椭圆形，退化雄蕊 5，呈分枝状，有明显主干；子房上位，卵球形。蒴果卵球形，呈 4 瓣开裂。花期 8—9 月，果期 10 月。

生　　境　生于低湿草甸、林下湿地及高山苔原带上等处。

分　　布　黑龙江塔河、呼玛、新林、加格达奇、黑河、饶河、

▲梅花草花（侧）

▲梅花草花（子房红色）

萝北、海林、尚志、五常、密山、虎林等地。吉林长白山各地。辽宁本溪、桓仁、凤城、抚顺、新宾、庄河、凌源、彰武等地。内蒙古额尔古纳、根河、牙克石、鄂伦春旗、鄂温克旗、阿尔山、科尔沁右翼前旗、扎鲁特旗、巴林左旗、巴林右旗、克什克腾旗等地。河北、山西、陕西、宁夏、甘肃、青海、新疆。朝鲜、日本、俄罗斯（西伯利亚中东部）。欧洲、北美洲。

采　　制　夏、秋季采收全草，洗净，晒干，药用。

性味功效　味微苦，性凉。有清热解毒、消肿凉血、化痰止咳的功效。

主治用法　用于黄疸、脱疽、细菌性痢疾、咽喉痛、顿咳、百日咳、咳嗽痰多、疮痈肿毒、脉管炎。水煎服或研末为散。

用　　量　5 ~ 15 g。

附　　方

（1）治急性细菌性痢疾：梅花草 25 ~ 50 g，水煎服。

（2）治黄疸型肝炎：梅花草 25 g，小白蒿、秦艽、黄檗、红花各 10 g，五灵脂、广木香各 5 g。共研细末，每服 5.0 ~ 7.5 g，每日 3 次，白糖水送服。

▼梅花草花

梅花草花（6 瓣）

▲梅花草植株

◎参考文献◎

[1] 江苏新医学院．中药大辞典（下册）[M]．上海：上海科学技术出版社，1977: 1984.
[2] 朱有昌．东北药用植物 [M]．哈尔滨：黑龙江科学技术出版社，1989: 491-492.
[3]《全国中草药汇编》编写组．全国中草药汇编（上册）[M]．北京：人民卫生出版社，1975: 740.

▲梅花草果实

▲梅花草花（4瓣）

▲扯根菜群落

扯根菜属 *Penthorum* L.

扯根菜 *Penthorum chinense* Pursh.

别　　名　赶黄草　水泽兰

▲扯根菜种子

俗　　名　洗衣草　手草　洋胰子草

药用部位　虎耳草科扯根菜的干燥全草(入药称"赶黄草")。

原 植 物　多年生草本，高 40 ~ 90 cm。根状茎分枝；茎不分枝，稀基部分枝，具多数叶，中下部无毛，上部疏生黑褐色腺毛。叶互生，无柄或近无柄，披针形至狭披针形，长 4 ~ 10 cm，宽 0.4 ~ 1.2 cm，先端渐尖，边缘具细重锯齿，无毛。聚伞花序具多花，长 1.5 ~ 4.0 cm；花序分枝与花梗均被褐色腺毛；苞片小，卵形至狭卵形；花梗长 1.0 ~ 2.2 mm；花小型，黄白色；萼片 5，革质，三角形，长约 1.5 mm，宽约 1.1 mm，无毛，单脉；无花瓣；雄蕊 10，长约 2.5 mm；雌蕊长约3.1 mm，心皮5 ~ 6，下部合生；子房5 ~ 6室，胚珠多数，花柱5 ~ 6，较粗。蒴果红紫色，直径4 ~ 5 mm。花期7—8月，果期9—10月。

生　　境　生于湿草地、沟谷、溪流旁及河边等处，常聚集成片生长。

分　　布　黑龙江伊春市区、铁力、汤原、佳木斯、哈尔滨市区、依兰、虎林、东宁等地。吉林长白山各地和松原。辽宁丹东市区、宽甸、凤城、本溪、桓仁、抚顺、新宾、铁岭、西丰、康平、新民、大连市区、庄河、北镇等地。河北、陕西、甘肃、江苏、安徽、浙江、江西、河南、湖北、湖南、广东、广西、四川、贵州、云南等。朝鲜、俄罗斯（西伯利亚中东部）。

采　　制　夏、秋季采收全草，洗净晒干药用。

性味功效　味甘，性温。有通经活血、行水、除湿、消肿、祛瘀止痛的功效。

主治用法　用于黄疸、水肿、小便不利、鼻炎、鼻咽炎、痔疮、经闭、带下、瘰疬、腰痛、头痛、跌打损伤等。水煎服。外用鲜品捣碎敷患处。

▲扯根菜花序（背）

▼扯根菜幼株

▲扯根菜花序

▼扯根菜植株

用　　量　25 ~ 50 g。外用适量。

附　　方

（1）治水肿：扯根菜 100 g，水煎服。

（2）治水肿、小便不利：扯根菜 50 g，车前草 40 g，泽泻、猪苓、大腹皮、木通各 20 g，茯苓皮 25 g，通草 15 g，水煎服。

（3）治跌打损伤肿痛：扯根菜适量，捣烂敷患处；另用扯根菜 25 g，水煎，兑酒少许内服。

◀扯根菜果实

◎参考文献◎

[1] 江苏新医学院．中药大辞典（上册）[M]．上海：上海科学技术出版社，1977：534-535.

[2] 朱有昌．东北药用植物 [M]．哈尔滨：黑龙江科学技术出版社，1989：492-493.

[3] 钱信忠．中国本草彩色图鉴（第四卷）[M]．北京：人民卫生出版社，2003：185-186.